地震灾害对策

姚攀峰 著

中国建筑工业出版社

图书在版编目（CIP）数据

地震灾害对策/姚攀峰著.—北京：中国建筑工业出版社，2009
ISBN 978-7-112-10749-0

Ⅰ.地… Ⅱ.姚… Ⅲ.地震灾害-防治-基本知识 Ⅳ.P315.9

中国版本图书馆 CIP 数据核字（2009）第 013650 号

地震是地壳的快速振动，是地球上经常发生的自然现象。全世界每年约发生地震 500 万次。1900 年以来，中国共发生 6 级以上地震 800 多次，每年约 8 次。中国因地震造成死亡的人数，占国内所有自然灾害包括洪水、山林火灾等总人数的 54%。地震是人类必须面对的重大灾难。2008 年 5 月 12 日中国汶川发生特大地震，震级为 8 级，87419 人死亡或失踪，汶川成为一片废墟。抗震救灾成为首要任务，关于抗震救灾的建议层出不穷，但其中部分观点是错误的，有可能给地震中的民众带来灾难。

本书主要探讨地震灾害应对的策略。全书共分为 8 章，第 1 章为绪论，简要介绍本文写作背景和如何阅读本书；第 2~7 章分别介绍地震的基本知识、地震灾害、预防灾害、应对灾害、灾害救援、灾后重建；第 8 章为对地震灾害的思考，涉及地震、工程建设、医疗、社会科学、法律、政府组织、公益性组织等多方面知识。

本书有利于使民众科学、理性、建设性地对待地震灾害，学到有效的防震、应对、救援、重建等知识。

本书可作为土木工程、水利工程、城市规划、土建、交通等行政主管部门施政决策的参考，也可作为大专院校、科研单位、设计、施工单位指导震灾之后的恢复和重建的依据；还可以作为普及培训抗震减灾人员专业知识的辅助教材。

* * *

责任编辑：于 莉 姚荣华
责任设计：董建平
责任校对：兰曼利 梁珊珊

地震灾害对策
姚攀峰 著

*

中国建筑工业出版社出版、发行（北京西郊百万庄）
各地新华书店、建筑书店经销
北京嘉泰利德公司制版
北京云浩印刷有限责任公司印刷

*

开本：787×1092 毫米 1/16 印张：14¼ 字数：360 千字
2009 年 4 月第一版 2009 年 4 月第一次印刷
定价：36.00 元
ISBN 978-7-112-10749-0
（17682）

版权所有 翻印必究
如有印装质量问题，可寄本社退换
（邮政编码 100037）

前　言

地震是地壳的快速振动，是地球上经常发生的自然现象，全世界每年约发生500万次，每天大概发生13700次，其中约1%可以为人们所感知。造成轻微破坏的5级地震每年约千次，造成严重破坏的7级以上地震每年约18次。我国每年发生5级以上地震约二三十次，6级以上地震约8次，震区遍布除贵州、浙江两省和香港、澳门特别行政区以外所有的省、自治区、直辖市。因地震造成死亡的人数，占国内所有自然灾害包括洪水、山林火灾、泥石流、滑坡等总人数的54%；其中1920年宁夏海原地震，死亡23万多人；1976年河北唐山地震，死亡24万多人；2008年5月12日的汶川地震，震级为8级，有87419人死亡或失踪，地震灾区成为一片废墟。可见，地震是自然灾害中的杀手之王。

作为一个从事抗震设计多年的结构工程师，我想尽己所能，向人们介绍一下防震减灾的常识。可这涉及地震知识、工程建设、医疗、社会科学、法律、政府组织、公益性组织等众多方面，是一个庞大的系统工程，拿起笔来，我才深感水平有限，力不从心。尽管如此，出于一种社会责任感，我还是写出了此书。

本书共分为8章，第1章是绪论，第2~3章为地震的基本知识和地震灾害，第4~7章为预防、应对、救援、重建，第8章为对地震灾害应对理念的思考。

在预防方面，强调全民、全时空、经济性的防震理念，提出了结构抗震、建筑抗震、规划抗震等具体的防震措施，并介绍了如何购买"抗震房屋"的常识；在灾害应对方面，联系实际，介绍了各种不同情况下的处理措施，纠正了一些常见的错误认识，具有很强的可操作性，如："农村住宅中的地震应对"等；在灾害救援方面，则结合美国、日本、俄罗斯、德国等不同国家抗震救灾的体系和经验，提出了优化我国地震救援组织和人员的建议；在震后重建方面，针对抗震性能差的砌体房屋提出了抗震性能更好的"砌体—钢筋混凝土筒体组合结构"等具体措施。总之，本书力求以科学、理性、建设性的态度处理上述地震灾害的问题。当然，限于能力，结论不一定都正确，或者并非唯一的正确的结论，希望广大读者"思辨之，慎取之"。而书中肯定存在着不少的错误之处，也恳请同行方家和其他领域的专业人士批评指正。

在写作此书的过程中，得到了尚志海等专家的指导和刘凯文硕士、周凯龙硕士等人的帮助，向他们一并深表谢意。向本书采用到所有资料的作者致谢，如：张雷、陈燮、李增钦、陈凯、张宏伟、谢家平、贾国荣、田蹊、郭晋嘉、张万武、潘婷、吴琪、李翊、蔡小川、南香红、袁蕾、李刚、李勇、鲁钇山、唐家曾等人，本书已尽量注明资料的作者和转载来源，若有失误和不明之处，请及时联系作者本人，我会妥善处理。

目　　录

第1章　绪论 ⋯⋯⋯⋯⋯⋯⋯⋯⋯⋯⋯⋯⋯⋯⋯⋯⋯⋯⋯⋯⋯⋯⋯⋯⋯⋯⋯⋯ 1
　1.1　背景及意义 ⋯⋯⋯⋯⋯⋯⋯⋯⋯⋯⋯⋯⋯⋯⋯⋯⋯⋯⋯⋯⋯⋯⋯⋯ 1
　1.2　阅览导读 ⋯⋯⋯⋯⋯⋯⋯⋯⋯⋯⋯⋯⋯⋯⋯⋯⋯⋯⋯⋯⋯⋯⋯⋯⋯ 1
　1.3　地震史话 ⋯⋯⋯⋯⋯⋯⋯⋯⋯⋯⋯⋯⋯⋯⋯⋯⋯⋯⋯⋯⋯⋯⋯⋯⋯ 2
　　1.3.1　张衡与地动仪 ⋯⋯⋯⋯⋯⋯⋯⋯⋯⋯⋯⋯⋯⋯⋯⋯⋯⋯⋯⋯ 2
　　1.3.2　查尔斯·里克特和震级 ⋯⋯⋯⋯⋯⋯⋯⋯⋯⋯⋯⋯⋯⋯⋯ 2
　1.4　重点问题与解答 ⋯⋯⋯⋯⋯⋯⋯⋯⋯⋯⋯⋯⋯⋯⋯⋯⋯⋯⋯⋯⋯ 3

第2章　地震基本知识 ⋯⋯⋯⋯⋯⋯⋯⋯⋯⋯⋯⋯⋯⋯⋯⋯⋯⋯⋯⋯⋯ 4
　2.1　地球的构造 ⋯⋯⋯⋯⋯⋯⋯⋯⋯⋯⋯⋯⋯⋯⋯⋯⋯⋯⋯⋯⋯⋯⋯ 4
　2.2　板块构造运动 ⋯⋯⋯⋯⋯⋯⋯⋯⋯⋯⋯⋯⋯⋯⋯⋯⋯⋯⋯⋯⋯⋯ 4
　2.3　地震的类型和成因 ⋯⋯⋯⋯⋯⋯⋯⋯⋯⋯⋯⋯⋯⋯⋯⋯⋯⋯⋯⋯ 6
　2.4　震源、震中、地震波 ⋯⋯⋯⋯⋯⋯⋯⋯⋯⋯⋯⋯⋯⋯⋯⋯⋯⋯ 6
　2.5　震级、烈度、抗震设防烈度 ⋯⋯⋯⋯⋯⋯⋯⋯⋯⋯⋯⋯⋯⋯⋯ 8
　　2.5.1　震级 ⋯⋯⋯⋯⋯⋯⋯⋯⋯⋯⋯⋯⋯⋯⋯⋯⋯⋯⋯⋯⋯⋯⋯⋯ 8
　　2.5.2　地震烈度 ⋯⋯⋯⋯⋯⋯⋯⋯⋯⋯⋯⋯⋯⋯⋯⋯⋯⋯⋯⋯⋯⋯ 8
　　2.5.3　抗震设防烈度 ⋯⋯⋯⋯⋯⋯⋯⋯⋯⋯⋯⋯⋯⋯⋯⋯⋯⋯⋯ 10
　　2.5.4　汶川地震的震中、震级、地震烈度 ⋯⋯⋯⋯⋯⋯⋯⋯ 10
　2.6　世界地震分布区域 ⋯⋯⋯⋯⋯⋯⋯⋯⋯⋯⋯⋯⋯⋯⋯⋯⋯⋯⋯ 11
　2.7　中国的地震分布区域 ⋯⋯⋯⋯⋯⋯⋯⋯⋯⋯⋯⋯⋯⋯⋯⋯⋯ 11
　2.8　地震预报 ⋯⋯⋯⋯⋯⋯⋯⋯⋯⋯⋯⋯⋯⋯⋯⋯⋯⋯⋯⋯⋯⋯⋯ 13
　　2.8.1　触发地震的外力及发震机制十分复杂 ⋯⋯⋯⋯⋯⋯⋯ 14
　　2.8.2　监测技术及理论认识十分有限 ⋯⋯⋯⋯⋯⋯⋯⋯⋯⋯ 14
　　2.8.3　地震的发生具有突发性和瞬时性 ⋯⋯⋯⋯⋯⋯⋯⋯⋯ 14
　　2.8.4　地震预报的种种学说 ⋯⋯⋯⋯⋯⋯⋯⋯⋯⋯⋯⋯⋯⋯⋯ 14
　　2.8.5　地震预报与异常现象 ⋯⋯⋯⋯⋯⋯⋯⋯⋯⋯⋯⋯⋯⋯⋯ 15
　　2.8.6　地震预报的管理、发布程序 ⋯⋯⋯⋯⋯⋯⋯⋯⋯⋯⋯ 17
　2.9　地震史话 ⋯⋯⋯⋯⋯⋯⋯⋯⋯⋯⋯⋯⋯⋯⋯⋯⋯⋯⋯⋯⋯⋯⋯ 18
　　2.9.1　赫顿和地质学 ⋯⋯⋯⋯⋯⋯⋯⋯⋯⋯⋯⋯⋯⋯⋯⋯⋯⋯ 18
　　2.9.2　地核之父——奥尔德姆 ⋯⋯⋯⋯⋯⋯⋯⋯⋯⋯⋯⋯⋯ 19
　　2.9.3　罗伯特·马莱 ⋯⋯⋯⋯⋯⋯⋯⋯⋯⋯⋯⋯⋯⋯⋯⋯⋯⋯ 19
　2.10　重点问题与解答 ⋯⋯⋯⋯⋯⋯⋯⋯⋯⋯⋯⋯⋯⋯⋯⋯⋯⋯⋯ 20

第3章 地震灾害类型 ... 21
3.1 地震灾害特点 ... 21
3.1.1 多发性 ... 21
3.1.2 突发性 ... 21
3.1.3 瞬时性 ... 21
3.1.4 选择性 ... 22
3.1.5 次生性 ... 22
3.2 原生灾害 ... 22
3.2.1 造山运动 ... 22
3.2.2 地裂 ... 23
3.2.3 地陷 ... 23
3.2.4 液化 ... 23
3.2.5 工程结构破坏 ... 24
3.3 次生灾害 ... 25
3.3.1 滑坡 ... 26
3.3.2 泥石流 ... 27
3.3.3 火灾 ... 28
3.3.4 污染 ... 29
3.3.5 海啸 ... 29
3.3.6 洪灾 ... 30
3.4 诱发灾害 ... 30
3.5 不同地区的灾害类型 ... 31
3.6 地震史话 ... 31
3.6.1 华县大地震 ... 31
3.6.2 康熙皇帝住进防震棚 ... 32
3.6.3 阪神地震 ... 32
3.7 重点问题与解答 ... 33

第4章 预防地震灾害 ... 34
4.1 防震策略 ... 34
4.2 房屋防震 ... 35
4.2.1 房屋简介 ... 35
4.2.2 房屋结构的抗震性能 ... 36
4.2.3 房屋的常用结构形式及抗震性能 ... 41
4.2.4 不同体型的结构抗震性能 ... 42
4.2.5 不同设计的结构抗震性能 ... 42
4.2.6 不同施工质量的房屋抗震性能 ... 43
4.2.7 汶川地震房屋状况 ... 44
4.2.8 结构防震的体制建设 ... 44
4.2.9 建筑防震 ... 49

4.2.10　机电防震 ··· 53
　　4.2.11　装修防震 ··· 53
　　4.2.12　规划防震 ··· 54
4.3　生活防震 ··· 57
　　4.3.1　家具防震措施 ·· 57
　　4.3.2　准备好应急物品 ······································· 58
4.4　特殊行业防震 ·· 59
　　4.4.1　古建筑抗震保护策略 ·································· 59
　　4.4.2　文物的抗震保护 ······································· 60
4.5　地震灾害教育 ·· 61
　　4.5.1　设"防震救灾日"和"防灾周" ······················· 61
　　4.5.2　小震和灾害教育相结合 ······························ 61
　　4.5.3　灾害预警和灾害教育相结合 ························· 62
4.6　地震灾害的预报和预警 ·· 62
4.7　地震史话 ··· 62
　　4.7.1　林同炎与抗震结构 ···································· 62
　　4.7.2　库仑和地震滑坡 ······································· 63
　　4.7.3　赖特与抗震 ·· 63
　　4.7.4　钢筋混凝土的发明 ···································· 64
4.8　重点问题与解答 ··· 65

第5章　应对地震灾害 ··· 66
5.1　应对地震灾害的目标和行动原则 ····························· 66
5.2　应对地震灾害的基本流程 ····································· 66
5.3　地震中的安全区 ··· 67
5.4　室内环境应对地震灾害 ·· 67
　　5.4.1　农村未经过抗震设计的砌体住宅 ····················· 67
　　5.4.2　城镇多层砌体住宅 ···································· 69
　　5.4.3　现浇钢筋混凝土框架结构的多层教学楼、商场等 ··· 69
　　5.4.4　现浇钢筋混凝土剪力墙高层住宅 ····················· 70
　　5.4.5　其他抗震性能为优的高层或超高层房屋 ············· 73
　　5.4.6　高层建筑的地下室、地铁、地下商场、地下车库 ··· 73
　　5.4.7　影剧院、体育馆等大空间的房屋 ····················· 74
　　5.4.8　核设施或者特殊性化工等工业厂房内部 ············· 74
　　5.4.9　电梯 ··· 74
5.5　室外环境应对地震灾害 ·· 74
　　5.5.1　农村室外——平原 ···································· 74
　　5.5.2　农村室外——山区 ···································· 75
　　5.5.3　农村室外——海滨 ···································· 75
　　5.5.4　城镇室外——步行 ···································· 76

5.5.5	城镇室外——开车或乘车	76
5.6	应对地震掩埋	77
5.7	应对地震火灾	80
5.7.1	火灾基本知识	80
5.7.2	地震火灾产生的原因	81
5.7.3	应对原则	83
5.7.4	预防地震火灾	83
5.7.5	扑灭初起火灾	85
5.7.6	常见火源的灭火方法	86
5.7.7	灭火器的正确使用方法	86
5.7.8	地震火灾中的逃生原则	86
5.7.9	地震火灾中的逃生行动	87
5.7.10	地震火灾中其他逃生行动	87
5.8	应对特殊地震灾害	87
5.8.1	天然气泄漏	87
5.8.2	毒气泄漏	87
5.8.3	雷雨天气	87
5.9	应对避难生活	88
5.10	日本紧急避难行动	88
5.10.1	地震刚发生	89
5.10.2	1~2分钟后	89
5.10.3	3~5分钟后	89
5.10.4	5~10分钟后	89
5.10.5	10分钟~1小时	89
5.10.6	1~3日	89
5.11	地震灾害互助	90
5.11.1	地震灾害中互助组织的目标	90
5.11.2	建立互助组织	90
5.11.3	救人方针	94
5.11.4	展开营救行动	94
5.11.5	救援方法	95
5.11.6	保证营救人员的安全	96
5.11.7	组织和管理临时社会组织	96
5.11.8	分发与调配物资	96
5.11.9	临时住宿	97
5.11.10	避难场所的疾病预防、环境卫生管理	97
5.11.11	唐山地震灾害经验	97
5.12	地震史话	98
5.12.1	地震与有限禁止核试验条约	98

  5.12.2　都江堰和地震 ·· 98
  5.12.3　1906年美国旧金山地震火灾 ··· 99
 5.13　重点问题与解答 ··· 100

第6章　地震灾害救援 ·· 101
 6.1　国家地震应急体系 ·· 101
  6.1.1　组织体系 ·· 101
  6.1.2　信息报送和处理 ·· 102
  6.1.3　地震灾害分级 ··· 102
  6.1.4　地震应急响应等级 ·· 102
  6.1.5　紧急处置 ··· 103
  6.1.6　人员抢救与工程抢险 ·· 103
  6.1.7　应急人员的安全防护 ·· 103
  6.1.8　群众的安全防护 ·· 103
  6.1.9　次生灾害防御 ··· 103
  6.1.10　地震现场监测与分析预报 ··· 104
  6.1.11　社会力量动员与参与 ·· 104
  6.1.12　通信 ·· 104
 6.2　保障措施 ··· 104
  6.2.1　通信与信息保障 ·· 104
  6.2.2　地震救援和工程抢险装备保障 ··································· 105
  6.2.3　交通运输保障 ··· 105
  6.2.4　电力保障 ··· 105
  6.2.5　城市基础设施抢险与应急恢复 ··································· 105
  6.2.6　医疗卫生保障 ··· 105
  6.2.7　治安保障 ··· 105
  6.2.8　物资保障 ··· 105
  6.2.9　经费保障 ··· 106
  6.2.10　社会动员保障 ·· 106
  6.2.11　紧急避难场所保障 ·· 106
  6.2.12　呼吁与接受外援 ·· 106
  6.2.13　技术储备与保障 ·· 106
  6.2.14　地震灾害调查与灾害损失评估 ································· 106
  6.2.15　信息发布 ·· 107
 6.3　救援行动 ··· 107
 6.4　汶川地震救援成果 ·· 107
 6.5　救援难题及解决方案 ··· 108
  6.5.1　建设以工程建设单位为核心的专业救援队伍 ············· 109
  6.5.2　以医院为核心建立抗震救灾医疗救援队伍 ················· 110
  6.5.3　以灾区民众为核心建立抗震救灾救援后勤队伍 ········· 110

		6.5.4 防灾队伍整合	111
		6.5.5 救援的激励	112
	6.6	美国应急管理体制	112
		6.6.1 组织结构和功能	112
		6.6.2 应急管理体系的主要作用	114
	6.7	日本应急救灾	115
		6.7.1 健全的法律体系	116
		6.7.2 灾害重建有章可循	116
		6.7.3 各级政府高度重视	117
		6.7.4 自助和共助重于公助	117
	6.8	英国、德国、俄罗斯国家应急管理体制	118
		6.8.1 英国应急管理体制	118
		6.8.2 德国应急管理体制	118
		6.8.3 俄罗斯应急管理体制	119
	6.9	地震史话	119
		6.9.1 搜救犬	119
		6.9.2 生命探测仪	120
	6.10	重点问题与解答	120
第7章	**地震灾害重建**		122
	7.1	过渡性建设	122
		7.1.1 建设原则	122
		7.1.2 具体措施	123
	7.2	恢复性建设	124
		7.2.1 建设原则	124
		7.2.2 调查评估	124
		7.2.3 重建规划	125
		7.2.4 重建工程	127
		7.2.5 重建保护	128
	7.3	建设资金	129
		7.3.1 资金募集和使用	129
		7.3.2 赈灾资金存在的主要问题	130
		7.3.3 赈灾资金预防和监督	132
	7.4	房屋结构抗震	135
		7.4.1 农村房屋防震	135
		7.4.2 城镇多层砌体房屋	137
		7.4.3 砌体—钢筋混凝土筒体组合结构	139
		7.4.4 学校、医院等公共建筑防震	140
		7.4.5 临时简易房	141
	7.5	地震史话	142

   7.5.1 胡克 ··· 142
   7.5.2 太沙基和砂土液化 ··· 143
   7.5.3 铁摩辛柯 ··· 144
  7.6 重点问题与解答 ·· 144

第8章 地震灾害思考 ·· 145
  8.1 科学、理性、建设性 ·· 145
  8.2 我的援助计划及实施 ·· 145
   8.2.1 援助目标 ··· 145
   8.2.2 援助原则 ··· 145
   8.2.3 援助行动 ··· 146
  8.3 抗震救灾资料的收集与管理 ····································· 146
  8.4 地震史话 ··· 146
   8.4.1 中国第一个用现代地震科学观测的大地震 ········· 146
   8.4.2 世界上第一个地震学会——美国地震学会 ········· 147
  8.5 重点问题 ··· 147

附 录 ··· 148
参考文献 ··· 213
后 记 ··· 218

第1章 绪 论

1.1 背景及意义

地震是地壳的快速振动,如同刮风、下雨一样,地震也是地球上经常发生的自然现象。全世界每年约发生500万次,每天大概发生13700次,约1%为人们可以感知的地震,造成严重破坏的地震(7级以上)约每年18次,5级地震每年约千次,我国每年发生5级以上地震二三十次。1900年以来,中国发生6级以上地震800多次,每年约8次,遍布除贵州、浙江两省和香港、澳门特别行政区以外所有的省、自治区、直辖市。地震是自然灾害中的杀手之王,我国因地震造成死亡的人数,占国内所有自然灾害包括洪水、山林火灾、泥石流、滑坡等总人数的54%,其中1920年宁夏海原地震,23万多人死亡,1976年河北唐山地震,24万多人死亡。地震给人们带来巨大的经济损失,1995年日本神户大地震,人员死亡5466人,3万多人受伤,经济损失达1000亿美元。地震是人类必须面对的重大灾难。

"5·12"汶川地震,震级为8级,87419人死亡或失踪,汶川成为一片废墟。我国政府给予了高度重视,人民纷纷献出爱心,地震灾害成为目前压倒一切的重要事情。抗震救灾成为首要的话题,关于抗震救灾的建议层出不穷,其中部分观点是错误的,有可能给地震中的人民带来灾难。

地震灾害的应对可以分为防震、应对、救援、重建4个阶段,涉及地震知识、工程建设、医疗、社会科学、法律、政府组织、公益性组织等多方面,是一个庞大的系统工程。

1.2 阅览导读

全文共分为8章,第1章为绪论,简要介绍本文写作背景和如何阅读本书;第2~7章分别介绍地震的基本知识、地震灾害、预防灾害、应对灾害、灾害救援、灾害重建;第8章为对地震灾害的反思和展望。

为提高读者的效率,每章均分为2大部分:(1)知识介绍;(2)重点问题与解答。读者可先自己思考重点问题,并尝试给出答案;然后浏览该章节的知识介绍;最后参考"重点问题与解答"回答问题。其中部分问题没有唯一的、正确的答案,需要读者自己从本书、相关资料、亲身实践中探索答案。

1.3 地震史话

1.3.1 张衡与地动仪

张衡，字平子，是河南南阳西鄂（今河南南阳市石桥镇）人（公元78～139年）。张衡是我国东汉时期伟大的天文学家，中国人称张衡为木圣。张衡多才多艺，《后汉书》中称"衡善机巧，尤致思于天文阴阳历算"。

张衡支持"浑天说"，他指出：月球本身并不发光，月光其实是日光的反射，正确地解释了月食的成因，并且初步认识到宇宙的无限性和行星运动的快慢与距离地球远近的关系。张衡观测记录了2500颗恒星，创制了世界上第一架能比较准确地表演天象的漏水转浑天仪，还制造出了指南车、自动记载鼓车、飞行数里的木鸟等等。张衡共著有科学、哲学和文学著作32篇，其中天文著作有《灵宪》和《灵宪图》等。

张衡制作了候风地动仪，史书称"复造候风地动仪。以精铜铸成，员径八尺，合盖隆起，形似酒樽，饰以篆文山龟鸟兽之形。中有都柱，傍行八道，施关发机。外有八龙，首衔铜丸，下有蟾蜍，张口承之。其牙机巧制，皆隐在樽中，覆盖周密无际。如有地动，樽则振龙，机发吐丸，而蟾蜍衔之。振声激扬，伺者因此觉知。虽一龙发机，而七首不动，寻其方面，乃知震之所在。验之以事，合契若神。自书典所记，未之有也。尝一龙机发而地不觉动，京师学者咸怪其无征。后数日驿至，果地震陇西，于是皆服其妙。自此以后，乃令史官记地动所从方起。"候风地动仪是历史上第一座远距离测试地震的仪器。

为了纪念张衡的功绩，人们将月球背面的一环形山命名为"张衡环形山"，将小行星1802命名为"张衡小行星"。

1.3.2 查尔斯·里克特和震级

里氏震级是目前世界上通用的地震震级计算方法，它是由查尔斯·里克特首先提出的，这种分级系统最初只用于衡量南加州当地的地震。

查尔斯·里克特（Charles Richter，1900～1985）是美国地震专家，1900年4月26日生于俄亥俄州巴特勒县。1920年毕业于斯坦福大学。1928年获加利福尼亚理工学院博士学位。1927～1936年在加利福尼亚州帕萨迪纳市华盛顿卡内基研究所地震实验室工作，1937～1947年任加利福尼亚理工学院地震学助理教授，1947～1952年任副教授，1952～1970年任教授，1970年起为荣誉退休教授，其间，1959～1960年是日本东京大学享受富布赖特奖学金的研究学者。1977年获加利福尼亚路德教学院荣誉理学博士学位。与本诺·古滕贝格合作创造计算地震的相对强度的方法，还帮助加利福尼亚理工学院建立了研究全世界地震情况的地震报告网。他是美国地质学会、英国皇家天文学会、美国地球物理学联合会、新西兰皇家学会的研究员，也是地质学家工程师协会的荣誉会员，著有《地震》（合著，修订版，1954年）、《初级地震学》（1958年）、《大地内部构造》等，1985年9月30日因心脏病去世。

1.4 重点问题与解答

1. 全世界每年大约发生多少次地震?
全世界每年约发生 500 万次。
2. 中国每年发生 5 级以上地震约多少次?
中国每年发生 5 级以上地震约二三十次。
3. 中国每年发生 7 级以上地震约多少次?
中国每年发生 7 级以上地震约 8 次。
4. 如何快速学习本书中的防震救灾知识?
查阅本书目录,参阅本章 1.2 节提示的技巧,借助网络和参考文献,付诸行动。

第 2 章　地震基本知识

本章主要讲述地震的成因、类型等基本知识，是了解地震灾害的基础。

2.1　地球的构造

地震是地壳的快速振动，认识地震需要先简单地了解地球的内部构造。

"上天容易入地难"，目前对地球认识还有许多模糊的地方。通常认为，地球是一个稍微呈梨形的椭球体，半径约6400km，外层是地壳，地壳之下由外向里分别为地幔和地核。地壳的平均厚度30～40km，地幔的厚度约2900km，地核的半径约3500km。它们的分层结构就像鸡蛋的蛋壳、蛋清和蛋黄。地核又分为内地核和外地核。外地核呈液体熔融状态，主要由铁、镍等元素组成，它们可以流动（对流），这层液态外核为内核的旋转提供了条件。内核呈固态，成分以铁为主，内部压力极大，温度极高。

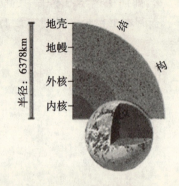

图 2-1　地球构造示意图

2.2　板块构造运动

地球表面岩石层不是一块整体，而是分成若干块，即板块。地球板块分布参见图 2-2 和图 2-3。

板块在其下面地幔软流层流动的驱动下，不停地移动。板块边界相互制约，板块之间处于复杂的受力状态，到达一定程度时引起板块局部破裂形成构造地震。

在板块边界，由于板块运动和碰撞引发的地震，叫板缘地震；在板块内部由于断层活动而发生的地震是板内地震。世界主要地震带在大板块的交界处。

印度洋板块每年向北移动4～5cm，印度洋板块与欧亚板块碰撞引发一系列的大地震，著名的喜马拉雅山脉就是此运动形成的。在过去100余年中，除在1897年、1905年、1934年和1950年发生过4次8级以上的地震外，在喜马拉雅地震带还发生过10次震级超过7.5级的地震。2005年巴基斯坦地震和2008年汶川地震也是此运动引起的，参见图 2-5。

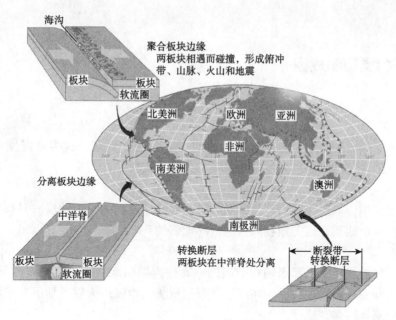

图2-2 地球板块示意图

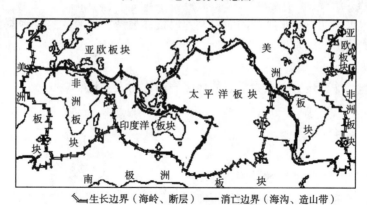

↙生长边界（海岭、断层） ——消亡边界（海沟、造山带）

图2-3 世界六大板块示意图

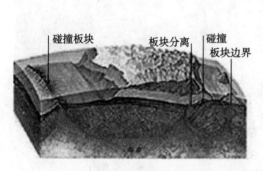

图2-4 板块构造运动示意图

图2-5 印度洋板块与欧亚板块作用示意图

2.3 地震的类型和成因

根据地震的成因，地震可分为以下几种：

1. 构造地震

由于地下深处岩层错动、破裂所造成的地震称为构造地震。这类地震发生的次数最多，破坏力也最大，约占全世界地震的90%以上。

2. 火山地震

由于火山作用，如岩浆活动、气体爆炸等引起的地震称为火山地震。只有在火山活动区才可能发生火山地震，这类地震只占全世界地震的7%左右。

3. 塌陷地震

由于地下岩洞或矿井顶部塌陷而引起的地震称为塌陷地震。这类地震的规模比较小，次数也很少，即使有，也往往发生在溶洞密布的石灰岩地区或大规模地下开采的矿区。国内外发生的塌陷地震最大震级为5级。

4. 诱发地震

由于水库蓄水、油田注水等活动而引发的地震称为诱发地震。这类地震仅仅在某些特定的水库库区或油田地区发生。

5. 人工地震

地下核爆炸、炸药爆破等人为引起的地面振动称为人工地震。

2.4 震源、震中、地震波

震源：是地球内发生地震的地方。

震源深度：震源垂直向上到地表的距离是震源深度。地震发生在60km以内的称为浅源地震；60~300km为中源地震；300km以上为深源地震。目前有记录的最深震源达720km。

震中：震源上方正对着的地面称为震中。震中及其附近的地方称为震中区，也称极震区。震中到地面上任一点的距离叫震中距离（简称震中距）。震中距在100km以内的称为地方震；在1000km以内称为近震；大于1000km称为远震。

地震波：地震引起的振动以波的形式从震源向各个方向传播并释放能量即地震波。

上述概念参见图2-6，这就像把石子投入水中，水波会向四周一圈一圈地扩散一样。

地震波远较水波复杂，包括在地球内部传播的体波和在地表传播的面波两大类。

体波又分为纵波和横波，振动方向与传播方向一

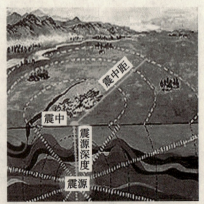

图2-6 地震震源、震源深度、震中示意图

致的波为纵波（P波），参见图2-7。来自地下的纵波引起地面上下颠簸振动。振动方向与传播方向垂直的波为横波（S波），参见图2-8。来自地下的横波能引起地面的水平晃动。

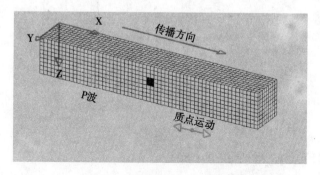

图2-7　纵波（P波）示意图

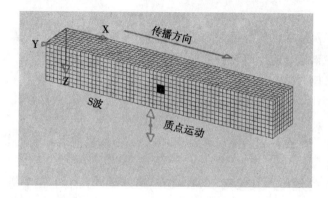

图2-8　横波（S波）示意图

面波是体波经地层多次反射生成的波。包括椭圆形运动的瑞雷波（R波）和蛇形运动的洛夫波（L波），参见图2-9和图2-10。

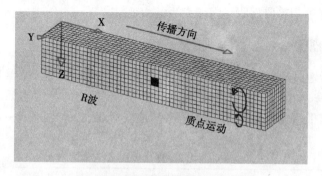

图2-9　瑞雷波（R波）示意图

一般情况下，纵波达到的较早，其他波较慢；纵波破坏性较小，横波和面波到达时破坏性最大。日本地震预警技术体系就是运用这个基本原理建立的。

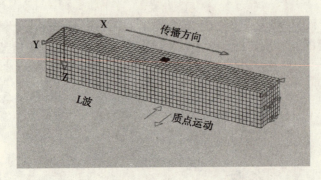

图 2-10 洛夫波（L 波）示意图

2.5 震级、烈度、抗震设防烈度

2.5.1 震级

震级是衡量一次地震释放能量大小的尺度。每一次地震只有一个震级。它是根据地震时释放能量的多少来划分的，震级可以通过地震仪器的记录计算出来，震级越高，释放的能量也越多。通常按照里氏震级确定，用标准地震仪（世界统一标准），距震中 100km 处测的最大水平位移 A（以微米为单位），再对 A 以 10 为底取对数即该此地震震级 M。

$$M = \lg A$$

震级每差一级，地震释放的能量差约 32 倍。一个 6 级地震释放的能量相当于 2t 级的原子弹所释放的能量。

一般小于 3 级的地震，人感觉不到，是无感地震，其中小于 1 级地震称为超微震，1~3 级地震称为微震；3~5 级地震人能够感觉到，一般不会造成破坏，称为小震；5~7 级以上地震，能够造成破坏，称为中震；7 级以上地震，称为强震或者大震；8 级以上的称为特大地震。目前测到最大的地震为 8.9 级，分别为 1906 年厄瓜多尔—哥伦比亚附近近海中发生的大地震、1933 年日本三陆东边海中发生的大地震、1960 年智利特大地震、2004 年印度尼西亚苏门答腊岛附近海域发生的大地震。

2.5.2 地震烈度

地震烈度是指地面及房屋等建筑物受地震破坏的程度，不但与地震有关，还和建筑物本身的坚固程度等多种因素有关。地震烈度是一个比较粗略的定性指标，评价有较大的人为因素。目前我国采用的是 1999 年颁布的中国地震烈度表，详见表 2-1。

中国地震烈度表　　　　表 2-1

烈度	在地面上人的感觉	房屋震害程度		其他震害现象
		震害现象	平均震害指数	
Ⅰ	无感			
Ⅱ	室内个别静止中人有感觉			
Ⅲ	室内少数静止中人有感觉	门、窗轻微作响		悬挂物微动

续表

烈度	在地面上人的感觉	房屋震害程度		其他震害现象
		震害现象	平均震害指数	
IV	室内多数人、室外少数人有感觉、少数人梦中惊醒	门、窗作响		悬挂物明显摆动，器皿作响
V	室内普遍、室外多数人有感觉，多数人梦中惊醒	门窗、屋顶、物架颤动作响，灰土掉落，抹灰出现微细裂缝，有檐瓦掉落，个别屋顶烟囱掉砖		不稳定器物摇动或翻倒
VI	多数人站立不稳，少数人惊逃户外	损坏、墙体出现裂缝，檐瓦掉落，少数屋顶烟囱裂缝、掉落	0～0.10	河岸或松软土出现裂缝，饱和沙层出现喷沙冒水；有的独立砖烟囱轻度裂缝
VII	大多数人惊逃户外，骑自行车的人有感觉，行驶中的汽车驾乘人员有感觉	轻度破坏、局部破坏，小修或不需要修理可继续使用	0.11～0.30	河岸出现塌方；饱和沙层常见喷沙冒水，松软土地上地裂缝较多；大多数独立砖烟囱中等破坏
VIII	多数人摇晃颠簸，行走困难	中等破坏、结构破坏，需要修复才能使用	0.31～0.50	干硬土上亦出现裂缝；大多数独立砖烟囱严重破坏；树梢折断；房屋破坏导致人畜伤亡
IX	行动的人摔倒	严重破坏、结构严重破坏，局部倒塌，修复困难	0.51～0.70	干硬土上出现许多裂缝；基岩可能出现裂缝、错动；滑坡塌方常见；独立砖烟囱许多倒塌
X	骑自行车的人会摔倒，处不稳状态的人会摔离原地，有抛起感	大多数倒塌	0.71～0.90	山崩和地震断裂出现；基岩上拱桥破坏；大多数独立砖烟囱从根部破坏或倒毁
XI		普遍倒塌	0.91～1.00	地震断裂延续很长；大量山崩滑坡
XII				地面剧烈变化，山河改观

对于一次地震，震级只有一个，对应不同的地点，烈度不同。一般说来，距离震源近，破坏就大，烈度就高；距离震源远，破坏就小，烈度就低，如图2-11所示。地震震级好像不同瓦数的电灯泡，瓦数越高，亮度越大。烈度好像屋子里受光亮的程度，对同一盏电灯来说，距离电灯越近，光度越大，离电灯越远，光度越小。

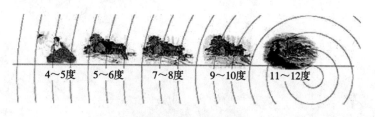

图2-11 地震烈度示意图

对于浅源地震，震级与震中烈度大致存在下列关系，见表2-2。

震级与震中烈度对应关系（参考）　　　　　表2-2

震级	2	3	4	5	6	7	8	>8
震中烈度	1～2	3	4～5	6～7	7～8	9～10	11	12

2.5.3 抗震设防烈度

抗震设防是指对建筑物进行抗震设计，并采取一定的抗震构造措施，以达到结构抗震的效果和目的。地震烈度按照不同的频度和强度通常划分为小震烈度、中震烈度、大震烈度。

抗震设防烈度是按照国家批准权限审定的、作为一个地区抗震设防依据的地震烈度，是该地区工程设防的依据。我国规定的抗震设防区指的是6度及6度以上的地区，一般情况下可采用中国地震烈度区划图的地震基本烈度，参见9.1节。对做过抗震防灾规划的城市可按照批准的抗震设防区划进行抗震设防，例如北京地区抗震设防烈度为8度。

2.5.4 汶川地震的震中、震级、地震烈度

我国在四川地震局所辖以汶川为中心100km以内架设有25个台站，截至2008年5月19日，只有6个台站的数据得到回收，除去2个暂无经纬度信息台站6条记录，有效台站294个，共计882条强震动记录，以这批数据为基础，绘制了汶川地震主震PGA分布图，其中，加速度峰值最大632.9cm/s^2（四川什邡八角台，震中距105.7km）。

图2-12为中国地震局测定的地震烈度分布图，地震断裂带呈北偏东约45°方向走势，震中在地震断裂带的西南角。成都市、绵阳市和广元市都距离地震断裂带不远。震级为8.0级，震中处的地面峰值加速度在1.0g左右，震中烈度达到11度。

北川、汶川、绵竹、都江堰、成都抗震设防烈度均为7度，设计基本地震加速度(0.1g)，即使是成都附近的地面峰值加速度也可达0.2~0.3g，远远超过了抗震设防烈度。

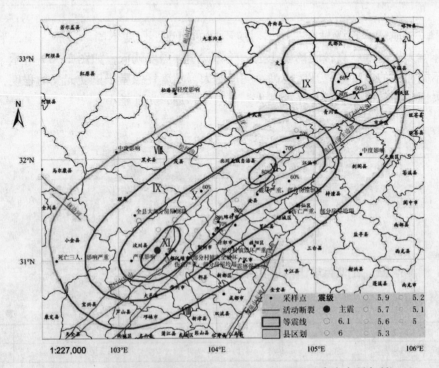

图2-12 汶川地震的地震烈度分布图（中国地震局地壳应力研究所）

2.6　世界地震分布区域

世界地震主要分布在下列地震带，如图2-13所示。

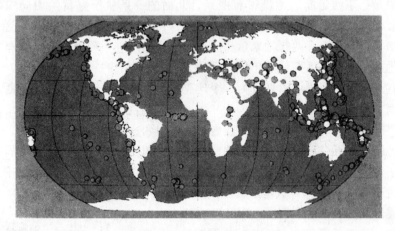

图2-13　全球地震带分布图

环太平洋地震带：沿北美洲太平洋东岸的美国阿拉斯加向南，经加拿大本部、美国加利福尼亚和墨西哥地区，到达南美洲的哥伦比亚、秘鲁和智利，然后从智利转向西，穿过太平洋抵达大洋洲东边界附近，在新西兰东部海域折向北，再经斐济、印度尼西亚、菲律宾、我国台湾省、琉球群岛、日本列岛、阿留申群岛，回到美国的阿拉斯加，环绕太平洋一周。全球约80%的浅源地震、90%的中深源地震、100%的深源地震发生在此地震带。

亚欧地震带：从印度尼西亚开始，经中南半岛西部和我国的云、贵、川、青、藏地区，以及印度、巴基斯坦、尼泊尔、阿富汗、伊朗、土耳其到地中海北岸，一直延伸到大西洋的亚速尔群岛。这个地震带全长两万多公里，跨欧、亚、非三大洲，也称地中海—喜马拉雅地震带，除环太平洋地震外，几乎所有其他的中深源地震和大一些的浅源地震都发生在这个部分，占全球地震的15%。

大洋海岭地震带和东非裂谷地震带：从西伯利亚北岸靠近勒那河口开始，穿过北极经斯匹次卑根群岛和冰岛，再经过大西洋中部海岭到印度洋的一些狭长的海岭地带或海底隆起地带，并有一分支穿入红海和著名的东非裂谷区。

2.7　中国的地震分布区域

我国是一个多地震国家，据近4000年的历史文献记载，除浙江省外，我国绝大部分地区均发生过震级较大的破坏性地震。公元前1767年河南发生地震："桀十年，五星错落，夜星陨如雨，地震，伊洛竭"（竹书计年）。从图2-13可以看出，我国处于环太平洋地震带和亚欧地震带之间，所以地震发生比较频繁。

我国主要地震带是南北地震带和东西地震带。

南北地震带：南北这条地震带的北端位于宁夏贺兰山，经过六盘山，经四川中部直到云南东部全长2000多公里。该地震带构造相当复杂，全国许多强震就发生在这条地震带上，例如1976年松潘7.2级地震。这条地震带的宽度比较大，少则几十公里，最宽处达到几百公里。

东西地震带：东西走向的地震带有两条，北面的一条从宁夏贺兰山向东延伸，沿陕北、晋北以及河北北部的狼山、阴山、燕山山脉，一直到辽宁的千山山脉。另一条东西方向的地震带横贯整个国土，西起帕米尔高原，沿昆仑山东进，顺沿秦岭，直至安徽的大别山。这两条地震带是由一系列地质年代久远的大断裂带构成的。

根据这些地震带，我国可以划分为5个地震区：台湾地区、西南地区、西北地区、华北地区、东南沿海地区。

华北地震区包括河北、河南、山东、内蒙古、山西、陕西、宁夏、江苏、安徽等省的全部或部分地区。在五个地震区中，它的地震强度和频度仅次于青藏高原地震区，位居全国第二。由于首都圈位于这个地区内，所以格外引人关注。据统计，该地区有据可查的8级地震曾发生过5次；7～7.9级地震曾发生过18次。

华北地震区共分四个地震带。

（1）郯城—营口地震带。包括从宿迁至铁岭的辽宁、河北、山东、江苏等省的大部或部分地区，是我国东部大陆区一条强烈地震活动带。1668年山东郯城8.5级地震、1969年渤海7.4级地震、1974年海城7.4级地震就发生在这个地震带上，据记载，本带共发生4.7级以上地震60余次。其中7～7.9级地震6次；8级以上地震1次。

（2）华北平原地震带。南界大致位于新乡—蚌埠一线，北界位于燕山南侧，西界位于太行山东侧，东界位于下辽河—辽东湾拗陷的西缘，向南延到天津东南，经济南东边达宿州一带。是对京、津、唐地区威胁最大的地震带。1679年河北三河8.0级地震、1976年唐山7.8级地震就发生在这个带上。据统计，本带共发生4.7级以上地震140多次。其中7～7.9级地震5次；8级以上地震1次。

（3）汾渭地震带。北起河北宣化—怀安盆地、怀来—延庆盆地，向南经阳原盆地、蔚县盆地、大同盆地、忻定盆地、灵丘盆地、太原盆地、临汾盆地、运城盆地至渭河盆地。是我国东部又一个强烈地震活动带。1303年山西洪洞8.0级地震、1556年陕西华县8.0级地震都发生在这个带上。1998年1月张北6.2级地震也在这个带的附近。有记载以来，本地震带内共发生4.7级以上地震160次左右。其中7～7.9级地震7次；8级以上地震2次。

（4）银川—河套地震带。位于河套地区西部和北部的银川、乌达、磴口至呼和浩特以西的部分地区。1739年宁夏银川8.0级地震就发生在这个带上。本地震带内，历史地震记载始于公元849年，由于历史记载缺失较多，据已有资料，本带共记载4.7级以上地震40次左右。其中6～6.9级地震9次；8级地震1次。

青藏高原地震区包括兴都库什山、西昆仑山、阿尔金山、祁连山、贺兰山—六盘山、龙门山、喜马拉雅山及横断山脉东翼诸山系所围成的广大高原地域。涉及青海、西藏、新疆、甘肃、宁夏、四川、云南全部或部分地区，以及前苏联、阿富汗、巴基斯坦、印度、孟加拉、缅甸、老挝等国的部分地区。

本地震区是我国最大的一个地震区，也是地震活动最强烈、大地震频繁发生的地区。

据统计,这里8级以上地震发生过9次;7~7.9级地震发生过78次,均居全国之首,汶川地震即发生在此区域。

新疆地震区、台湾地震区也是我国两个曾发生过8级地震的地震区。这里不断发生强烈破坏性地震也是众所周知的。由于新疆地震区总的来说,人烟稀少、经济欠发达。尽管强烈地震较多,也较频繁,但多数地震发生在山区,造成的人员和财产损失与我国东部几条地震带相比,要小许多。

华南地震区的东南沿海外带地震带,历史上曾发生过1604年福建泉州8.0级地震和1605年广东琼山7.5级地震。但从那时起到现在的300多年间,无显著破坏性地震发生。

2.8 地震预报

地震预报,是指用科学的思路和方法,对未来地震(主要指强烈地震)的发震时间、地点和强度(震级)作出预报。地震预报按照时间可以分为长期、中期、短期、临震4个阶段(图2-14)。

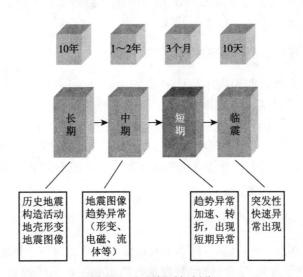

图2-14 预报时间划分

因为地震会给人类带来巨大灾害,地震预测从一开始就是人们十分关注的科学领域,政府和公众希望实现地震预报。然而,经过长期对地震预测的科学探索和研究,至今仍没有实质性的突破,地震预测成为世界性科学难题。1975年2月,我国成功地预报了辽宁海城7.3级地震;2007年,我国成功预报了云南宁洱地震;这是世界上为数不多的对大地震进行了短临预报。

由于科学发展水平有限,目前的技术水平无法准确预报地震发生的时间、地点和震级。美国加州中部的Parkfield小镇,在20世纪90年代之前的100年期间,约22年发生一次地震,当时估计下一次地震发生在1993年,美国国家地质调查局花费了大量的人力和物力安置设备，希望能够进行检测，直到2004年才发生地震。日本1995年前一直认为东海会发生强震，但是却发生在神户。地震孕育的过程极其复杂，使地震预报，尤其是短、临预报，目前仍处于经验性预报的探索阶段，仍是世界级科技难题。主要有以下原因。

2.8.1 触发地震的外力及发震机制十分复杂

地壳运动在地壳的某些部位造成地应力积聚，当地应力积累到超过当地岩石的剪切强度时，地应力以岩层破裂方式释放，即发生地震。地应力的积累是一个漫长的过程，一个大地震的能量积累在我国西部短则数十年，而东部地区可以长达数千年。也就是说，大地震的地应力从积累到释放可以长达数千年。而当地壳运动积累的地应力在某些地方接近当地的岩石剪切强度时，何时释放则往往取决于有利于触发地震的外力因素。而触发地震的外力及发震机制十分复杂，所以，地震的短临预报相当困难。

2.8.2 监测技术及理论认识十分有限

地球存在不可入性，限制了人们对震源及其附近区域高精度的动态监测，研究者只能间接获得一些不确切的认识和不完备的信息，因此，鉴于目前监测技术及理论认识的限制，人们对震前这一阶段的认识还十分肤浅。

2.8.3 地震的发生具有突发性和瞬时性

一般来讲，旱灾的持续时间在年和月的尺度，水灾的持续时间在月和日的尺度，台风的持续时间在日和时的尺度，滑坡和泥石流的持续时间在时和分的尺度，而地震的持续时间仅在分和秒的尺度。这给地震短临预报带来很大的难度。举个例子，向气象台查询2008年5月20日北京是否下雨？气象台可以给出相当准确的预报；但是如果向气象台查询2008年5月20日北京天安门几点几分开始下雨？几点几分停止下雨？气象台难以给出准确的数字。

2.8.4 地震预报的种种学说

实现预报的能力经常被作为某一科学学科是否充分发展的一个标志。例如，牛顿发现了万有引力理论，使天文学家们能作出行星运行轨道和宇宙飞船轨道的高精度定量预报。为了预报地震，不同时期不同地方的人提出了多种理论，下面简单介绍。

最流行的关于地震预报的一个流行理论是，认为动物在地震发生之前能预先感知。早在公元前373年的古希腊，有一只老鼠和蜈蚣在破坏性地震发生之前为安全而搬家的故事。在中国，20世纪70年代有很多关于动物异常行为前兆的报道。20世纪90年代，美国旧金山湾区南部的一个地质学家提出一个异乎寻常的理论：在当地报纸的"丢失和寻找"专栏中出现特别大量的丢失猫、狗的消息时，地震要袭击该地区的概率就明显地增加了。丢失动物被看成在圣何塞城110km范围内和指定的时期内将要发生3.5~5.5级地震的信号。这个地质学家自称在过去的12年内该方法有80%的成功率，但没有提出什么理论去解释这个奇怪的相关性，并且以此方法在大约15年之前对地震进行预测是不奏效的。

20世纪50年代后期，著名的科学杂志《自然》中刊登了一位地震学家的论断，他说来自天王星的引力会引起地震的周期性发生。这一理论听起来十分奇怪，因为天王星是离地球最远的行星之一，它施加给地球的引力与月亮相比简直微不足道，但据他的统计结果，从表面上看确与地震发生的周期性似乎有些相关。

　　1974年两个宇航员在书中提出：行星的排列成一线与巨大地震的发生存在联系。这种特定的行星排列每隔179年会发生一次，此时太阳受到的引力会增加，这些增加的引力会诱发太阳黑子活动。接下来，较强的太阳活动导致更强的太阳风，即不断从太阳向外流出的带电原子核，巨大的太阳风又改变了地球表面的天气状况，天气状况中包含了不规则的大气干扰，增加了地表的压力，例如增加了对于山脉的挤压，这些额外压力十分巨大，或许会引起构造运动，甚至灾难性地震。当时已知这种行星特定排列在1982年将再度发生，这一理论的提出人预测1982年圣安德烈斯断层是大地震的一个可能发生地点。预报的地震没有发生。根据历史记载，行星发生一线排列的1803年、1642年和1445年，这几年没有发生特殊的破坏性地震周期活动。加利福尼亚历史上1803年没有发生大地震，1445年全世界只有日本偶然发生一次大地震，1642年也只有一次发生在西印度的大地震。相反在1448年发生了4次、1604年发生了5次巨大地震，这些年份并不符合预测的间隔周期。

　　1976年，欧洲的科学杂志上发表一些文章，研究岩石裂隙如何在压力下产生地震波。这一理论工作被认为不仅仅适用于小规模的矿床岩石断裂，而且适用于大规模的地质断层滑动。进而它被认为能预测即将发生的大规模断层断裂及其伴生的地震发生的精确时间、地点和强度。就在这篇文章发表不久，两位科学家应用这一岩石破裂理论研究了1974年在秘鲁利马附近发生的两次大地震。结果他们认为在城市附近已经酝酿形成大震发生的条件，该地区已经进入大震"孕震期"，并且计算出大约6年之后将会发生一次8.4级的主震。由于这两位科学家是为美国政府工作的，因此他们的结论马上被认为是可靠的，他们的预报很快引起了秘鲁公众和政府的关注。这一预报的评价被提交给美国地质调查局下属的国家地震预报评估委员会，专门负责对重大预报进行分析评估。委员会的报告否定了该预报，事实上以后也并没有巨大地震袭击秘鲁。

　　1911年理德提出地球内部不断积累的应变能超过岩石强度时产生断层，断层形成后，岩石弹性回跳，恢复原来状态，于是把积累的能量突然释放出来，引起地震。该理论能够为我们提供了粗略预测已知活断层的下一次大破裂时间的依据。

　　目前，任何一种准确的短临预报理论也没有诞生，现实的态度是接受这种事实。但是在世界上某些地区，尤其是板块边缘地区，其未来最大地震震级及未来几十年发震概率已经被估计出来。这种含有不确定性的估计不对公众信心产生误导，它们将有助于制定合理的社会政策，采取必要的措施减少地震危害。

2.8.5　地震预报与异常现象

　　异常现象是指出现违反"常规"或"常理"的现象，例如有些花在冬季盛开，冬季蛇出洞，鱼浮出水面或乱蹦，老鼠大白天群体搬家，鸡鹅乱飞，狗不进舍，马不进圈等各类生物异常；井水翻花、冒泡、变色、变味，泉水断流或喷涌，地面上冒水、冒沙、冒泥等地下水异常；地声、地光、地雾、地动、地鼓等地面异常；收音机失灵，日光灯自明，电子闹钟走得忽快忽慢，罗盘的指南针强烈扰动等电磁异常等等。

这类异常现象可能是地震引起的，人类记下了很多宝贵的史料。《诗经·小雅·十月之交》中"烨烨震电不宁不令"、"百川沸腾山冢崒崩"的诗句，说的是周幽王二年（公元前 740 年）陕西岐山强震时所见到的闪闪如电的地光。听到的轰轰如雷鸣的地声，成百条河水在翻腾的宏观异常。《宋会要辑稿（册五二）》对 1072 年 11 月 3 日陕西华县地震有"是夜初昏，略无风声，忽于山下云雾起，有声渐大，地逐震动"的记载，说明了震前看到地雾与听到地声异常。《新安志》中记载，1100 年 2 月安徽歙县地震前黄山朱砂汤泉"水变赤如流丹"等。仅在我国，类似的记载就有几千条之多。

我国在利用宏观异常探索地震预测方面有一些成功的史例。1975 年 2 月 4 日辽宁海城 7.3 级地震前一两个月观察到很多宏观异常现象，如 1974 年 12 月在辽阳、本溪、鞍山、大连、沈阳、锦州等地开始出现大量地下水与动物异常；1975 年 2 月 2 日盘锦某乡一群小猪在圈内相互乱咬，19 只小猪的尾巴被咬断，2 月 4 日震前千山鹿场梅花鹿撞开厩门冲出厩外，岫岩县石岭村一头公牛傍晚狂跑狂叫，岫岩县清峰村一只母鸡在太阳落山时飞上树顶就不下来进窝等等，这些宏观异常对成功预测这次地震提供了重要依据。1976 年 5 月 29 日云南龙陵 7.4 级地震前，5 月 28 日龙陵县土地电与井泉水温度出现异常，县地震部门发出"5 月 31 日至 6 月上旬在 100km 范围内可能发生 5.0 级或 6.0 级地震"的预测意见并于 5 月 29 日 20 时左右拉响防震警报，25 分钟之后发生第一个主震，但人畜都已被疏散，大大减少了伤亡。即使是没有成功预测的某些地震前，也曾都发现各类宏观异常，如 1976 年 7 月 28 日河北唐山 7.8 级地震前地下水与地光异常等。

美国著名地质学家 T·戈尔德于 1990 年在世界著名的杂志《Science》（科学）上曾发表"Ways to Predict Earthquakes"（预报地震的方法）一文指出："震前"一些奇特的气味可由许多动物甚至人闻到；一种与气味有关的异常地面雾；可燃气喷发；突然且非常局部的温度变化；地栖动物如各种鼠类和蛇成群结队地离开其栖息处；犹如蒸汽锅发出的嘶鸣噪声或爆炸声；地下水位的急剧变化以及泉水流量的变化。他认为这些现象就是发生地震的"警告信号"，这种现象不只发生在中国，世界其他地方都曾报道过，中国人利用这些"警告信号"成功预报地震。

造成异常现象的原因很多，地震只是其中的一个原因。经常出现异常现象，然而没有发生地震。几乎天天都可在全国各地会发现各种各样的异常现象，但破坏性地震并不天天发生，多时一般也不过一年发生一两次，少时几年发生一次，对一个地区而言，经常是几十年乃至几百年甚至一两千年发生一次。这说明引起异常现象的原因是多方面的，异常现象属于一果多因，地震只是其中原因之一。

曾有许多利用宏观异常预测地震失败的例子。2002 年 5～6 月，四川省凉山州地区出现较多的宏观异常现象，在西昌、普格、冕宁、宁南等地共出现 80 多起，其中到现场落实的就有 40 多起。这些现象中有泉池水变浑，溶洞水流量剧减，井水自溢自喷，老鼠成群搬家或在庙中一夜相互厮杀，燕子夜宿电线上不归巢，一些不明种属的透明蠕虫（个体长约 1cm，粗约 1～2mm）绞成一股粗 2～3cm，长达几米的绳状群体由地下爬出后"集体"迁移等。这些现象，空间上多沿活动断裂带出现，时间上其数量日渐增多，由 5 月中旬的每日仅 1～2 起，到 5 月下旬多到每日 8～10 起，到 6 月上旬最多时达每日 20 起，到 6 月 10 日晚 10 时 20 分左右在西昌市的邛海出现半夜鱼跃"龙门"的非常壮观的异常,在长约3km,宽超百米的水面上,有成千上万条鱼蹦出水面,蹦高可达3～4m,当渔船穿过该区查看时,落在船上的鱼竟有几百斤之多。于是当时预测:"未来一周内,在当地有可能发生大于6级地震",但预测中的地震并未发生,各类宏观异常也几天后全部消失。东北某地,上世纪80年代的一个春季发现一口旧井咚咚作响,异常十分明显,引起当地地震部门的高度重视,派人昼夜监视异常变化,当异常变得越来越强烈时就拉响了地震警报,造成当地学校的学生大量跳楼逃生,结果导致不少学生受伤,造成了严重损失。

有时没有明显异常现象,地震也会突然发生。例如本次汶川地震,重庆、北京也发生了地震,之前未发现明显的、有规模的异常现象。汶川地震中,一位重庆市民这样形象地记载:"于是我想起了地理老师曾经告诉过我们,地震来临之前,会鸡犬不宁,鸡飞狗跳,这是前兆。可是,这次在我被吓倒之前,怎么鸡没飞狗也没跳,我们楼上楼下,不少于10条狗,要是平时你上楼从它家门口过,那才叫得你心慌,巴不得把它拖出来宰了。可是今天,在这突发事件之前,是它们展示自己本能的时候了,它们都是怎么了,难道它们和我们一样没经历过地震,也被吓着了吗?"

异常现象对地震预报有参考价值,但是不能作为地震的判断标准,6级以上的破坏性地震每年在中国发生约8次,异常现象几乎每天都可在全国各地发生,两者关系至今没有具体、准确的结论。

1996年11月,"地震预测框架评估"国际会议在伦敦召开。与会者达成一个共识:地震本质上是不可预测的,不仅现在没法预测,将来也没法预测。他们认为,地球处于自组织的临界状态,任何微小的地震都有可能演变成大地震。这种演变是高度敏感、非线形的,其初始条件不明,很难预测。如果要预测一个大地震,就需要精确地知道大范围(而不仅仅是断层附近)的物理状况的所有细节,而这是不可能的。而如果想通过监控前兆来预测地震,也是不可行的。所谓"地震前兆"极其多样,不同的地震往往都有不同的前兆,而且一般都是地震发生后才"发现"有过前兆,缺乏客观的认定,既无定量的物理机制能把前兆与地震联系起来,也无统计上的证据证明这些前兆真的与地震有关,多数甚至所有的"地震前兆"可能都是由于误释。东京大学、加州大学洛杉矶分校和博洛尼亚大学的地震学家据此在次年3月美国《科学》联合发表《地震无法被预测》的论文,引发了一场争论。1999年2～4月,就地震能否预测这一问题,多位地震学家陆续在英国《自然》网站上进行辩论。辩论双方的共识实际上多于分歧。双方都同意:至少就已有的知识而言,要可靠而准确地对地震作出确定性预测是不可能的。进入21世纪以后,这仍然是国际地震学界的主流观点。美国地质勘探局明确表示,他们不预测地震,而只作长期概率预报,对地震灾害作出评估。例如,今年4月,美国地质勘探局评估说,在未来30年内加州发生6.7级以上的地震的概率为99.7%,但是不能预测地震发生的具体地点和时间。

2.8.6 地震预报的管理、发布程序

由于地震预报准确度很低,而向社会发布地震预报的社会政治经济影响很大,因此国家根据"防震救灾法"对预报权限和管理、发布作了严格规定,见表2-3。

地震预报管理、发布的程序　　　　　　　　　　　　　　　　　表 2-3

第一步	地震预测意见的提出：地震预测意见、地震异常现象（任何单位、个人）
第二步	地震预报意见的形成：所在地县级以上政府管理地震工作的机构（组织召开会商会）形成地震预报意见；国务院、省地震机构组织召开地震震情会商会，形成地震预报意见
第三步	地震预报意见的评审（内容：科学性、可行性、发布形式、可能产生的社会、经济影响） 国家评审：全国会商会形成的地震预报意见；省级形成的可能发生严重破坏性地震的预报意见 省级评审：①全省地震震情会商会形成的地震预报意见（对可能发生严重破坏性地震的地震预报意见，要先上报评审后再报本级政府）；②市、县形成的地震预报意见（在紧急情况下可以不经评审，直接报本级政府，并报国务院地震工作主管部门）
第四步	地震预报的发布：国务院：全国性的地震长期预报和中期预报；省政府：省内的地震长期预报，地震中期预报，地震短期预报和临震预报；市、县政府：在紧急情况下发布 48h 内的临震预报，同时上报省政府及其地震工作机构、国务院地震工作主管部门

各级地震监测台网对地震监测信息进行检测、传递、分析、处理、存储和报送；群测群防网观测地震宏观异常并及时上报。中国地震台网中心对全国各类地震观测信息进行接收、质量监控、存储、常规分析处理，进行震情跟踪。

中国地震局在划分地震重点危险区的基础上，组织震情跟踪工作，提出短期地震预测意见，报告预测区所在的省（区、市）人民政府；省（区、市）人民政府决策发布短期地震预报，及时做好防震准备。

在短期地震预报的基础上，中国地震局组织震情跟踪工作，提出临震预测意见，报告预测区所在的省（区、市）人民政府；省（区、市）人民政府决策发布临震预报，宣布预报区进入临震应急期。预报区所在的市（地、州、盟）、县（市、区、旗）人民政府采取应急防御措施，主要内容是：地震部门加强震情监视，随时报告震情变化；根据震情发展和建筑物抗震能力以及周围工程设施情况，发布避震通知，必要时组织避震疏散；要求有关部门对生命线工程和次生灾害源采取紧急防护措施；督促检查抢险救灾的准备工作；平息地震谣传或误传，保持社会安定。

2.9 地震史话

2.9.1 赫顿和地质学

赫顿（Hutton. James）是著名的地质学家，英国人。他早年曾先后学习法律、化学、医学和务农，42 岁时放弃农业，开始从事地质学研究。他所倡导的"均变说"为地质科学奠定了一块基石。

18 世纪末和 19 世纪初，科学界普遍采用了推理的观念，赫顿进行了认真观察和推演，认为在地表看到的岩石是由一系列灾变事件所产生的这种风行一时的看法不可相信。相反，他认为，由于内力作用，某些地区可能上升，然后遭受侵蚀，而另一些地区可能下降，成为沉积物淤积的盆地。关于地球表面的岩石到底是怎样形成的，在他之前已有魏尔纳的"水成论"，水成论者认为所有岩石都是在一个全球性的大洋中形成的。赫顿则不这样认为，他通过审慎的观察和推理，认为玄武岩和花岗岩曾经是熔体。熔体发生侵位后来到了地表，这些岩石是火成的而不是水成的，赫顿因此成为"火成论"

的代言人。火成论的提出，产生了运动的地球的观念，这就为现代地质学的产生奠定了基础。

1785年，赫顿在英国爱丁堡皇家协会上提出了"均变说"。他认为现代地质在整个地质时期内，以同样方式发生过，并且基本上有相同的强度。根据"均变说"能够用现在观察到的现象去解释过去的地质事件。1788年，赫顿又发表了《地球论》，对陆地形成、消失和再生的规律进行了探讨研究。此后，他抱病修改他的旧作，《地球论》分两册重版。书中列举许多例证，证实了他的论点。由于赫顿的理论与当时流行的见解相悖，加上他的写作风格又不易为人所了解，因而许多人对他的论断意见纷纭，竞相反对。后来，他的密友约翰·普来费尔结合他自己的研究心得写了一本名为《赫顿地球理论说明》的书，简明扼要地进一步阐述了赫顿的"均变说"，使"均变说"更加严密，无懈可击，从此，赫顿的思想在地学界赢得了广泛的支持，并成为地质科学的基础。1982年，拉纳尔指出，均变是赖尔创立的一个概念，并非出自赫顿。拉纳尔在自己的著作中表示了明显不同的观点："因此为了达到一定目的，尽管在我们的计算中有必要使各种均衡持续下去，但是我们不应该用一个毫无变化的均变来限制大自然"。

赫顿建立了所谓"地转循环"的概念。他认为，就像地球在不停地转动循环一样，地质作用也是在不停顿地循环往复地进行着。他把各种地质现象理解为"长期活动的缓慢作用"结果。1948年杜姆奇也夫在评述赫顿的这一思想时指出："牛顿在微积分学中对连续变化的分析同赫顿在地质学中对小事件积累产生大变化的判断之间具有相似之处"。

2.9.2　地核之父——奥尔德姆

奥尔德姆（Oldham，Richard Dixon 1858~1936）英国地质学家、地震学家，发现了地核存在的证据。1897~1930年为印度地质调查局成员。在研究1897年印度东北部的阿萨姆地震时（为世界地震最频繁的地区之一，1897年、1930年和1950年相继发生7级以上地震，1950年的地震，为有史以来全球最大的地震之一），发现地震仪记录上提示了3种可分地震波。他还确切地证实了地层的垂向位移是初次地震运动的结果。

2.9.3　罗伯特·马莱

罗伯特·马莱（Robert Mallet），是一位爱尔兰结构工程师，因火车站、桥梁和其他主要建筑的优秀设计而知名。罗伯特·马莱的野外研究为现代地震学奠定了坚实的基础。

他对地震研究的毕生努力是由1830年意大利地震中石柱被扭曲而开始的，他试图解决这一工程问题。马莱建立一个综合性图书馆，搜集有关地震的书、剪报和杂志，并作出了第一个现代地震目录，超过6800条，给出地震的位置和影响。从他的目录作出了第一张可靠的标绘着地震预测效应的图件。1857年12月16日在意大利南部靠近那布勒斯的地震为马莱提供了充分研究地震的机会，在他访问破坏地区的3个月里，马莱建立了野外观测地震学的基础，并载入以《观测地震学第一原理》为标题的主要报告。

马莱还以首次实施人工地震而知名。他在地下引爆炮弹，然后通过观察放置在远处的容器中的水银表面记录波动。用一只跑表记录爆炸和水银表面波动之间经过的时间。从这些观察中，他推断出地震波在不同物质中传播速度不同。人们首次清楚地理解地震波受其通过的不同类型岩石的物理性质的影响。他计算出通过砂质土地的波速为280m/s，通过花岗岩的波速是600m/s（事实上这个数值太小了）。马莱是通过观测来确定地震位置的先驱。

2.10 重点问题与解答

1. 汶川地震属于什么类型的地震？

汶川地震主要是由于地球板块运动，地下深处岩层错动、破裂所造成的，属于构造地震。

2. 汶川地震位于那个地震带？

从世界地震带来看，属于亚欧地震带。从中国地震带来看属于青藏高原地震区。

3. 汶川地震是三峡水库引起的吗？

在汶川地震中，有人提出本次地震主要是三峡水库造成。这种说法是错误的，水库引起的地震属于诱发地震，多是小地震。对于大震或者特大地震，其主要原因是由于地壳板块的运动引起的，众所周知，海洋的地壳较高原的地壳薄，海洋水量远远超过三峡水库的水量，水压也远超过三峡水库的水压，海洋中超过7级的大地震也只是发生在少数区域，大部分区域没有发生大地震。汶川地震主要是由于地球板块运动，地下深处岩层错动、破裂所造成的。

4. 汶川地震的震级、震中烈度是多少？

汶川地震震级为8.0级，震中烈度为11度。

5. 地震马上到来时的信号是什么？

建筑或者物品上下振动，这是由于地震纵波（P波）先于其他波到达。由于纵波在地球内部传播速度大于横波，所以地震时，纵波总是先到达地表，而横波总落后一步，所以发生较大的近震时，一般人们先感到上下颠簸，过几秒到十几秒后才感到有很强的水平晃动。这是地震马上到来的最紧急信号，告诉我们造成严重破坏的横波马上要到，立即作出应对。

6. 您的居住地属于哪个地震带？

请查询图2-13，或者咨询当地地震部门。

7. 您居住地的地震设防烈度是多少？

请查询9.1节，或者咨询当地地震部门。

8. 地震能够准确的短、临预报吗？

不能，原因参见2.8节。

9. 汶川地震在2006年被准确的短、临预报了吗？

论文"基于可公度方法的川滇地区地震趋势研究"提出2008年川滇地区可能发生6.7级以上地震。该文预报以年为时间尺度，以四川和云南两个省为地震范围，属于中长期预报，是一个统计结果，具有一定的参考价值，但是未对汶川地震作出准确的短、临地震预报。

第3章 地震灾害类型

本章主要讲述地震灾害的具体形式等知识,是预防和应对地震灾害行动的基础。

以往人们普遍认为随着人类文明的发展、科学技术的进步及抵御自然灾害能力的增强,地震造成的损失会越来越小。实际情况是,随着工业化、城市化的发展,人口向城市的快速集中,生命线工程和潜在的灾害源也在集中,城市的灾害风险越来越大,次生灾害和诱发灾害的问题越来越突出。1997年1月17日日本阪神大震灾就造成1000亿美元的巨大损失,被称为"最贵"的地震;2004年12月26日发生在印度洋的8.9级地震引发海啸,波及十几个国家,造成约30万人死亡,数百万人无家可归;汶川地震截至2008年8月11日造成死亡69225人,失踪17939人,受伤374640人。

3.1 地震灾害特点

地震有极大的破坏性,它有下列特点。

3.1.1 多发性

全世界地震每年约发生500万次,约1%为人们可以感知的地震(1万次有感地震),造成严重破坏的大地震约每年18次;其中,1950~1999年的50年期间,6级以上地震总计7983次,平均每年160次(期间包括余震);7级以上地震总计831次,平均每年约17次(16.6次);8级以上地震总计37次,平均每3年发生2次;2007年则是地震高发期,全世界6级以上地震196次(包括44次余震),其中,7级以上地震20次(包括6次余震);8级以上地震5次。

我国地震发生频繁,自1949~2007年,100多次破坏性地震袭击了我国22个省(自治区、直辖市),造成27万余人丧生,占全国各类灾害死亡人数的54%,地震成灾面积达30多万平方公里,房屋倒塌达700万间。

3.1.2 突发性

地震具有突发性的特点有两个含义。
1. 指地震发生的时间、地点、强度(震级)是突发的,具有不确定性、随机性。
2. 指没有两个地震是完全相同的。
汶川地震就是突发性很强的地震。

3.1.3 瞬时性

地震是在短时间内造成巨大灾害的自然力量,其持续时间是以分钟和秒为计算单位的。世界上持续最长的地震为1964年阿拉斯加地震，约7分钟，一次地震持续时间通常为1分钟左右，较长的地震持续也就3分钟左右。

3.1.4　选择性

地震对不同的房屋、水坝等工程结构破坏具有选择性。地震对工程结构的破坏和地震本身、地基、建筑物的结构形式等多种原因有关，同等条件下和地震频率接近的工程结构破坏严重，这有些类似物理学中的共振原理。

3.1.5　次生性

地震引起的火灾、滑坡、海啸等灾害称之为次生灾害，次生灾害有时比地震灾害后果更严重。例如：1923年日本东京大地震震倒房屋13万幢，火灾烧毁房屋45万幢。

地震灾害根据产生原因不同，分为三类：原生灾害、次生灾害、诱发灾害。

3.2　原生灾害

由于地震的作用而直接产生的地表破坏、各类房屋、水坝等工程结构的破坏，及由此而引发的人员伤亡与经济损失，称为原生灾害。原生灾害主要有以下形式：

3.2.1　造山运动

地震可以造山。喜马拉雅山、阿尔卑斯山、台湾中央山脉等均是经过板块碰撞，一系列的地震所造成的。

我国西南部的喜马拉雅山是欧亚板块和印澳板块聚合碰撞形成。西藏高原第一次造山运动始于始新世，在距今1200万年的中新世中期以前，当时西藏高原北高南低，平均高度约1000m，喜马拉雅山并不是山脉。

中新世中期，强烈的喜马拉雅运动使原来平坦的地面复杂化，断陷盆地和断块山地出现，地形起伏加剧，发育了较好的中新统地层。自此以后，直到晚第三纪晚期（距今200万年），高原又以均匀的速度缓慢上升。喜马拉雅山开始上升，初步形成山脉。

自第四纪（距今约200万年）以来，印度板块对欧亚板块的挤压逐渐加剧，青藏高原逐渐隆升，越往后隆升的幅度越大。中更新世后期（距今100多万年），高原上升达海拔3000m左右，喜马拉雅山区海拔上升达5km以上。全新世（距今1万年）高温期以来，喜马拉雅山区又上升了500m左右。直到目前为止，印度板块仍不断向北运移，不断与欧亚板块相挤压，喜马拉雅山至今仍在缓缓上升。

英国部分学者认为本次汶川地震就是缘起喜马拉雅造山运动（图3-1）。

图3-1　喜马拉雅山脉是地震造成的

3.2.2 地裂

地震可以造成地裂缝。地裂缝是地表岩、土体在自然或人为因素作用下，产生开裂，并在地面形成一定长度和宽度的裂缝的一种地质现象，当这种现象发生在有人类活动的地区时，便可成为一种地质灾害。地裂缝可由多种因素形成，地震是其中一个重要成因。图3-2所示为汶川地震中的地裂缝。

图3-2　汶川地震中的地裂缝（摄影：张雷）

3.2.3 地陷

地震可以造成地陷。据历史记载，1605年（明万历三十三年）海南岛发生大地震，农历五月二十八日午夜时分，地震袭击了海南岛北部的琼州，滨海陆地大面积沉入大海，地面沉降约4.5m，数十个村庄被海水淹没，人和牲畜同遭劫难。一郑氏家谱中这样记述到："其地震动，忽沉有七十二村，聚居者，悉被所陷，外出者方免其殃，惨哉，山化海，为演顺无殊泽国，人变为鱼，田窝俱属波臣"。

汶川地震中有多处发生地陷（图3-3）。

图3-3　汶川地震中的地陷现象

3.2.4 液化

地震引起砂土液化，液化是工程结构倾斜、倒塌的重要原因。

饱水的疏松粉、细砂土在振动作用下突然破坏而呈现液态的现象。地震、爆炸、机械振动等都可以引起砂土液化现象，尤其是地震引起的范围广、危害性更大，如图3-4~图3-6所示。

图3-4　台湾集集地震中苗栗市新英里某山坡地之喷砂孔（摄影：李增钦）

图3-5 台湾集集地震中南投县鹿港乡瑞田村仁爱路66号民宅基础液化

图3-6 日本新潟地震液化导致房屋倒塌（1964）

3.2.5 工程结构破坏

地震往往会破坏房屋、路桥等工程的结构。桥梁、道路的破坏导致救灾交通受阻，大坝的破坏导致水灾，电力设施等破坏导致信息无法正常传递，房屋的破坏是人员伤亡的主因之一，1976年唐山地震，多达60万人左右被坍塌的建筑物掩埋，见图3-7～图3-15。

图3-7 唐山市机车车辆厂震后概貌

图3-8 汶川地震中北川县城破坏的建筑物1（摄影：陈燮）

图3-9 汶川地震中北川县城破坏的建筑物2（摄影：陈燮）

图3-10 汶川地震中汶川县映秀镇破坏的建筑物（摄影：陈凯）

图 3-11 汶川地震中破坏的桥梁

图 3-12 汶川地震破坏的铁路（摄影：张宏伟）

图 3-14 汶川地震中破坏的电力设施

图 3-13 汶川地震中破坏的涵洞

图 3-15 台湾集集地震中石冈坝破坏

3.3 次生灾害

地震引发的由于工程结构物的破坏而随之造成的诸如地震火灾、水灾、毒气泄漏与扩散、爆炸、放射性污染、海啸、滑坡、泥石流等灾害，称为地震次生灾害。次生灾害主要有以下形式。

3.3.1 滑坡

地震滑坡是地震引发的山体、土体局部或者全部滑落。地震即可能是滑坡的主因，也可能是滑坡的诱因。

地震滑坡可毁坏建筑物，压埋人畜、破坏农田，造成巨大灾害，这种灾害有时大于地震直接造成的灾害。

1718年6月19日甘肃省通渭南7.5级地震，通谓城北笔架山一座山峰崩塌、滑坡，压死四千余人，甘谷北山南移（滑坡）掩埋永宁全镇及礼辛留村的一部分，死伤约三万余人。

1920年，中国宁夏海源地震，引起滑坡。地震与滑坡总计造成约20万人死亡。

1933年8月25日四川叠溪7.4级地震，千年古城叠溪即为地震滑坡和崩塌所毁灭，500余人葬身。叠溪城南5km之岷江东岸小关子村亦为一个滑坡所毁，使57人死亡。岷江西岸的烧炭沟、吉白沟、龙池、石咀等十余个村寨，地震时皆随山崩而倒；其中靠近岷江的烧炭沟、龙池、白蜡等村，完全崩入江中，踪迹全无。在叠溪附近，岷江两岸山体崩塌、滑坡堆积成三座高达100余米的天然堆石坝，将岷江完全堵塞，成为堰塞湖，后因水浸坝决，酿成空前的大水灾。

1964年3月27日美国阿拉斯加8.6级地震，克赖依湖四周九个三角洲产生陆地和水下滑坡。最大体积约163万m^3，其引起的回浪高达9m，远浪最大高达24m，致使沿岸许多建筑物被毁。1970年5月31日秘鲁7.7级地震，来自瓦斯卡蓝山北峰的大规模的滑坡、崩塌形成的泥石流；流速为每秒80~90m，流程达160km，携带的固体物质多达1000万m^3。掩埋了阳盖镇和潘拉赫卡城的一部分，有18000人葬身。其伤亡人数占这次受害者总数的40%，成为南美洲地震史上的空前事件。

浅海大陆架上的地震滑坡还能够破坏海洋工程。如1929年11月29日，纽芬兰格兰德沙砾浅滩的外海7.5级地震，震中在水深1800~3600m的大陆架上，地震时产生20km²范围的滑坡，滑体平均厚20~30m，使水深2.750~3.360m之间的全部通信电缆折断。随后该滑坡转化成浊流，以每秒18.3~19.1m的速度顺大陆斜坡向深海奔泻，其前进方向的通信电缆依次被折断。最后一条在水深5230m、距震中980km处也被折断。

汶川地震中多处滑坡，其中青川（四川），2008年5月14日地震造成青川山体大面积滑坡汶川地震造成青川县红光乡东河村山体大面积滑坡，青竹江和金子山到唐家河旅游公路被截断。滑坡纵向长度3000多米，横向宽度最长600多米，高40~80m，220多户700多人受灾，其中死亡14人，310多人失踪。图3-16是5月14日汶川地震余震发生时山体滑坡情景。图3-17是汶川地震另一处山体塌方。

图3-16 汶川地震中余震时青川滑坡（摄影：谢家平）

3.3.2 泥石流

地震可以诱发泥石流。

泥石流是山区沟谷中,由暴雨、冰雪融水等水源激发的、含有大量泥沙石块的特殊洪流,其特征往往突然暴发,流体沿着山沟而下,在很短时间内将大量泥沙石块冲出沟外,常给人们生命财产造成较大的危害。地震中,当下雨时表层滑坡经常形成泥石流。

图3-17 汶川地震某处山体塌方

泥石流按其物质成分可分成3类:由大量黏性土和粒径不等的砂粒、石块组成的叫泥石流;以黏性土为主,含少量砂粒、石块、黏度大、呈稠泥状的叫泥流;由水和大小不等的砂粒、石块组成的叫水石流。

泥石流危害表现在如下4个方面:

(1) 对居民点的危害。泥石流最常见的危害之一是冲进乡村、城镇,摧毁房屋、工厂、企事业单位及其他场所、设施,淹没人畜,毁坏土地,甚至造成村毁人亡的灾难。例如,1969年8月,云南大盈江流域弄璋区南拱泥石流使新章金、老章金两村被毁,97人丧生,经济损失近百万元。

(2) 对公路、铁路的危害。泥石流可直接埋没车站、铁路、公路、摧毁路基、桥涵等设施,致使交通中断。有时泥石流汇入河流,引起河道大幅度变迁,间接毁坏公路、铁路及其他构筑物,甚至迫使道路改线,造成巨大经济损失。例如,甘川公路394km处对岸的石门沟,1978年7月暴发泥石流,堵塞白龙江,公路因此被淹1km,白龙江改道使长约两公里的路基变成了主流线,公路、护岸及渡槽全部被毁,该段线路自1962年以来,由于受对岸泥石流的影响已3次被迫改线,新中国成立以来,泥石流给我国铁路和公路造成了巨大损失。

(3) 对水利、水电工程的危害。主要是冲毁水电站、引水渠道及过沟建筑物,淤埋水电站尾水渠,并淤积水库、磨蚀坝面等。

(4) 对矿山的危害。主要是摧毁矿山及其设施,淤埋矿山坑道,伤害矿山人员,造成停工停产,甚至使矿山报废。

汶川地震中,同时多处灾区有雨水,造成泥石流,参见图3-18~图3-20。

图3-18 汶川地震泥石流掩埋的一个村庄(摄影:贾国荣)

图3-19 汶川地震甘肃文县泥石流（一）（摄影：田蹊）

图3-20 汶川地震甘肃文县泥石流（二）（摄影：田蹊）

3.3.3 火灾

火灾是地震最主要、最普遍的次生灾害，也是危害最为严重的一种次生灾害。由于地震的强烈震动造成各种电源、火源失控，易燃易爆物质燃烧爆炸等原因常引发火灾。例如1995年阪神地震（7.2级），共引发火灾137起，造成震后大面积火灾（图3-21），经济损失极为严重；2003年9月日本北海道地震炼油厂火灾见图3-22。

图3-21 阪神地震火灾

图3-22 2003年9月日本北海道地震炼油厂火灾

3.3.4 污染

毒气、核在地震中泄漏造成污染。毒气扩散危险源主要是工业生产中储量较大、毒性较高、泄漏时造成大范围扩散的化工原料或者中间产品，如：氯气、氰化氢、氨气、二硫化碳、农药等。主要储存地点为化工厂、化肥厂、农药厂、医院、医药采购站等。

存在和使用放射性污染源的单位主要为核制造地、核电厂、医院、大学物探部门等。

汶川地震中，位于四川省什邡市的蓥峰实业有限公司和宏达化工股份有限公司生产装置破坏严重，有硫酸和液氨泄漏现象，造成污染。

3.3.5 海啸

海啸是由于海水被强大的作用力所搅动引起海水的扰动，由此而产生的连续的、长周期的、波长极长的波动。海啸主要是由于海洋和海岸区域的地震引起的。另外，山崩、火山喷发、原子弹爆炸，甚至来自外部空间的物体（例如陨石、小行星和彗星）的冲击也能引起海啸。

大海啸是穿过大洋的深部而到达海面的，它的浪尖与浪尖的长度可以达到一百英里甚至更长，而它的浪尖与浪谷的高度只有几英尺或者更小，这时无论在空中俯瞰大海或者在海面轮船上，都看不到或感觉不到它的存在。在海洋的最深处，波的传播速度极快，甚至可达到每小时 600 英里（970km/h）。当海啸通过它自己的方式进入浅滩时，波的速度将变小而波的高度将增高。海啸的浪高能够超过 100 英尺（30m）并伴随有毁灭性的冲击力。

图 3-23 海啸对加州 Crescent 市造成破坏
（1960 年智利地震）

1960 年智利地震，引起了最大一次海啸的地震。海啸传播的速度很快，14 个小时后到达了夏威夷群岛，24 小时到达日本。地震引发的海啸对一万多公里外的美国加利福尼亚北部 Crescent 市和两万公里外的日本造成破坏（图 3-23）。

2004 年 12 月 26 日发生在印度洋的 8.9 级地震引发海啸（图 3-24），波及十几个国家，造成约 30 万人死亡，数百万人无家可归。

图 3-24 2004 年印度洋地震引发的海啸

中国台湾曾经发生过较大的海啸灾害，大陆部分近海的大陆架较长，很少有大的海啸灾害。

3.3.6 洪灾

在水域附近发生地震，会引发一定比例的水灾。地震使大量崩塌的土石落入江河，形成人工大坝和"地震湖"，导致湖面水位急剧上升，大坝溃决引发水灾。例如1933年四川叠溪发生7.5级地震，引发岷江水灾，洪水咆哮而以排山倒海之势洗劫了下游地区，冲毁良田数万亩，沿岸居民无以为生，颠沛流离。

华县大地震，公元1556年1月23日，今陕西华县发生8级地震。据史料记载："压死官史军民奏报有名者83万有余，其不知名未经奏报者复不可数计"。这次地震极震区烈度为12度，重灾区面积达28万km^2，分布在陕西、山西、河南、甘肃等省区，地震波及大半个中国，有感范围远达福建、两广等地。这次地震人员伤亡如此惨重，其重要因素是由地震引起一系列地表破坏而造成的。其中，黄土滑坡和黄土崩塌造成的震害特别突出，滑坡曾堵塞黄河，造成堰塞湖湖水上涨而使河水逆流。当地居民多住在黄土塬的窑洞内，因黄土崩塌造成巨大伤亡。地裂缝、砂土液化和地下水系的破坏，使灾情进一步扩大。这个地区的房屋抗震性能差，地震又发生在午夜，人们难有防备，大多压死在家中；震后水灾、火灾、疾病等次生灾害严重。

图3-25 汶川地震中堰塞湖掩埋的村庄

截至2008年5月26日，根据航空遥感资料和专家实地调查初步分析，四川大地震灾区发现34处堰塞湖，其中8处水量在300万m^3以上，参见图3-25、图3-26。

图3-26 汶川地震中平武平通镇堰塞湖

3.4 诱发灾害

诱发灾害：由地震灾害引起的各种社会性灾害叫诱发灾害，如瘟疫、饥荒、社会动乱、人的心理创伤等，称为诱发灾害。图 3-27 所示为汶川地震中受灾的人民。

在上述灾害类型中，工程结构破坏、火灾、滑坡、泥石流、海啸对人的生命危害较大。

图 3-27　汶川地震中受灾的人民

3.5　不同地区的灾害类型

地震发生在不同地区有不同的地震灾害类型。

平原主要发生下列灾害：地裂、地陷、液化、工程破坏、火灾、污染、诱发灾害。

山区主要发生下列地震灾害：地裂、地陷、液化、工程破坏、火灾、滑坡、泥石流、污染、洪灾、诱发灾害。

海滨主要发生下列地震灾害：地裂、地陷、液化、工程破坏、火灾、海啸、污染、诱发灾害。

有的是复合型地区，例如濒临海滨的山区等，它的灾害类型也是上述灾害的复合。

根据不同的地区和不同的地震灾害类型应该采取相应的应对措施，这样方能有效减少地震灾害对人类造成的损失。

3.6　地震史话

3.6.1　华县大地震

公元 1556 年 1 月 23 日，今陕西华县发生 8 级地震。这次发生在关中东部华县的地震，死亡人口之多，为古今中外地震历史的罕见。据史料记载："压死官史军民奏报有名者 83 万有奇，其不知名未经奏报者复不可数计"。这次地震极震区烈度为 12 度，重灾区面积达 28 万 km^2，分布在陕西、山西、河南、甘肃等省区，地震波及大半个中国，有感范围远达福建、两广等地。

这次地震人员伤亡惨重的重要原因是由地震引起次生灾害造成的。其中，黄土滑坡和黄土崩塌造成的震害特别突出，滑坡曾堵塞黄河，造成堰塞湖湖水上涨而使河水逆流。当地居民多住在黄土塬的窑洞内，因黄土崩塌造成巨大伤亡。地裂缝、砂土液化和地下水系的破坏，使灾情进一步扩大。这个地区的房屋抗震性能差，地震又发生在午夜，人们难有防备，大多压死在家中；震后水灾、火灾、疾病等次生灾害严重，当时陕西经常干旱，人民饥饿，没自救和恢复能力。

3.6.2 康熙皇帝住进防震棚

1679年9月2日03时，河北省大厂县夏垫镇发生8.0级地震。

河北省三河和北京市平谷、通县一带"城郭尽倾圮，""毙者成丘山，存者愁卯累"，受灾最为严重。三河县城垣房屋存者无多，全城只剩房屋50间左右未倒。地面开裂，黑水兼沙涌出。县城西15km处的柳河屯一带地面下沉0.7m，县城西北的东务里一带地面下沉1.7m，县城北的潘各庄一带地面下沉达3.3m。通县城市村落尽成瓦砾，城楼、仓厂、儒学、文庙、官廨、民房、寺院无一幸存，1670年重修的名胜燃灯古佛舍利宝塔（高90余米）被震毁。周城地裂，黑水涌出丈许，小米集地裂出温泉。全县死亡1万余人。

地震时，安定门、德胜门、西直门城楼被震坏，长椿寺、文昌阁、精忠庙等9处寺庙及13处衙署遭破坏，北海白塔亦遭破坏。

紫禁城（故宫）四周的城墙均有倒塌，故宫内有31处宫殿遭到破坏，其中除奉先殿和太子宫必须重建外，康熙皇帝居住的乾清宫房墙倒塌，皇太后居住的慈宁宫及嫔妃居住的宫殿等都遭到不同程度的破坏。地震引起了皇宫中极大的惊慌，康熙皇帝带着太子和贵族们离开皇宫，住进了帐篷。

3.6.3 阪神地震

1995年1月17日5时46分，日本国关西兵库县南部的淡路岛（在从神户到淡路岛的六甲断层带上）发生了里氏7.2级的地震，震源深度约10~20km，系直下型地震。

阪神强震对日本神户市造成了极为严重的震害。据资料反映，全震灾区共死亡5400余人（其中4000余人系被砸死和窒息致死，占死亡人数的90%以上），受伤约2.7万人，无家可归的灾民近30万人，毁坏建筑物约10.8万幢；水电煤气、公路、铁路和港湾都遭到严重破坏。据日本官方公布，这次地震造成的经济损失约1000亿美元。总损失达国民生产总值的1%~1.5%。这次地震死伤人员多、建筑物破坏多和经济损失大，是日本关东大地震之后72年来最严重的一次，也是日本战后50年来所遭遇的最大一场灾难。

从生命安全的观点来看，影响最大的是因震灾引起的住房破坏，死亡者的90%都是被不抗震的住房夺去了生命。尽管市民对高速公路、地下街区和高层建筑物等感到不安，但对与自己生活密切相关的住宅，尤其是木结构住宅的抗震性能却很不关心。

阪神地震之前，日本把重点放在如何提高公路、铁路、生命线设施以及公园等城市基础设施和城市总体框架的抗震性与安全性上。阪神·淡路大震灾暴露了住宅抗震性能差、道路狭窄、无避难场地等问题。灾害的主要原因是市民完全忘记了对于抗震日常用品的贮备。

部分公路宽度小于4m，房屋相当一部分是木结构，倒塌的木结构房屋完全堵塞了公路，人难以逃生和救援。阪神·淡路大震灾中2个发生火灾蔓延的两个地区的建筑占地面积系数为百分之四十多，木结构占据相当比例，极易导致火灾蔓延。

3.7 重点问题与解答

1. 地震灾害有哪些特点？
多发性、突发性、瞬时性、选择性、次生性。
2. 哪些地震灾害对人的生命危害较大？
工程结构破坏、火灾、滑坡、泥石流、海啸对人的生命危害较大。
3. 汶川地震发生了哪些地震灾害？
滑坡、地裂、地陷、液化、建筑物破坏、污染、泥石流、洪灾，诱发灾害等。
4. 汶川地震中哪些是威胁生命的主要灾害？
房屋结构破坏是人员死亡的主要灾害，其他工程结构（桥、路）破坏、滑坡、泥石流也造成了较多人员死亡。由于汶川地震中多处震区下雨，火灾影响不大。
5. 您居住的地区属于哪种类型的地区？
请判断居住地属于平原、山区、海滨的那种类型。
6. 您居住的地区可能发生哪些地震灾害？哪些是威胁生命的主要灾害？
请参考3.5节思考。

第 4 章 预防地震灾害

"防震减灾！防震减灾！防震减灾！"无论如何强调"防震"都是必要的。2000 年 5 月，国务院召开"全国防震减灾工作会议"，确立了防震减灾的三大工作体系："监测预报、震灾预防、紧急救援"。"防震减灾法"中明确指出了"防震减灾工作，实行预防为主、防御与救助相结合的方针"。在防震救灾的三大工作体系中，地震预报的准确率很低，紧急救援是亡羊补牢的灾后紧急行动，损失大，成本高，而震灾预防能够最大限度地保护人民生命、小伤害、小损失。因此在地震发生前，加强震灾预防是最有效、也是最重要的工作。日本也无法准确预报地震，但是通过以预防为主、其他为辅的手段，成功地应对了频发的地震灾害；汶川地震中，位于震中北川县曲山镇海光村的刘汉希望小学没有倒塌，有效保护了 511 名师生的生命。

预防是应对地震的最重要措施，本章主要讲述如何有效地防震。

4.1 防震策略

"国家防震减灾规划（2006～2020 年）"在防震方面提出了两大措施：一、"增强城乡建设工程的地震安全能力"，二、"加强国家重大基础设施和生命线工程地震紧急自动处置示范力度"。上述两个方面的措施非常重要，但从汶川地震来看，防震效果距防震目标还有比较大的距离，措施的执行力度还不够。

防震应该执行"全民化，全时空，经济化"的策略。

"全民化"，就是全民防震，人人受益。不要把所有的防震、抗震等事情交给政府，认为那是政府的事情，而应该政府、民众、公益机构、工程建设系统（开发、设计、施工、物业）共同行动起来，制定、执行有效的防震措施。

政府是防震的主导力量，可以通过制定工程抗震的行业标准、加大科研、教育力度、采取适当的财政、税率等经济手段主导防震。民众是防震的基本力量，是地震灾害中的直接受益者，有着独有的影响力，可以积极主动的采取防震措施，"用脚投票"，通过购买防震效果好的住宅、办公场所、装修、设备等，从而决定大多数工程的防震性能；可以主动学习防震救灾的知识，提高自己的防震意识；可以通过正式或者非正式的交流，积极与相关政府部门沟通，促使行政部门有所为；可以促使人大和政协代表积极提交相关防震议案。公益机构可以多做一些地震教育宣传工作，多与民众和相关部门沟通。工程开发、设计等单位是防震工程的具体实施部门，可以通过有效的设计、高质量的施工等措施实现抗震设防目标。

"全时空"，从时间来说，对新建工程从选址、设计、建设、使用全过程的采取防震措施，对已有工程也要进行抗震加固措施。汶川地震中多所已建校舍无法满足抗震要求，在地震中坍塌，导致大量师生死亡，教训惨痛。从空间上来说，从结构、建筑、设备、装修到使用均需要考虑防震措施，不但对城市的工程要求进行抗震设计和施工，对广大农村建筑也要进行抗震设防，广大农村房屋抗震标准较低，可以给农村居民免费提供标准设计图纸，免费提供抗震的辅导，鼓励有条件的农民建抗震性能好的房屋。

"经济化"，防震是建立在经济基础上，从某种意义上说防震是花钱买安全。"经济化"一方面指通过税收、财政、市场购买等经济手段为主，加强抗震措施，如：对抗震性能好的工程减税、对抗震性能差的工程加税，鼓励民众购买抗震性能好的房子……从而淘汰抗震性能差的房子；另一个方面指提高防震的效率，以防震性价比为指标，通过优化设计等措施，使得我们以较小的成本，获得较好的防震效果，例如加强规划，不在断裂带上进行工程建设等。

下面从房屋、生活、教育、预警4个方面对防震进行探讨。

4.2 房屋防震

建设性能良好的抗震工程，是避免地震灾害最主要的措施，也是成本最低的措施。按照不同的产品分类，工程可以分为：三峡大坝等水利水电工程，核电厂的核设施工程，铁路、公路等交通工程，煤矿等矿山工程，住宅、商场、厂房等工业和民用建筑工程。

工业和民用建筑工程通俗地讲就是各类不同用途的房屋，在地震时与广大民众关系最密切，本章主要讲述房屋防震，其他种类的工程一般由专业人员进行特殊标准进行设计。

4.2.1 房屋简介

房屋按使用性质的不同，一般分为生产性建筑、居住建筑和公共建筑三类。生产性建筑主要是指供工农业生产用的建筑，包括各种工业建筑和农业建筑。居住建筑是指供家庭和集体生活起居用的建筑。公共建筑是供人们从事政治、文化、商业等公共活动用的建筑，如各类办公建筑、学校建筑、文化科技馆等。居住和公共建筑通常称为民用建筑。

一个常见的砌体结构的房屋组成参见图4-1。

房屋工程从内部通常细分为城市规划、建筑、结构、机电设备、室内装饰装潢等专业，其中建筑专业主要负责房屋的外观造型、房间

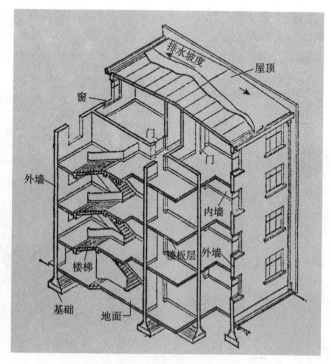

图4-1 房屋组成示意图

使用功能、空间部署等，结构专业主要负责房屋的安全，负责墙、梁、柱、基础等构件，这些构件承担整个房屋重量，相当于人的"骨骼"和"肌肉"。图4-1中内外墙、楼板、基础、楼梯板属于结构构件，门窗等属于建筑构件。

在工程防震中，结构专业是关键，好的结构能够避免房屋坍塌，保全人的生命，建筑等专业也很重要，采取合理的建筑形式、建筑构造等措施能够尽可能地减少次生灾害，避免人受伤。汶川地震中，多所房屋由于结构破坏，地震中立刻坍塌，人员大量被掩埋，最终死亡，部分希望小学却没有坍塌，成功地撤离了师生，没有人员伤亡。

从工程的建设过程划分，可以划分为立项、规划、设计、施工、使用等不同的阶段。施工质量是房屋防震的保障，再好的设计，施工质量不好，也会彻底破坏，造成严重的后果。

本章假设现浇钢筋混凝土框架结构抗震性能为中，并以该结构类型的房屋抗震性能为标准，对其他类型的房屋结构进行评价，分为优、良、中、差四个级别。本章所述是一个统计性的结论，不是绝对的，地震对建筑的影响是多因素，很复杂的，例如：应县木塔是木结构，自建塔1000多年来，经历了7次地震的考验，抗震性能良好，且逃过了火灾，但是中国几千年来绝大多数木结构和砌体结构在地震灾害中倒塌或者发生火灾，远不如钢筋混凝土结构和钢结构的抗震性能。

4.2.2 房屋结构的抗震性能

房屋结构简称结构，按结构的材料不同，一般分为钢结构、木结构、砌体结构、钢筋混凝土结构等，结构可由一种或多种混合材料构成。

1. 木结构

木结构指在房屋中以木材为主制成的结构，参见图4-2、图4-3。中国古代有大量的木结构房屋，著名的有应县木塔等；现在国内城镇较少采用木结构建筑，农村多用木材建屋架，也部分用于桥梁，美国、加拿大、日本有大量的木结构房屋。

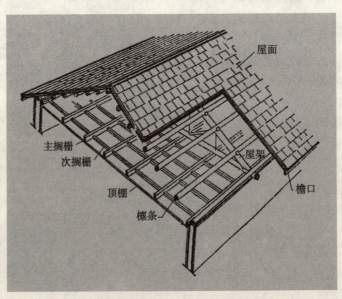

图4-2 木结构坡屋顶示意图

木材的优点是取材容易，加工简便，自重较轻，便于运输、装拆，能多次使用。

木材的缺点是易遭到虫害、腐蚀、燃烧。

木结构房屋的抗震性能是中、差。木结构房屋在直接承受地震作用时，尚可能保持房屋不受破坏，但是在地震的次生灾害中，可能彻底毁坏，如遭到火灾，日本1921年东京地震多数木结构住房在火灾中烧毁。1995年阪神地震中，大量木结构房屋破坏，参见图4-4。

图4-3　木结构小屋

2. 砌体结构

砌体结构指在房屋中以砌体为主制作的结构，包括砖、石、混凝土砌块等结构，根据是否加钢筋，分为无筋砌体结构和配筋砌体结构，可用于一般民用和工业建筑的墙、柱、基础、隔墙；也可用于烟囱、隧道、涵洞、挡土墙、坝、桥和渡槽等。砌体中最常用材料是砖，所以通常称为砖混结构。由于砌体取材方便，造价低廉，中国古代有大量的砌体结构，长城、赵州桥等均是砌体结构；现在国内城镇7层以下的多层房屋仍然大量使用砌体结构，农村房屋大多数为砌体结构，砌体结构是国内房屋的主要结构形式之一，图4-1中所示房屋即砌体结构。

图4-4　木结构房屋破坏（阪神地震，1995）

砌体结构的优点是：(1) 容易就地取材；(2) 砖、石或砌体砌块具有良好的耐火性和较好的耐久性；(3) 砌体砌筑时不需要模板和特殊的施工设备；(4) 砖墙和砌块墙体隔热和保温效果好；(5) 造价低。砌体结构的缺点是：(1) 与钢和混凝土相比，砌体的强度较低，因而构件的截面尺寸较大，材料用量多，自重大；(2) 砌体的砌筑基本上是手工方式，施工劳动量大；(3) 砌体的力学性能差，因而抗震性较差；(4) 黏土砖需要黏土制造，在某些地区过多占用农田，影响农业生产。

小城镇中经常有底层为商铺，上层是住宅的房屋，结构通常是首层采用钢筋混凝土框架结构，上部采用砌体结构，这种混合结构抗震性能通常为差，参见图4-5。

经过抗震设计的砌体结构抗震性能为中，即使大震也可能不倒塌，参见图4-6。

3. 钢筋混凝土结构

钢筋混凝土结构指以混凝土和钢筋为主制作的结构，广泛应用各类房屋、桥梁、大坝等工程，包括钢筋混凝土结构、预应力混凝土结构、钢骨混凝土结构等。按照施工方式不同，混凝土结构又可分为预制、叠合、现浇三种方式，现浇混凝土结构就是在施工现场支模浇筑的混凝土结构，预制混凝土是在别处浇筑成形而在施工现场安装的混凝土结构，叠合混凝土结构就是预制混凝土和现浇混凝土结构结合的混凝土结构。现在国内城镇房屋大量使用现浇钢筋混凝土结构，预制钢筋混凝土很少使用。

钢筋混凝土结构主要优点是：（1）结构力学性能好，发挥了混凝土抗压强度高和钢筋抗拉强度高的优势；（2）整体性能好，可灌注成为一个整体；（3）可模性好，可灌注成各种形状和尺寸的结构；（4）耐久性和耐火性好；（5）工程造价和维护费用低。

钢筋混凝土结构主要缺点是：（1）容易出现裂缝；（2）结构自重比钢、木结构大；（3）室外施工受气候和季节的限制；（4）新旧混凝土不易连接，增加了补强修复的困难。

钢筋混凝土结构抗震性能较好，根据具体形式的不同为中、良、优，在多次地震中，钢筋混凝土结构总体表现较木结构、砌体结构抗震性能好，其中现浇钢筋混凝土结构的抗震性能最好，叠合钢筋混凝土结构的抗震性能较差，预制钢筋混凝

图 4-5 汶川地震中某底框结构严重破坏

土结构抗震性能最差。图 4-7 是汶川地震中某中学的震害照片，图中有"中学"两个字的房屋是砌体结构，彻底倒塌，后边翘起的房屋是混凝土框架结构，尚未倒塌。

图 4-6 经过抗震设计的砌体结构在汶川地震未倒塌（摄影：郭晋嘉）

图 4-7 汶川地震砌体结构和框架结构的抗震性能（摄影：张万武）

4. 钢结构

钢结构指以钢材为主制成的结构，常用钢板和型钢等制成的钢梁、钢柱、钢桁架等构件组成，各构件或部件之间采用焊缝、螺栓或锚钉连接，其中由钢带或钢板经冷加工而成的型材制作的结构称冷弯钢结构。国内城镇钢结构房屋较少，常用于大跨、超高、大荷

载、动力作用大、有特殊要求的各种工程结构中，如：工业厂房、体育场馆、超高层建筑、海上石油平台、电力塔架。"国家大剧院"、北京奥运主场馆"鸟巢"等是钢结构房屋。

钢结构主要优点是：(1) 强度大、结构总质量轻、承载力大；(2) 可靠性较高；(3) 能承受较大动力荷载、抗震性能好；(4) 安装方便、密封性较好等特点。

钢结构主要缺点在于：(1) 钢结构耐锈蚀性较差，需要经常维护；(2) 耐火性也较差；(3) 造价高。

钢结构抗震性能良好，一般为良、优，在历次地震中总体表现良好，例如唐山地震中的钢结构厂房等。

结构按照受力形式的不同，可以分为框架结构、剪力墙结构、框架剪力墙结构、筒体结构、筒中筒结构、其他结构。

5. 框架结构

框架结构是由梁和柱组成承重体系的结构。框架结构虽然出现较早，较早期的有木框架等，但直到钢和钢筋混凝土出现后才得以迅速发展，是目前常用的主要结构形式之一。图4-8为钢筋混凝土框架结构。

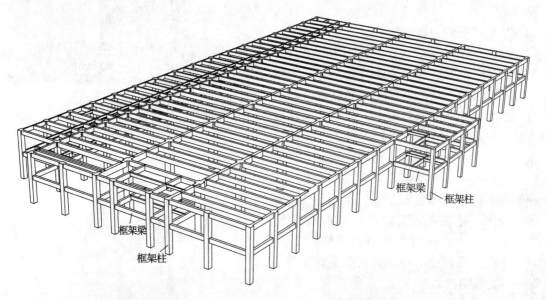

图4-8 钢筋混凝土框架示意图（姚攀峰设计）

框架结构的最大优点是柱、梁等受力构件与墙等围护构件有明确分工，建筑的内外墙处理十分灵活，应用范围很广。

钢筋混凝土框架结构抗震性能为中，在不同的地震中表现有好有坏，经过精心设计的延性钢筋混凝土框架结构抗震性能可以达到良。钢框架结构在抗震性能为良，在不同的地震中表现较好。

汶川地震中部分框架结构垮塌，参见图4-9。

6. 剪力墙结构

剪力墙结构是用内墙或外墙承受竖向和水平作用的结构。砌体和钢筋混凝土均可作为剪力墙结构的材料，但是剪力墙结构一般特指的是钢筋混凝土剪力墙结构。

剪力墙高度和宽度可与整栋建筑相同，主要承受水平力和竖向力，以受剪和受弯为主，所以称为剪力墙。剪力墙结构的侧向刚度很大，变形小，既承重又围护，适用于住宅和旅游等建筑。国内大多数高层住宅为钢筋混凝土剪力墙结构。国外采用剪力墙结构的建筑已达70层。剪力墙结构可现场浇筑，也可预制装配。

现浇钢筋混凝土剪力墙抗震性能为优，在历次地震中表现良好，即使破坏也多因房屋地基破坏引起的。1985年墨西哥市发生地震，参见图4-10，前景是钢框架房屋，彻底倒塌，后景高楼是钢筋混凝土剪力墙结构，没有倒塌。

7. 框架—剪力墙结构

框架—剪力墙结构，下简称框剪结构，是指由若干个框架和剪力墙共同作为竖向承重结构的结构体系，是近代钢筋混凝土和钢材兴起之后的新型结构形式。框架结构建筑布置比较灵活，可以形成较大的空间，但抵抗水平荷载的能力较差，而剪力墙结构则相反。框架—剪力墙结构使两者结合起来，在框架的某些柱间布置剪力墙，从而形成承载能力较大、建筑布置又较灵活的结构体系。在这种结构中，框架和剪力墙是协同工作，具有二次抗震性能。许多高层公共建筑是框架—剪力墙结构。

现浇钢筋混凝土框剪结构抗震性能为优，在历次地震中总体表现良好。

8. 筒体结构

筒体结构指由一个或数个筒体作为主要抗侧力构件而形成的结构，是由密柱高梁空间框架或空间剪力墙所组成，在水平荷载作用下起整体空间作用的抗侧力构件，参见图4-11，该楼是国贸三期主塔楼，高330m，是北京市最高的建筑，筒中筒结构。

图4-9　汶川地震中某框架结构垮塌

图4-10　21层的钢框架办公楼倒塌（墨西哥地震，1985）

图4-11　国贸三期A阶段主塔楼-筒中筒结构（摄影：姚攀峰）

筒体结构适用于平面或竖向布置繁杂、水平荷载大的高层或者超高层建筑。筒体结构分筒体—框架、框筒、筒中筒、束筒四种结构。筒体结构多用于高层或超高层建筑，超高层建筑物大多数是筒体结构。

现浇钢筋混凝土筒体结构和钢筒体结构抗震性能为优，在历次地震中总体表现良好。马那瓜美洲银行是筒中筒结构，在1972年的马那瓜强震中未倒塌，甚至未严重破坏，而当时其他房屋近1万多幢夷为平地，参见图4-12。

图 4-12 地震后的美洲银行（右侧高楼）

9. 其他结构

除了上述基本结构形式，还有一些其他的结构形式和技术，如钢筋混凝土组合结构、阻尼减震等技术，读者若有兴趣可自己查阅相关资料。

各类结构抗震性能总结见表4-1：

各类结构类型抗震性能评价表　　　　　　　　　　　　　表4-1

	木结构	砌体结构	钢筋混凝土结构	钢结构
框架	差	差	中（良）	良
剪力墙	—	差/中	优	—
框架—剪力墙（支撑）	中	—	优	优
筒体	—	—	优	优
框筒	—	—	优	优
筒中筒	—	—	优	优
备注	对于木结构，框架—剪力墙通常为框架—支撑结构	经过抗震设计的砌体结构抗震性能为中	假定现浇钢筋混凝土框架结构的抗震性能为中，以此为评价标准，延性钢筋混凝土框架抗震性能可达到良	对于钢结构，框架—剪力墙通常为框架—支撑结构

4.2.3 房屋的常用结构形式及抗震性能

对于现在国内的建筑情况，住宅、办公、学校等房屋通常采用下列结构形式，抗震性能参见表4-2，准确的结构形式可找负责该楼的建设单位或者物业公司查询。

房屋的常用结构形式及抗震性能表　　　　　　　　　　表4-2

建筑形式		常用的结构	抗震性能评价
农村	一层住宅，坡屋顶	墙为砌体，木屋架，挂瓦	很差
	2~3层住宅	墙为砌体，预制板	很差
	一层学校	墙为砌体，木屋架，挂瓦	很差

续表

建筑形式		常用的结构	抗震性能评价
城镇	7层以下住宅（部分）	墙为砌体，预制板	差
	7层以下住宅（部分）	墙为砌体，圈梁、构造柱、现浇钢筋混凝土楼板	中
	7层以下的商场、办公楼、学校等	现浇钢筋混凝土框架结构	中
	高层住宅	现浇钢筋混凝土剪力墙	优
	高层写字楼	现浇钢筋混凝土框架剪力墙	优
	超高层建筑	现浇钢筋混凝土筒体等结构形式	优

4.2.4 不同体型的结构抗震性能

结构抗震性能和房屋的结构体型有关，通常规则、均匀的结构抗震性能较好。从平面上来看，接近方形、圆形的结构抗震性能较好；从竖向上看，墙、柱上下对齐、贯通的结构抗震性能较好。例如，墙厚等条件相同的高层剪力墙住宅，塔楼较板楼的抗震性能好些；单纯用于居住的高层剪力墙住宅，其剪力墙通常上下贯通，而带底部商业的高层剪力墙住宅，下部几层为大空间的商业用房，其剪力墙通常有部分不贯通，纯剪力墙住宅的抗震性能较带底商的剪力墙住宅好些。

4.2.5 不同设计的结构抗震性能

除了结构的类型和体型，结构抗震性能与具体的结构设计有关。例如同是砌体结构，经过抗震设计的和未经过抗震设计的抗震性能差异很大，见图4-6，从图中可以看到，旁边未进行抗震设计的砌体结构彻底倒塌。

如何判断具体结构设计抗震性能的好坏？这对于非结构专业人士而言非常困难，即使对于结构工程师，这有时也是一个难题。

对非专业人士，有下列几个方法粗略判断该结构的抗震性能。

1. 找结构专家对该工程设计单独评估

找专业人士进行评估是最省力、最有效的方法，一定要找结构专业的专家进行评估，结构专家应具有一级注册结构工程师资质，不宜找建筑等其他专业的专家评估，现在的科技发展较快，即使是结构专业的人员也未必能够准确评估房屋的抗震设计优劣，更不要说其他专业的人员了。

汶川地震中，部分人员积极的提供房屋抗震建议，但由于不是结构专业人员，有许多结论是错误的，如原始石地上的框架结构楼盘最抗震等，误导广大民众。

比较具体负责该工程结构设计的工程师。

就抗震设计水平而言，一般说来，一级注册结构工程师能力超过普通工程师；对结构不断钻研的工程师能力超过不思进取的工程师；一个资历较深的工程师能力超过初出茅庐的新手；在一个时期内只做1~2个项目的工程师能力超过同时做5~6个项目的工程师。

2. 比较设计单位的资质和声誉

通常甲级设计单位的水平高于乙级设计单位的水平，但是，由于目前国内尚未完全与国际接轨，有一些特有的现象，所以本方法是不可靠的，是没有方法的方法。

4.2.6 不同施工质量的房屋抗震性能

对于同一个房屋、同一个设计，抗震性能取决于施工质量，施工质量是结构抗震性能的保障，一个施工质量很差的房屋，即使没有地震也可能倒塌，韩国的三丰工程，施工质量很差，现场倒塌的混凝土用手可以碾碎，使用5年后倒塌。

如何判断具体结构的施工质量好坏？对非结构专业的人也能简单地判断施工质量，可用下面几个方法粗略判断工程的施工质量。

1. 找从事工程建设的专业人员咨询。

找专业人员咨询总是最有效、最省力的方法，施工质量的优劣应该找施工单位或监理单位的结构专业人员咨询，他们可以给出很好的建议。

2. 查询材料质量是否合格。

钢筋、混凝土等材料的质量是决定房屋结构质量的基础，通过监理等单位人员可以了解该工程的材料是否合格。

3. 查询是否严格按图施工。

"偷工减料"是部分违法施工单位赢取暴利的主要手段，这些单位往往不按图施工，以达到"减料"的目的，可通过该工程的监理、设计、开发单位等相关单位人员了解该工程是否严格按图施工。

4. 观察施工现场。

施工质量好的单位，往往现场管理较好，车辆、钢筋、水泥等现场布置有序，人员进出施工现场带上安全帽等必备工具，施工安全事故少。若出现异常现象，如人员不带安全帽也可随意进入施工现场等，通常施工质量不是很好。

5. 观察施工的外观细节。

可以观察墙、柱、板等构件的外观，如墙的垂直度、板的水平度等，层高误差应该在±10mm内，对于小于5m的层高，垂直度误差应该在8mm内。图4-13中的柱在梁柱节点处截面明显变小，图4-14则鼓出，这反映出该工地施工质量较差。

图4-13 混凝土柱尺寸不合格（一）
（摄影：姚攀峰）

图4-14 混凝土柱尺寸不合格（二）
（摄影：姚攀峰）

4.2.7 汶川地震房屋状况

汶川地震震中地区房屋大面积倒塌，根据 COSMO 雷达卫星监测到的汶川县倒房和交通线受损情况数据，映秀镇房屋倒塌率在 70% 以上，其中镇政府所在地七成房屋倒塌率在 80% 以上，其余区域倒塌率也多于 60%。都江堰通往汶川县的"213"国道白花乡到映秀镇段共 11km 以上路段几乎全线受阻，30% 道路因滑坡等次生灾害而阻塞，一半以上道路严重损坏，道路疏通难度很大，对灾害救助带来了严重影响。

4.2.8 结构防震的体制建设

结构是房屋防震的最关键环节，是房屋的骨骼和肌肉，决定了房屋的抗震性能。目前固然由于科技发展的限制，对地震认识不清，技术上还有许多需要进一步改进和提高，更重要的从体制上保证抗震设计和施工质量，把建筑法等法规制度落实到具体工程中。汶川地震中，在同样的技术水平下，香港支援建设的学校没有倒塌，值得我们深思。

1. 进一步提高结构抗震技术标准

一些人在房屋外观、装修上一掷千金，在保护自己生命的房屋结构上却很少考虑。在唐山、汶川等地震中，大量房屋破坏，导致人员大量死亡，经济严重损失。截至 2008 年 6 月 28 日，汶川地震中四川省遇难人数达到 68683 人，失踪 18404 人，受伤 360358 人；倒塌房屋、严重损毁不能再居住和损毁房屋涉及近 450 户，一千余万人无家可归；重灾区面积达 10 万 km^2，四川省直接经济损失超过一万亿元人民币，这些损失远远超过了房屋的结构本身的造价。一位记者这样描述"汶川县城街道上，大部分房屋还都整齐地挺立着，完好得让人觉得不可思议。很多房子看起来非常新，时髦的大落地窗，美丽的藏式花纹，阳台上还摆放着花和植物。然而，走进去，所有楼房中都空无一人，墙壁上满是巨大的裂缝。挂有摩登女模特招牌的美发店旁的墙上，用红色的油漆赫然写着一个'危'字"。自 1978 年改革开放以来，随着我国国力增强和人民生活不断的富裕，进一步提高结构抗震技术标准势在必行，应该尽快淘汰抗震性能为差的结构在地震区使用，逐步限制抗震性能为中的结构在地震区使用。

（1）禁止预制板在地震区使用

预制板组成的楼板，整体性能差，地震中极易脱落砸死、砸伤人员，用现浇钢筋混凝土板造价比预制板造价增加不多，禁止预制板在地震区使用是可行的。

（2）限制砖木结构坡屋顶在地震区使用

砖木结构坡屋顶多在农村房屋中使用，该结构形式抗震性能很差，而且需要大量的木材和黏土瓦，对环境危害较大，应该尽快淘汰。但是该结构在农村住宅中量大面广，难以一步到位，只能尽快限制该结构形式的使用，促使农村居民积极淘汰该结构形式。

（3）限制砌体结构在高地震区使用

砌体结构即使经过抗震设计，其抗震性能一般只能到达中，在高地震区应该尽可能地限制该结构使用。

(4) 限制钢筋混凝土框架结构在高地震区使用

钢筋混凝土框架结构抗震性能一般为中，即使采用延性设计等技术手段，在地震中变形往往过大，造成装修等破坏严重，难以震后修复，所以在高地震区应该尽可能的限制该结构使用，尤其是学校等公共建筑。

(5) 进一步提高结构抗震的具体技术标准

我国在1979年、1989年、2001年先后颁布了《建筑抗震设计规范》，抗震技术标准在逐步提高，但是从汶川地震来看，结构的抗震性能还需要进一步提高。

2. 推进结构优化设计

优化设计，就是通过对结构选型、结构布置等综合考虑，对结构进行调整，使得使用同样的材料获得更好的抗震性能。"好钢要用到刃上"，"优化设计"就是研究怎样设计使得结构性价比最高。优化设计有下列四个优点：

(1) 优化设计有利于提高工程的抗震性能

通过对结构的优化设计，可有效的抗击地震灾害。1972年尼加拉瓜首都马那瓜发生强震，5000多人死亡，1万多幢建筑夷为平地，处于震中的美洲银行未倒塌，部分连梁按照设计意图破坏，墙体没有裂缝，仅掉下了几块大理石饰面。

(2) 优化设计有利于减少工程事故

2003年7月1日，上海轨道交通4号线工程在旁通道工程施工时，因大量水及流沙涌入，引起隧道部分结构损坏及周边地区地面沉降，造成三栋建筑物严重倾斜，防汛墙局部塌陷，导致防汛墙围堰管涌，损失上亿。通过优化设计可以避免此类问题的发生。

(3) 优化设计有利于节省成本

例如：美国西尔斯大厦（Sears Tower）较当时一般的超高层钢结构建筑节省成本约3.9亿美元。

(4) 优化设计有利于环保

我国能源消耗超过了世界能源的30%，其中建筑钢材、水泥等占了46%。资源、能源和环境问题已成为城镇发展的重要制约因素。通过优化设计，可以减少钢材等原材料，提高利用率，从而极大地节省资源、能源和人力。

鉴于目前国内总体设计水平良莠不齐，建议积极推进工程结构等各专业的优化设计，以实现结构在抗震方面有较好的性价比。下面讲述两个工程案例：

(1) 工程优化案例1

某高档住宅小区，层高5.8m，样板间做夹层，对原设计的夹层部分进行了优化设计。该工程夹层原结构设计见图4-15、图4-16。

对该工程优化设计后见图4-17。

进行了综合优化后，由图4-17可知，新的结构有以下优点：抗震性能更好，有效防止了原设计中剪力墙连梁LL1破坏造成的连锁破坏；经济性能更好，仅梁就减少了13根；下部空间划分更加灵活，使用更方便；便于施工。经济技术分析见表4-3。

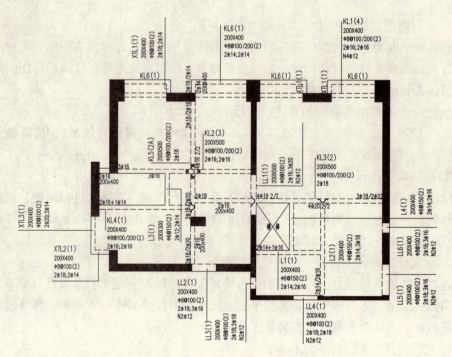

图 4-15 原设计的夹层梁结构图

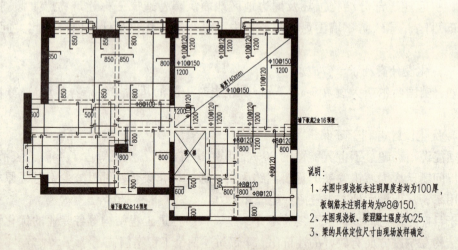

说明：
1. 本图中现浇板未注明厚度者均为100厚，板钢筋未注明者均为φ8@150。
2. 本图现浇板、梁混凝土强度为C25。
3. 梁的具体定位尺寸由现场放样确定

图 4-16 原设计的夹层板配筋图

工程优化案例1 经济技术分析表　　　　　　　表 4-3

	抗震性能	造价/套	施工
原设计	不安全	15万	难
优化设计	安全	12万	易
比较	更好	节省3万	减少工期
备注		节省20%	

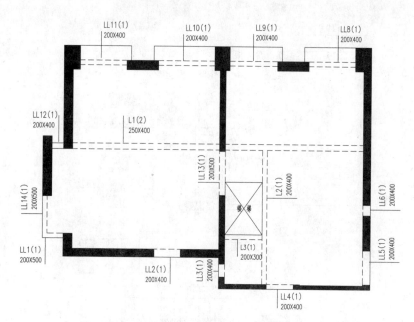

图4-17 优化后的夹层梁布置图(姚攀峰优化)

(2) 工程优化案例2

某省重点工程,仅对该项目的室外工程进行了优化设计,该室外工程位于山区,施工难度大。原设计见图4-18、图4-19,优化后的设计见图4-20、图4-21。

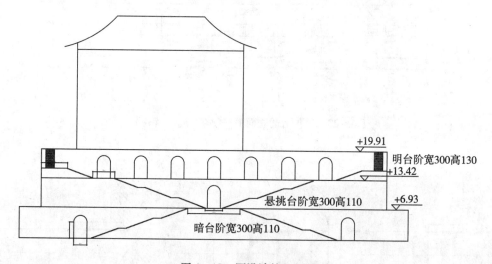

图4-18 原设计的立面图

进行了综合优化,优化设计后,新的结构有以下优点:抗震性能更好,使得山体和台阶成为一个整体,有效防止了地震中山体和台阶的分离;台阶改为混凝土结构后,抗震性能远远优于原石结构;建筑造型更加美观;增加了建筑使用面积;减少了大量的人力和物力,使得施工更方便;经济效果好。经济技术分析见表4-4。

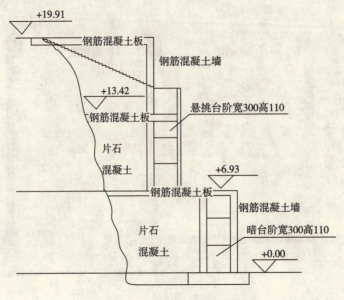

图 4-19 原设计的剖面图

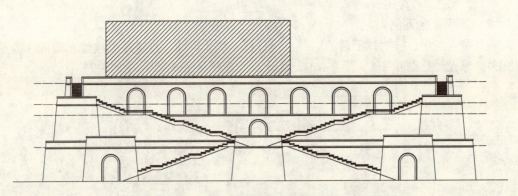

图 4-20 优化后的立面图（姚攀峰等人优化）

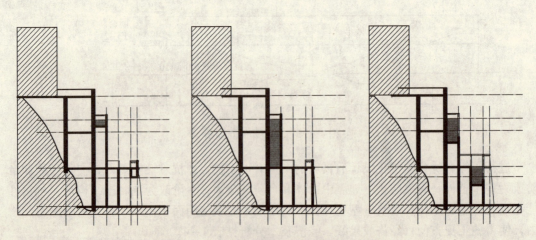

图 4-21 优化后的剖面图（姚攀峰等人优化）

工程优化案例 2 工程经济技术分析表　　　　　　　　　　　　表 4-4

	安全性	造价（万元）	施工
原设计	不安全	500	难
优化设计	安全	440	易
比较	更安全	节省 60	减少工期
注		节省 12%	

3. 进一步提高施工质量

"施工质量是保障"，汶川地震中部分房屋的施工质量令人触目惊心。

（1）改进招标标准和招标办法，完善市场环境

综合考虑报价、工期、质量等因素，避免一味地追求以价格作为中标依据，同时改进招投标管理办法，确保招投标不受外界干扰，建立公平、公正的市场经济环境，使得施工企业能够优胜劣汰，高质量高中标，高质量高利润，低质量高淘汰。

（2）适当提高工程造价，完善索赔制度

目前建筑市场比较混乱，恶性竞争严重，部分工程造价过低，但是又难以依法索赔，使得部分施工单位低价中标后为了追求利润，降低施工质量。

适当提高工程造价，完善索赔制度，使得施工单位在保证正常施工质量的前提下能够有一定利润。

（3）适当加长工期

工程建设有其自身的规律，混凝土硬化、钢筋绑扎均需要一定的时间，工期过长造价较高，工期过短，则难以保证施工质量。目前部分房地产开发项目和献礼工程，一味追求施工的高速度，易导致工程质量问题。

（4）加强监督和奖惩机制

以监理为核心，综合开发单位、业主、政府相关部门、民众的力量共同监督工程质量。加大奖惩力度。在《防震救灾法》中，违法设计和施工罚款为 1 万～10 万元，惩罚力度较小，即使这样也很难执行，不能对违法者形成有效的威慑。

4.2.9 建筑防震

建筑和结构是两个协助紧密的专业，建筑专业也是抗震的重要组成部分。

1. 建筑专业影响结构的抗震性能

不合理的建筑体型能导致结构抗震性能严重下降，例如：倾斜的房屋抗震性能不如正常直立的房屋抗震性能；上部为小开间的住宅、旅馆等使用空间，下部为大空间的商场、餐厅等，通常需要进行抗震结构转换层，这种建筑的抗震性能不如墙柱上下贯通的建筑物。1999 年台湾集集地震中骑楼式房屋和底层大空间建筑破坏严重，尽管这两种房屋都是台湾法规出于建筑风格与功能考虑而予以扶持的，然而地震灾害不以政府和人的意志为转移，参见图 4-22，图中房屋为台北市松山区的东星大楼，为钢筋混凝土结构，1984 年建成，地上 12 层，地下 2 层，商住混用，其中一、二层为第一银行分行，以上为住宅以及松山宾馆，在集集地震中，东星大楼拦腰折断，造成 73 人死亡，14 人失踪，还使虎林街完全无法通行，是台北市最严重的震害，也是集集地震中伤亡人数最

多的独栋大楼。

国家颁布的《建筑抗震设计规范》GB50011-2001,作为抗震的通用标准,目前国内部分建筑师没有严格遵照该规范设计。在非地震区有时可设计一些造型特殊的房屋,目前的技术尚能保证它的安全,参见图4-23,图中所示是瑞典马尔默市的旋转体大楼(Turning Torsor),是国际上首座扭曲的超高层建筑,54层,高190m,该房屋主要考虑其抗风性能,抗震性能尚待检验。但是国外一些建筑师把在非地震区设计的造型特殊的作品生搬硬套到中国地震区建设,例如央视新办公大楼等,参见图4-24,这些房屋在地震区的抗震效果如何还很值得怀疑。

日本是强地震区,其对地震的研究和工程实践超过我国的水平。然而日本房屋造型和使用空间的分布有着严格的要求,不追求房屋外观的怪异,以方便使用、有利于抗震为重要的设计准则,高层和超高层房屋基本上没有异形建筑,参见图4-25~图4-28。

图4-22 集集地震中的东星大楼

图4-24 北京央视新办公大楼(国贸附近)

图4-23 马尔默市的旋转体大楼190m高(摄影:王新)

地震灾害对策
4.2 房屋防震

图 4-25　日本第一高楼（296m、70层、1994年完工，位于横滨）

图 4-26　日本第二高楼（252m、55层、1995年完工位于大阪）

图 4-27　日本第三高楼（243m、48层、1991年完工，位于东京）

图 4-28　日本第四高楼（240m、2000年完工，位于东京）

51

2. 建筑构件是房屋抗震的有机组成部分

门、窗、隔墙等建筑构件的破坏通常不会造成人员死亡，但是在地震中有可能砸伤相关人员，良好的建筑防震构造措施能够减少人员伤亡。抗震不合理的建筑构件可能伤害相关人员，参见图4-29、图4-30，该图的建筑填充墙抗震措施很不合理，没有构造柱，在地震中极易倒塌。

图4-29 无抗震措施的填充墙（一）　　图4-30 无抗震措施的填充墙（二）
（摄影：姚攀峰）　　　　　　　　　（摄影：姚攀峰）

对于建筑师，可通过下列措施加强房屋的抗震性能：

（1）尽可能地保证墙、柱等竖向构件上下连续。

（2）保证墙、柱构件的完整性。尽可能不要在墙、柱中开洞，放置灭火箱等次要构件，参见图4-31，尽管有些难看，却利于抗震、利于消防。

（3）对于高层、超高层房屋尽可能地选用规则的造型。

（4）对于外观不规则的房屋，内部结构要规则，建筑师内部结构创造出必要的空间。

（5）对非承重构件采取必要的抗震措施。如：加强幕墙、女儿墙、雨棚、商标、广告牌、顶棚支架、大型储物架等的抗震连接，隔墙尽可能采取含轻钢龙骨的轻质墙体，砌体隔墙加构造柱、圈梁等。

图4-31 灭火箱放在承重构件的外侧（摄影：姚攀峰）

4.2.10 机电防震

机电专业是房屋中重要组成部分,在地震中管道可能倒塌、破裂,主要安全隐患在于:管线埋在柱子里面,导致柱子破坏,参见图4-32;机电设备倒塌砸伤人员,管道破裂引起煤气泄漏、电泄漏等次生灾害。例如,1985年墨西哥墨西哥市地震,800多处供水主管网出现破坏,400多处煤气中压管道破坏,引发火灾。

需要对管道支架和管道等构件采取必要的抗震措施,进行抗震设计,对煤气、水管、电设备本身采取抗震预防措施,例如:采用煤气自动关闭等设施。

图4-32 管线埋入柱中,柱在地震中破坏

4.2.11 装修防震

房屋装修在地震中也可能对人员造成伤害,主要安全隐患在于:隔墙、家具等倒塌砸伤人员、阻断出逃路线、火灾中助燃。装修也应该考虑抗震措施。

1. 隔墙优先采用轻钢龙骨隔墙。
2. 屋顶尽可能少悬挂重物、花盆,屋顶悬挂式吊灯等应该多点固定。

参见图4-33,门庭处悬挂的灯饰,在地震中可能成为杀手。

3. 衣柜、格物架等高大家具应该用螺栓与地板(屋顶板)可靠连接。
4. 宜直接在墙上制作壁柜、壁橱、格物架等来代替高大的家具。

柜子直接在墙上制作,抗震性能较好,能够有效地防止家具倒塌对人造成的伤害,造价也远低于传统的家具,参见图4-34。

5. 卧室不宜放高大家具,特别是老人和孩子的卧室不宜放高大家具。
6. 出入口附近不宜放置衣柜等高大家具,防止倒塌阻断出逃路线。

参见图4-35,这是门厅处的小鞋柜,即使地震中倒塌,也可迅速移动该柜子后出逃。

图4-33 门庭的灯饰(摄影:姚攀峰)

图4-34 与墙一体的柜子（摄影：姚攀峰）

图4-35 门口的小鞋柜（摄影：姚攀峰）

4.2.12 规划防震

城市规划是对城市整体布局的安排，是从宏观上进行防震。

1. 避免在抗震不利场地上建设工程

对于地震，同是地震震中地区，不同的场地对房屋的抗震性能影响不同。1920年宁夏海原地震中，震级是8.5级，位于黄土梁上的牛家山庄烈度为9度，位于渭河谷地的姚庄烈度只有7度，相差仅2km。

图4-36所示为1999年台湾集集地震中的房屋破坏，该房屋破坏原因是由于断层错动造成的，从图4-37可以看到，断层造成地面错动高差达到5m，比旁边的人还要高出许多，图4-38所示是1999年台湾集集地震中断裂带错动造成河流中的小瀑布，其中有三跨高速公路桥倒塌。目前技术水平和建设投入对断层错动造成的破坏是难以考虑的。

断层、突兀的山梁、高差大的台地、陡坡、故河道岸边通常是对房屋抗震不利的场地，建设时尽可能地避开这些场地。

图4-36 断层错动造成的建筑物破坏（1999，集集地震）

图 4-37　断层错动，地面高差达 5m　　　　　图 4-38　断层错动，形成瀑布
（1999，集集地震）　　　　　　　　　　　　（1999，集集地震）

"人定胜天"在地震面前是苍白和狂妄的，喜马拉雅山脉是地震运动造成的，没有房屋能够经受住沧海变高山的考验，尊重自然，实事求是，用科学的态度进行建设。

2. 提高容积率

据 2002 年的有关测算，我国城市的平均容积率为 0.33，而国外的一些城市的容积率在 2.0 以上，我国香港地区的容积率是 2.0。

在规划阶段，大幅度提高容积率，通过这种手段，使得建设时以高层房屋为主，减少了多层房屋，具有以下三个好处：

（1）节约土地、市政建设等资源，减轻交通压力

我国是一个土地相对贫乏的国家，可耕土地面积少，人口多，土地一直是国家面临的严重问题，可通过大幅度地提高容积率，减少房屋建设直接占据的面积。如果我国所有的城市容积率提高到 1.0，现有的房屋占地面积就可减少到目前占地面积的 1/3，同时可以减少公路、市政管网的建设，为国家节省大量的资源，也可有效地减轻面积过大带来的交通压力。

（2）提高房屋抗震性能

容积率高以后，必须以高层房屋为主，高层房屋通常是剪力墙、框架—剪力墙等抗震性能为优的结构形式，抗震性能好。

（3）节约建设成本

目前的城镇建设中，土地费用是很重要的一部分，有时会超过整个工程造价。众所周知，在同一地段，别墅通常比高层住宅的价钱高。提高容积率有利于节约建设成本，为居民提供更便宜的房屋。

3. 提高生命线工程抗震标准

电信、电力、煤气、指挥中心、交通等工程称为生命线工程，在灾害救援中起到重要作用。应该提高生命线工程的抗震标准，并采用抗震性能为优的结构形式，以减少次生灾害的发生，为快速救援提供必要条件。

1985 年墨西哥城地震，信息与交通部大楼破坏，地震后的墨西哥城完全失去了与外界远程联络的能力，参见图 4-39。

汶川地震中,由于生命线工程的破坏,给救援造成了极大的麻烦。

4. 结合公共建筑、公用设施建立避难所

结合学校、医院、体育场馆等公共建筑和公园等公用设施建立避难所,提高避难所的抗震设防标准,采用抗震性能为优的结构形式。

学校、医院等公共建筑是人员密集区,一旦破坏造成伤亡人员众多,汶川地震中死亡人数最密集的区域就是学校和医院,图4-40、图4-41是都江堰市聚源中学,图中教学楼的两翼除了两

图4-39 破坏的信息与交通部大楼
(墨西哥城,1985)

座楼梯之外已经完全倒塌,当时除了两个班在上体育课,一个班在另外的教学楼中上实验课之外,其余十几个班近千名学生全部被掩埋在倒塌的房屋中。

图4-40 汶川地震中的都江堰市聚源中学
教学楼(一)(摄影:陈燮)

图4-41 汶川地震中的都江堰市聚源中学
教学楼(二)(摄影:陈燮)

以教学楼、医院等公共建筑兼作避难所,既可避免学生、病人等遭受伤害,又能够在地震时提供比较安全的场地和救援场所。

5. 鼓励经济条件好的单位适当提高抗震标准

随着经济的发展,民众的生命安全越来越放到第一位,地震灾害造成的经济损失越来越大,1995年阪神地震造成经济损失上千亿美元,2008年汶川地震造成经济损失保守估计为人民币1000亿元以上。

现在是市场经济,不同的单位和个人经济条件不同,需求也是多方面的,国家规范制定的标准通常是最低要求,应该鼓励部分经济效益好的单位适当提高抗震标准,一方面可以有效减少该单位本身在地震中的财产损失,例如,对高档装修的破坏、对重要设备及其资料的破坏等,另一方面可以在地震中作为紧急救援的场所。

4.3 生活防震

地震中家具等也可能造成人员伤亡，参见图4-42，日常生活也应该采取一些必要的抗震措施。日本某市玉里幼儿园大厅的3扇玻璃窗破碎，导致5名儿童头部受伤，一名女教师在保护孩子时背部负伤。

4.3.1 家具防震措施

家具等生活用品在地震中的主要安全隐患在于：书、电视等易砸伤人员，阻断逃生路线，并在火灾中助燃。

家具放置的基本原则是"重下轻上，有效固定"，对于家具要有效的固定，家具中的物品摆放应该是重的放在下面，轻的放在上面，使得重心在下面，"不倒翁"就是依据的这个原理。下文为建议做法，未必适合每一种情况，读者可根据上述原则和自己的实际情况，采取其他有效的措施。

图4-42 汶川地震中，新华社四川分社室内

1. 贵重物品

银行存折等保存在隐蔽、防火的安全部位，不要随身携带，以防止被抢劫。

2. 书

书架（书柜）下排尽量放重的书，尽量不要留有间隙。

3. 玻璃

为防止玻璃在地震中碎裂后飞散，上面可贴膜，或者使用钢化玻璃。

4. 电视、电脑等

不要放在高处，要确认电视支撑架的承重量和耐用年数。

5. 冰箱

固定冰箱或是用绳子将冰箱固定在墙上。

6. 灯具

荧光灯两端要用耐热胶带固定；垂钓式灯具应用绳子或链子将其多点加固。

7. 钢琴

钢琴要安上防滑垫，琴体用绳子将其固定在墙上。

8. 空调、挂钟、镜框

用L字形金属或化学螺栓将其固定在墙壁上。

9. 其他物件

图4-43中重物放在柜子上，且无任何固定措施，这种做法是危险的，地震中重物极

易脱落砸伤人员。物品不要放在柜子等顶上，以防地震时掉下来砸伤人员。

4.3.2 准备好应急物品

地震是无法准确预测的，平时准备一些应急物品是有益的。

应急物品可放在纸箱或背包中，一旦发生地震灾害，迅速携带离开危险境地，维持在特殊环境下的短暂生活。一个人能够携带的质量标准为：男性15kg、女性10kg、孩子根据他们可以拿得动的重量确定，可准备好以下应急物品：

1. 手套

遇到地震后，自救逃生是一项艰巨的任务，特别是被砖石杂物困住时，单靠自己双手很难脱险。而戴上手套，可以一定程度上提高挖掘砖石瓦砾的能力，增强自己挖掘出险的可能。同时，戴上手套后还可以防滑，如果脱险时需要攀爬也可以起到很好的帮助作用。

图4-43 柜子上的重物（摄影：姚攀峰）

2. 水

由于人对于水分的需要更甚于食品，所以尽可能的准备些瓶装纯净水，可用废旧的金属罐盒（如月饼包装盒）作外包装，以避免在地震中遭遇挤压损坏。遵照医学研究的结果，纯净水最能保障饮用水发挥救生效率的做法，同时，不掺杂添加材料，在必要时还可以用这种纯净水清洗伤口，避免感染。

3. 高热量食品

冰糖等高热量、容易储存的食品。可以有效补充体力，加上人在断粮情况下有一定的支撑时间，可大大提高受灾者等待救援的时间。

4. 塑料膜

在遭遇地震灾害时，很多人在废墟残骸中等待救援时面临体温下降的问题，可用塑料膜裹身，有效地保存体温，增加生存的希望。必要时也可用它制成简易的储水器，来保存雨水以供饮用。

5. 高强塑料袋

在地震中，脱离危险地带后，往往当地还有无水无电、交通中断的阶段，使用者可将应急物品装入袋中随身携带。

6. 常备药品

药品、绷带等，地震伤害以外伤较多，可用绷带止血，药品消炎，有效地提高人的生存几率。

还可准备下列物品用于应对地震灾害：

1. 安全帽

遇到地震后，往往有余震，高空中经常有不可预料的坠物，外出避难时，戴上安全帽，可以一定程度上减轻坠物击中头部造成的伤害。

2. 收音机

收音机主要用于即时了解有关准确信息，地震中不准确的消息往往到处传播，造成一些不必要的混乱。目前部分手机具有收音机的功能，携带手机即可。

3. 生活用品

救援不能马上到来，救援之前，用于独自谋生的物品，如：方便面、水、香皂、卫生纸等，所需要的数量以一家人3天使用为标准。

4. 灭火器

地震中经常发生火灾，供水系统也遭到破坏，可用灭火器扑灭刚发生的火灾。

5. 斧子、绳子

当门被卡死，或者火灾已经封堵出逃路线时，可用斧子和绳子来紧急逃生。

日本居民准备有应急箱，其中物品通常包括：

1. 附有加强橡胶指垫的棉线手套一副。
2. 应急食品两罐，内容物包括每罐110g有盐压缩饼干，冰糖糖块和熟花生米。
3. 饮用水两罐，每罐340g。
4. 经过特殊处理的蜡烛两根，火柴一盒。
5. 超薄保温雨衣一件。
6. 高强度尼龙携行袋一个。

生活防震是防震的补充措施，防震最有效的措施是房屋防震，倘若房屋倒塌，再好的生活防震措施也是亡羊补牢，对于政府和民众，购买（建造）防震性能好的房屋是防震的首要行动。

4.4 特殊行业防震

有些行业对抗震有特殊的要求，如博物馆、古建筑等，这些具有保护价值，一旦破坏，后果非常严重，它的防震措施与普通的建筑物不同。

4.4.1 古建筑抗震保护策略

古建筑往往为砖石结构或者木结构，缺乏相应的防震构造措施，主要地震灾害为房屋坍塌和火灾，抗震性能难以简单评价，一般而言，经过历次地震考验仍然保留的古建筑抗震性能为中，如应县木塔等，这些古建筑可能本身抗震构造较好，也可能位于良好的地基场地上，也可能经历的地震等级较小。但是没有经过地震考验的古建筑，如年代较近的明清时期的部分建筑等，抗震性能需要进行具体评价，一般为中或差。

首先应该对需要保护的古建筑进行评估，确定其抗震性能。

对于严重不满足抗震要求的保护建筑，应在近期内提出抗震措施，制定抗震加固改造方案。对于一般不满足抗震要求的保护建筑，应该制定中长期的抗震加固计划，结合城市改造，解决其抗震能力问题。

古建筑的抗震保护，应综合考虑配套建设，改善基础设施和疏散条件，提高综合抗震防灾能力。

对古建筑保护区内的文物、历史文化、风景区、传统民居和近代建筑、风貌保护区、有特色的树种等，在改造时应给予保护，应满足有关保护规划的保护要求。

改造时，属保留改建的，应采取利于抗震保护和避震疏散的措施。

外迁不适合的工业企业和仓库，尽快迁出加油站、煤气站和易燃易爆物品仓库，迁出后的原有用地可调整为绿地或旅游用地，拓宽交通道路，改善基础设施和避震疏散条件。

尽快改善古建筑群的防灾条件：结合分区整治，改善传统民居和近代建筑的供电线路改造、防火难燃性改造；对特色保护巷区两边应进行难燃性建筑带改造，起防火隔离带作用，保护巷区的通行能力；进行全面消防规划，合理设置消防设施，加强消防设施的管理，提高防火灾能力，特别是加强重要古建筑和文物以及传统建筑片区的消防规划与建设。

4.4.2 文物的抗震保护

目前文物通常采用陈列展示和库藏的放置形式，一般不加固定措施，国内外震害资料显示，馆内文物的地震破坏比较严重。文物通常是凭经验采取一定的抗震措施，未能充分重视地震的特性，盲目性也较大，有些措施在地震发生时未能起到作用，日本阪神地震中文物也多处遭到破坏。主要地震灾害为房屋坍塌、火灾、文物破坏。

文物保护，博物馆的建设有着特殊重要的意义，一旦房倒屋塌，文物是很难保全的，所以文物保护首先是加强博物馆结构的抗震能力，应该强制性采用抗震性能为优的结构形式，建筑等专业也应该采取相应的抗震措施，加强文物存放区非结构构件的抗震性能，避免门窗、吊顶、照明灯具、说明壁板等物体在地震振动作用下损坏并坠落，砸坏陈列柜或文物。

应该针对文物安放地点、楼层、具体文物对象及其结构特性等进行抗震评价，确定合理适用的抗震保护措施。文物抗震措施的采取应注意避免对文物造成新的破坏，应该遵从下列原则：

（1）应对文物的结构强度进行验算，保证文物的承载力，防止发生文物自身的结构破坏。

（2）所采用的材料应保证不对文物产生破坏，与文物之间不产生吸附、反应或损伤。

（3）尽可能考虑到文物的展示美观，所采用保护方法应坚持不损害文物的原则。

（4）采用滑动，隔震等方法进行抗震保护时，应保证在文物周围留有足够的空间距离，并设置意外大位移情况下的限制位移保护措施，并确保不会与其他物体碰撞或伤及观众。

（5）对于重要文物，如司母戊大方鼎等，应针对特大地震情况下，采取完善的防护措施，采取防止文物倾覆、坠落的安全措施。

文物放置应该采用有效的抗震措施，防止文物的非结构性致灾因素造成的破坏，具体做法如下：

（1）文物固定放置于软包装锦囊箱盒中，这样有一定的缓冲性能，具有相当的抗震作用。

（2）重视陈列柜的抗震性能。

提高固定式陈列柜的结构抗震性能，避免由于地震放大作用而使展台上的文物破坏。对于一般的陈列柜可采取钢结构，与主体结构紧密连接或采用隔震措施。陈列柜上的窗玻璃或玻璃罩应优先采用防弹玻璃，即可避免地震时破碎而伤及文物，又可避免普通的盗窃。

（3）完善文物的应急措施，建设备用发电系统和消防水池，避免地震次生灾害。

地震后往往会带来停水、停电、火灾、爆炸等一系列次生灾害。如因断电断水而无法维持恒温恒湿，进而在短期内可能引发文物虫灾和霉变；因消防喷淋系统失灵或空调冷却水倒灌而使文物遭水淹；甚至引发火灾等。建设备用发电系统和消防水池，以应对上述次生灾害。

（4）对于非固定放置的文物，增加限制滑移量和防止脱落的措施，防止在地震发生时，因收藏柜摇晃及倾覆，使文物盒滑移及坠落并造成文物的损害。

4.5 地震灾害教育

震前的灾害教育是减少地震灾害的重要预防措施之一。2000年以来，国家出台了一系列有关防灾、救灾、应变突发事件的法律和管理办法，然而真正演练者很少，距离全民参与还有很大的距离。

震害教育一靠自己，二靠政府，只有这样方能以科学、理性、建设性的态度应对地震灾害。四川安县桑枣中学震前坚持进行地震灾害教育，汶川地震中2000多名师生用时96秒集结到操场，无一人死亡，有效地避免了人员死亡。

4.5.1 设"防震救灾日"和"防灾周"

日本1961年颁布了《灾害对策基本法》，1982年决定将每年的9月1日定为"防灾日"，8月30日到9月5日为"防灾周"，在此期间举办各种宣传普及活动。采取的活动形式有展览、媒体宣传、标语、讲演会、模拟体验等。1995年阪神大地震后日本再次对该法作了修订，强调了预防的作用。中央政府、都道府县、市街村、公共机关、公民的责任十分明确而细化，如：东京都新宿区防灾中心的《防备灾害》手册中有东海地震与警诫宣言、防灾对策、应急避难场所等实用性很强的内容；防灾中心还提供了新宿区防洪避难地图、防灾用品及避难对策用品基地以及针对老龄人和妇幼的特别计划等。

为了加强地震灾害教育，可把汶川地震日（5·12）定义为中国的"防震救灾日"，该周定为防灾周，以预防地震灾害为核心，进行火灾、水灾、雪灾等各种自然灾害的预防和教育，使得灾害教育成为政府、公司、民众的例行行为，成为全民性的行为。

4.5.2 小震和灾害教育相结合

中国是一个多地震国家，3级以上有感地震经常发生，可以结合3～5级地震进行地震的综合教育。

1997年，西安发生过一次有感地震，当时没有任何组织大规模展开普及性地震教育，上课等一切正常，但是人心惶惶，许多学生采取了错误的防震措施，一下课就赶快回到砌体结构的宿舍。

现在看来，完全可以把它与地震教育结合起来，既可教育大家地震知识，又可避免人群的慌乱和恐惧。

4.5.3 灾害预警和灾害教育相结合

对地震的中长期预报，相对而言，准确率还是比较高的。当一个地区中期预报可能发生地震时，可把灾害预警和灾害教育结合起来，加强震害教育，并举行震害演习，一旦地震发生，马上可以转为实战阶段，居民能够冷静应对地震，把损失降到最小化。

4.6 地震灾害的预报和预警

地震预警是国家根据有关地震预报信息，正式发布有关命令，采取措施应对可能到来的地震灾害，我国有自己的预警机制，地震预报和预警均由政府统一发布。

地震预报具有很强的社会性，预报失败给社会带来经济上的巨大损失，从心理上造成严重的恐慌，但是世界各国的地震短、临预报准确率很低，因此不能像天气预报一样，天天预报，世界上常用的是预警模式，建立分级、分区预警模式，既有助于减少地震造成的伤害，又可减少谣言造成的恐慌，根据国内外经验，该方法比较有效。

日本于2007年启用被称为"紧急地震速报"的全球地震早期预警系统，利用地震中纵向振动的P波速度快于横向振动的S波这个原理，在大地震横向振动前的数秒至数十秒之前，警告有关部门居民及时采取防灾和避难措施。为了减少火灾等次生灾害，这套预警系统发出的警报将首先传至铁路、煤气公司等相关部门，该系统为免费服务，普通民众也能通过手机等方式收到这样的警报。在2007年7月16日新潟县中越海域发生的地震中，收到地震警报的铁路和建筑部门分别紧急停运列车、中止起重机作业等，基本采取了正确的应对措施。

也有专家认为该系统的作用很有限，P波和S波的间隔很短，需要完成发短信、收到短信、打开手机、看短信、出逃一系列行动，该系统对防震是否真正有效还需要进一步检验。由于我国地质条件和社会条件远较日本复杂，此类系统对我国防震作用可能更为有限。

美国把重点放在工程防震、防震教育上，地震局不提供短临地震的预报，只提供中、长期预报。

4.7 地震史话

4.7.1 林同炎与抗震结构

林同炎（1912~2003），华裔美国结构专家，美国工程科学院院士，福建省福州人。1931年毕业于交通大学唐山工程学院，1933年获美国加利福尼亚大学硕士学位，1946年定居美国，任教于加利福尼亚大学伯克利分校，1953年创建林同炎设计事务所。

林同炎是美国预应力混凝土学会创始人之一。他的主要贡献在于首次系统而完整地提出荷载平衡法，用以求解预应力超静定结构。与他人合著的《预应力混凝土结构设计》于1981年发行第三版并被译成多种文字。

在工程抗震上，林同炎作出了巨大贡献。林同炎设计了美洲银行大厦，这是一座18层、61m高钢筋混凝土结构，1972年12月发生了尼加拉瓜地震，震级为6.5级，当时马那瓜市511个街区成为一片废墟，这栋房屋屹立不倒，仅按照林同炎预想的那样，在连梁局部破坏。这栋建筑成为工程界抗震实践的重要标志之一，其中蕴含的许多抗震理念已经广泛被工程界接受，并应用到实际的工程建设中。

林同炎设计的代表性结构建筑有：旧金山莫斯科尼地下会议大厅、金门大学礼堂、跨度396m的拉克埃查基曲线型斜拉桥。他曾获美国和国际多种奖赏和荣誉称号：惠灵顿奖状、贺瓦德金质奖章、弗雷西内奖、伯克利奖和名誉教授称号、四分之一世纪贡献奖等。1969年，美国土木工程师学会（ASCE）将该学会的"预应力混凝土奖"改名为"林同炎奖"，这是美国科史上第一次以一个华人名字命名的科学奖项。中国西南交通大学、同济大学和清华大学于1982～1985年先后聘他为名誉教授。

4.7.2 库仑和地震滑坡

地震滑坡是破坏性很强的灾害，治理滑坡的重要理论基础之一就是库仑破坏强度理论。

库仑（Charlse-Augustin de Coulomb 1736～1806）是法国著名的工程师、物理学家。早年就读于美西也尔工程学校，离开学校后，进入皇家军事工程队当工程师。法国大革命时期，库仑辞去一切职务，到布卢瓦致力于科学研究，法皇执政统治期间，回到巴黎成为新建的研究院成员。

1773年库仑提出了著名的莫尔库仑破坏准则，是世界上四大强度理论之一，尤其适合用于土和混凝土等材料的破坏，是岩土工程和结构工程的理论基础之一。1776年提出了库仑土压力理论，是挡土墙设计的基础理论之一。

库仑在工程上还作出了许多贡献，他根据1779年对摩擦力进行分析，提出有关润滑剂的科学理论，于1881年发现了摩擦力与压力的关系，表述出摩擦定律、滚动定律和滑动定律。设计出水下作业法，类似现代的沉箱。

库仑在电磁学上作出了对人类更重大贡献，1785～1789年，他用扭秤测量静电力和磁力，导出著名的库仑定律，是电磁学史上一块重要的里程碑。

4.7.3 赖特与抗震

赖特是世界近代史上最有名的建筑师，大学时学习结构工程，后来从事建筑设计，他设计的流水别墅是近现代建筑史上的奇葩。东京帝国大厦也是他的杰作之一，以良好的抗震性能著称于世。

1915年，赖特应邀设计日本东京帝国饭店，这是当时日本东京最豪华的饭店之一，250个房间。帝国饭店层数不高，平面大体为H形，有许多内部庭院，建筑的墙面是砖砌的，用了大量的石刻装饰，参见图4-44。

赖特采用了多种抗震措施：

(1) 设置抗震缝

帝国饭店设置了较多的抗震缝，长度超过 18m 就设置一条，从而把复杂的 H 形建筑分为若干简单的矩形建筑，这符合现代的抗震理念。

(2) 结构采用配筋砌体结构

帝国饭店不是采用普通的砖墙，而是建了双层墙，在外边两层砖中间浇灌钢筋混凝土。

(3) 加大砌体结构构件尺寸

帝国首层墙特别厚，高层的墙逐渐减

图 4-44　东京帝国饭店（1967 年拆除）

薄，尽量少开窗子，通过这些措施，加大了结构的截面，从而加大了结构的抗震安全度。

(4) 采用了轻屋顶

帝国饭店抛弃了原日本常用的坡屋顶，设置了轻型手工制的绿铜房顶。

(5) 防止设备损坏造成次生灾害

在帝国饭店中，把饭店的管道和电线埋在沟里或悬挂，对管道和电线起到重要的保护作用。

(6) 设计了消防水池

利用饭店前的景观水池，兼作消防水池。

1923 年，关东地震发生，震级为 8.3 级，东京成为一片废墟，并发生了可怕的火灾，是世界上死于火灾人数最多的一次地震。东京帝国饭店尽管遭到了破坏和断裂，但没有倒塌，成为为数不多能屹立在震后东京的房屋，消防水池的水防止了火灾，帝国饭店有效地保护了人们的生命。

帝国饭店的抗震不足之处主要在于钢筋混凝土短桩基础。帝国饭店有将近 20m 的软泥土，地基很差，赖特采用了短桩基础，希望旅馆在软泥上上漂浮，就像战舰在海上漂浮一样。尽管混凝土短桩基础是赖特颇为自豪的措施，认为既节省了费用抗震性能又好，然而这个设计是错误的，这种短桩使得地震时放大了地面运动，是造成帝国饭店破坏和断裂的原因之一。

4.7.4　钢筋混凝土的发明

钢筋混凝土是当今最主要的建筑结构之一，但它的发明者既不是工程师，也不是建筑材料专家，而是一位法国名叫莫尼埃的园艺师。

莫尼埃有个很大的花园，一年四季开着美丽的鲜花，但是花坛经常被游客踏碎。为此，莫尼埃常想："有什么办法可使人们既能踏上花坛，又不容易踩碎呢？"有一天，莫尼埃移栽花时，不小心打碎了一盆花，花盆摔成了碎片，花根四周的土却紧紧抱成一团。"噢！花木的根系纵横交错，把松软的泥土牢牢地连在了一起！"他从这件事上得到启发，将铁丝仿照花木根系编成网状，然后和水泥、砂石一起搅拌，作成花坛，果然十分牢固，这就是钢筋混凝土最初的雏形。

4.8 重点问题与解答

1. 地震灾害能够预防吗？

短临地震不能准确预报，但是能够有效预防，使得生命和财产损失最小。

2. 地震灾害中"预报、预防、救灾"哪个环节最有效？

"预防"目前是地震灾害中最有效的措施。

3. 汶川地震中哪些房屋破坏严重？

砌体结构房屋，尤其是楼板为预制板的房屋、木结构坡屋顶的房屋。

4. 汶川地震哪些房屋没有倒塌？

施工质量良好的房屋，经过抗震设计的房屋。

5. 哪些房屋抗震性能为优和良？

钢结构的房屋抗震性能为优和良，现浇钢筋混凝土剪力墙、框架—剪力墙结构、筒体结构、框筒结构抗震性能为优。

6. 您家、公司的房屋是什么样的结构？抗震性能如何？

请您向物业公司核实您的住宅和办公楼的具体结构，并查阅 4.2.2 节。

7. 防震的三支基本力量是哪些？

自己，工程单位（开发、设计、施工），政府。

8. 您怎样做好防震？

购买（建设）抗震性能为优的房屋，进行抗震救灾自我培训，做好装修、生活防震，进行必要的防震救灾演习。

9. 您学习过防震救灾的知识吗？

如果没有，请您认真阅读本书，进行补习。

10. 您进行过防震救灾的演习吗？

如果没有，请您以家庭为单位进行演习。

11. 您向相关部门咨询过防震救灾的信息吗？

可以登录相关部门网站或者电话咨询。中国地震局网址 http：//www.cea.gov.cn/

12. 您了解"防震减灾法"和"国家防震减灾规划"吗？

请参阅附录。

13. 汶川地震前相关政府部门采取了哪些预防行动？效果怎么样？

请查阅相关官方报道或者向灾区人民咨询。

第 5 章 应对地震灾害

地震是一种常见的自然灾害，地震来临时科学应对是人们唯一的选择。

1556 年华县大地震后秦可大在《地震记》中总结的经验："卒然闻变，不可疾出，伏而待定，纵有覆巢，可冀完卵"。意思是说：当大地震来时，突然间听到异常变化，不可立即跑出，最好就近找安全角落，如柜或土炕的一侧，趴在地上，即使房屋倒塌，也可希望保存性命。有人认为古人这个方法很有效，所以这句话广为流传，并被多处引用，甚至在一些专业抗震的书籍和网站上也是采用的此观点。这个观点是很片面的，不分所处环境，像鸵鸟一样盲目地采用此方法是不科学的，科技发展到今天，环境和人群都和那时是不同的，例如，农村的砖房抗震性能往往很差、城市中部分超高层房屋抗震性能较好，在这两种不同的环境中，地震应对措施和目标肯定是不同的，岂可不加分析地学习鸵鸟，"伏而待定"地应对地震灾害？

本章主要讲述各种不同的地震环境下如何有效地自救和互救。

5.1 应对地震灾害的目标和行动原则

地震灾害是破坏巨大的自然灾害，没有绝对的安全，应对地震灾害的目标是：（1）生存，（2）避免伤害，（3）减少损失。

在地震中，生存是第一位的，首先采取一切措施保护生命；其次是尽可能地避免受到人身伤害，在地震中伤病是严重的事情，灾区医疗条件差，伤病有可能导致最终死亡，所以在地震中要尽可能地避免伤害；财产等是身外之物，在生命和健康能够保证的前提下，若有条件，也可采取一些行动，减少财产等重大损失，利于灾后重建家园。

应对地震灾害的行动原则是"自救、互救、政府救援"。

据唐山地震中有关资料介绍，半小时内被救出来的，救活率达 99.3%，第一天救活率为 81%，第二、三天约为 30%，第四天不到 20%，第五天低于 10%。

地震发生后，灾区民众的自救和互救是应对地震灾害最有效的措施。唐山地震中大约有 60 万人左右被压埋在废墟里，占唐山人口的 80% 以上，多达 30 多万人获救，其中约 1.6 万人是解放军救出来的，被救人员多数是灾区民众自救和互救出来的。

5.2 应对地震灾害的基本流程

1. 发生地震时首先应该保持冷静，判断自己的位置和最近的安全区

地震具有突发性，但是通常有前奏曲，纵波往往先到几秒至十几秒，这是地震的重要特征。在这短暂的时间要迅速判断自己的位置和最近的安全区域，立即采取行动，这能够

使部分灾区人民保全生命。

2. 躲到最近的安全区

地震具有瞬时性，躲避地震的原生性伤害一般是就近躲避。

3. 判断次生灾害，选择下一步行动

地震具有次生性，会引起一系列的次生灾害，尤其是火灾，往往带来更大的灾害，所以要先判断可能发生的次生灾害，并立即行动。

4. 转移到更加安全的区域

地震具有瞬时性，世界上最长的地震也只有 7 分钟，一般的地震持续时间在 3 分钟内，但是地震往往有一系列的余震，1988 年丽江地震，在 13 分钟内先后发生了里氏 7.6 级和 7.2 级强烈地震，在以后的两个多月强余震不断。所以通常 3 分钟后应立即向更安全的区域转移。

5. 成立互救组织

在地震面前，任何一个人的力量都是渺小的，应尽快组织起来，展开互救方能有效地减少地震伤害。

6. 尽快展开互救

被掩埋人员救出越快，生存希望越大，要尽快展开互救行动。

7. 恢复通信联络系统，为政府救援做准备工作

我国有着系统的应急体制，政府在地震灾害后会立即组织救援，恢复通信等联络系统是救援的关键，应尽快恢复通信系统，为政府救援提供必要的准备条件。

5.3 地震中的安全区

地震灾害类型多样，地震中没有绝对的安全区，一般说来，不受滑坡、海啸、倒塌物等威胁的室外空旷地带是最安全的区域，如操场、公园、大面积的草地等；室外和抗震性能为优的房屋是较安全的区域，如现浇钢筋混凝土剪力墙住宅等。

地震中逃生没有绝对的、唯一的正确做法，在地震逃生中，任何一种方法均有部分人可能存活下来，任何一种逃生方法也可能使人死亡。唐山地震时，绝大多数人在睡梦中遇到地震，极少有什么应急措施，60 万人左右被埋，被压埋人员仍然有约 30 多万人通过自救或互救存活下来。本文讲述的逃生方法经过系统分析，实践证明生存概率高些，也不能保证人员的绝对安全，最有效的地震逃生就是加强地震预防。

5.4 室内环境应对地震灾害

城镇居民多数时间在室内活动，农村居民夜间也多在室内活动。室内环境复杂，地震灾害类型多样，针对不同的室内环境必须采取不同的行动。

5.4.1 农村未经过抗震设计的砌体住宅

特点：农村人口稀少，住宅往往是一层或两层的砌体房屋，室内是很不安全，室外即

较安全的空地。

主要灾害类型：房屋倒塌，火灾等。

应对行动：最优行动是迅速冲到室外空地；次优行动是到墙角、床下（桌下）避难。在这种环境下，生存是最重要的。农村砌体住宅通常没有经过抗震设计，该类房屋抗震性能很差，小震可倒、大震必倒，室内没有真正安全的区域，待在室内危险性极大。但是，农村房屋进深小，往往在10m之内，室外即较安全的空地，距离很短。普通人20秒之内完全可跑100m，考虑到起跑速度慢等不利因素，若地震纵波到来后立即行动，5~10秒钟完全可冲到室外。在夜间休息等情况下，人员无法快速出逃，只好在室内避难，墙角、床下（桌下）稍微安全些。1556年，古人不懂得地震纵波比横波传播得快的原理，无法利用短暂的10秒钟左右的黄金时间，只好提出"伏而待定"的方法。

逃生之后，在室外可以组织营救被掩埋人员，应对火灾等次生灾害。

农村房屋抗震性能差是短期无法改变的，但是农村地广人稀，食品供给分散化，室外生活成本低，对生产影响也较小，应该以"地震预警"这种防震方式为主，地震灾害预报，宁可误报，不可不报。农村居民教育水平总体较低，更应该加强地震灾害教育和演习，使得他们明白地震马上到来时的种种现象，一旦地震能够立即行动，避免死亡。

[应对案例1]

映秀镇53岁的何某某比一般人更敏锐，他在电力公司一层的理发店修面，地面刚开始震了两下时，理发师还没有任何反应，何某某跳出来的同时，一掌将理发师推出。楼层同时倒塌，理发师的头被砖块砸破，但命保住了。

[应对案例2]

汶川地震中，某老师是北川县曲山小学某班班主任，12日下午2：30左右，走上3楼教室的讲台，正要上课。突然只听到脚下轰的一声，房子轻微地摇晃了一下，不到1秒钟，该老师就反应过来地震来了，立即大喝一声，"地震了，快往操场跑。"学生们哗的一下起身，该老师拎住一个跑在前面的孩子，冲到门口操场上。由于教学楼依山而建，三楼和后面的操场正好是平的，教室未关门，约5~6秒钟，班上已经有80%的孩子冲到了操场上。到了操场上，感到强烈的震波已经到了，地动山摇，根本站不稳，他趴在地上，身子下面仿佛一股波在翻腾，人好像树叶一样飘起来。然后只觉得山崩地裂，什么感觉也没有了。

[应对案例3]

2008年5月12日下午，北川中学某班在新教学楼2楼多媒体教室上美术课。突然只觉得山崩地裂，听到有人喊一声，"地震了，快趴下"，就趴在桌子下面了，然后就是一片漆黑，教室里面当时哭喊声叫成一片，听到体育委员朱某大声在黑暗中喊，"男生要坚强，女生不要哭，要保持清醒，保持体力"。几分钟后，同学们慢慢安静下来。然后有手机的同学打开手机，发现已经没有信号。同学们用手机照明，发现三楼的楼板已经塌下来，压在教室的桌子上。有些没有来得及趴下的同学，已经被压在顶棚和桌子中间，有的死了，有的只有微弱的呻吟。大约过了一个小时，朱某听到墙外有翻腾的声音，坍塌下来的墙壁上有一个排气扇留下了一个洞，朱某对外面喊话，原来是外面的老师和上体育课的高三男生在用手扒墙。于是朱某和另外一个男生分别扳住排气扇留下的墙缝两边，半支着身子，使劲拽动。"拽了好一会儿"，他们终于把墙壁弄出一个一人宽的缝隙，全班33个同学陆续从这个救命裂缝中爬了出去。该班 65 个孩子，完整出来的 33 个，死亡了 8 个。

映秀镇是汶川地震震中地区，从案例 1 可知，即使震中地区，在一层的居民也能迅速逃出。从案例 2 可知，5~6 秒钟，几十名小学的孩子可以从教室冲出到室外的操场，对于农村房屋中的居民而言，6 秒钟之内完全可以冲出房屋，逃到室外的安全地带。从案例 2 和案例 3 可知，逃到室外的伤亡远小于室内倒塌后对人员造成的伤亡。所以，在第一时间迅速出逃到室外是农村居民的最佳选择。参见附录"农村单层砌体房屋中的地震逃生方法"。

5.4.2 城镇多层砌体住宅

特点：楼面（屋面）多是预制板，卫生间多为现浇钢筋混凝土板。

主要灾害类型：房屋倒塌，火灾，玻璃扎伤等。

应对行动：（1）迅速到卫生间避难（一楼人员可迅速到室外）；（2）第一次地震停止（约 3 分钟后），立即从楼梯间迅速撤离到室外空旷地带；也可灭火、携带应急物品后立即撤离；（3）远离玻璃等易碎物品。

多层砌体房屋抗震性能为差、中，中震、大震均可能倒塌，但是多数人员无法在短暂的时间内逃到室外。砌体房屋中的死伤多是预制板脱落造成的，砌体房屋的卫生间为了防止渗水等原因，通常为现浇钢筋混凝土板，周边均是砌体墙，整体性好，较其他部位抗震性能较好，生存的可能性大些。卫生间内部管道多，有积存水等，危急时刻可以饮用，室外救援时，可通过敲击管道把求救信号传递出去，被救的可能性大些。所以一般选择到卫生间内避难。

多层砌体房屋抗震性能差，在第一次地震中侥幸未倒塌，但是很难再次承受余震的考验，在余震中有可能倒塌。地震具有瞬时性，一般持续时间在 3 分钟内，3 分钟后可以认为第一次地震结束，暂时处于安全期，所以地震一停止，要迅速从房屋中撤离，争取 2 分钟从房屋撤离到室外，汶川地震中四川安县桑枣中学的 2200 多名师生仅用 96 秒就从教室撤离到了操场，居民楼人数远较学校人数少，完全可能用 2 分钟左右时间有序撤离。

地震和强余震之间通常有一定时间间隔，即使是丽江地震也有将近 10 分钟的间隔。为了减少次生灾害并避免受伤，可用 1 分钟左右时间进行灭火并携带应急物品，然后立即撤离。这个做法时间通常是够用的，总的撤离时间仅为 3~4 分钟。

刚发生地震时，一般不要从窗外爬出，在震动期间人无法拉紧绳索，极易摔死或摔伤，空中坠落下的物体也会砸死或者砸伤逃生人员。

5.4.3 现浇钢筋混凝土框架结构的多层教学楼、商场等

特点：楼面（屋面）多是现浇板，填充墙多为砌体，多有吊顶等装修，人员密集，极易恐慌。

主要灾害类型：房屋倒塌，室内物品、填充墙塌落，人员践踏，火灾，玻璃扎伤等。

应对行动：（1）到桌下避难；若无桌子等，可用筐、包、手臂等保护好头部；（2）第一次地震停止（约 3 分钟后），立即有序撤离到室外空旷地带；也可灭火后立即有序撤离；（3）远离玻璃等易碎物品，避开家具、货架、填充墙等易倒塌物品。

框架结构抗震性能为中，抗震性能通常优于砌体结构，在地震中倒塌的几率不是很高。由于学校等是人员密集场所，地震刚发生时，无法立刻逃出，框架结构楼板是现浇钢

筋混凝土楼板，不会砸伤人员，所以可以在桌下避难，减少室内物品、填充墙、吊顶对人员的砸伤。

框架结构抗震性能为中，在第一次地震中未倒塌，但是很难再次承受余震的考验，在余震中有可能倒塌。所以地震一停止，要迅速从房屋中撤离，对于人员众多的场所，一定要有序撤离，才能防止践踏、出入口被堵塞，从而使较多的人员安全撤出房屋。

框架结构的房屋，不宜躲藏到墙角，因为框架结构的墙是填充墙，抗震性能较差，在地震中容易倒塌，砸伤避难者，所以要避开家具、货架、填充墙等，以免被砸在下面。

[应对案例4]

四川安县桑枣中学，地震波一来，老师喊："所有人趴在桌子下！"学生们立即趴下去。老师们把教室的前后门都打开了，怕地震扭曲了房门。震波一过，学生们立即冲出了教室，老师站在楼梯上，组织疏散，地震发生后，全校师生，2200多名学生，上百名老师，从不同的教学楼和不同的教室中全部冲到操场，以班级为组织站好，用时1分36秒，且无一人死亡。

[应对案例5]

"学校（映秀镇小学）教学楼一共四层。四年级二班在二楼靠近楼梯口的第一间教室。发生地震时，学生正在上科学课。老师发现教室在摇晃，大家都要往外跑，他就去把门顶起，不让学生出去。教室越摇越厉害，屋顶的天花板一块一块往下掉，教室的黑板也掉了下来。这时候，腿脚残疾的董某喊了一句："老师，你再不开门，我们班就没了。"老师听了后，这才连忙打开门，抱起董某把他从阳台扔下了操场，其他同学也纷纷夺门而出，向楼下跑去。腿残疾不能跑的董某，幸运地活下来了，那些能跑的同学，却没能逃生。他的44名同学，只跑出了7人。"

案例4是比较典型的做法，由于这些地方人员密集，钢筋混凝土房屋倒塌的可能性不是很大，所以可以采用上述做法，疏散时要有序撤离，这样效果较好。

从案例5可知，应对地震没有固定的做法，也没有唯一的答案，对于房屋倒塌的情况，迅速出逃反而可能是比较好的选择，尤其是一楼的学生可以考虑有序出逃到室外。

5.4.4 现浇钢筋混凝土剪力墙高层住宅

特点：该种结构抗震性能为优，一般不会倒塌，部分墙体为填充墙。

主要灾害类型：室内物品、填充墙砸伤人员，火灾，玻璃扎伤等。

应对行动：（1）到桌下避难或趴在床边；（2）灭火后，携带应急物品有序撤离；（3）远离玻璃等易碎物品，避开填充墙等易倒塌物品，远离外墙。

现浇钢筋混凝土剪力墙结构是抗震性能为优的一种结构形式，历次地震中，倒塌的很少，在这种房屋里面一般是比较安全的，生命是有保障的，可以比较从容地采取各种措施，灭火后再撤离，避免火灾等次生灾害的发生，同时尽可能地减少财产的损失。

这种结构在地震中外墙和外窗较易发生破坏，部分工程中外窗用砌体填充，破坏会更加严重，所以应该远离外墙和外窗。

这种房屋，不宜冲向卫生间避难，因为我国国内的卫生间多为隔墙，且相当一部分为砌体填充墙，在地震中易倒塌，砸伤人员，不是十分安全的措施。而日本卫生间隔墙为塑料制品，所以可逃到卫生间避难。

城市建筑密度大，部分建筑物的室外空间狭小，且目前国内多数城市室外避难场所较少，分布不均衡。若无火灾等次生灾害和更好的避难场所，可返回此类房屋避难，一定要注意灭火、断煤气，打开门、窗，防止火灾发生并应对其他次生灾害。

[应对案例 6]

5月12日，我在重庆渝中10楼的家。早上起床，开电脑看新闻。中午时分，在网上找了个菜谱，突然对烹调感兴趣。顺便又找了一个做辣子鸡的视频来看，然后跟着步骤开始操作起来。

我兴致勃勃地在厨房里跳着锅铲舞，很有趣儿，似乎推翻了一直认为做饭是一种痛苦的结论．

将西瓜瓤剜掉，利用其壳取其清香蒸饭，学习做的辣子鸡也已经起锅了。还要炒一个青菜就可以开饭了，把锅洗净烧热之时，突然听见家人一阵阵惊骇的喊叫："地震、地震、地震、地震……"接连的几声，我并没在意，甚至心里在想，他怎么会这样子，明明是在玩电脑、看新闻，怎么会突然出来喊地震？会不会是有什么病没告诉我，现在发病了，或者是在网上看到什么地方的地震消息，出来随便吆喝几声罢了。

"地震、地震、地震、地震……"还在喊，喊叫越来越急，也越来越惊慌。我放下手里的锅铲，把火开成最小，走出来看看到底怎么回事，还鼓足了中气准备吵几句，没想到，真的没想到，我眼前看到的是让我这一生都难以忘怀的景象。

客厅里面的桌子、凳子、沙发全部都在左右晃动，最明显的是饮水机上的水桶也在摆动，我抬头看着面对窗外的天，长方形的窗子把它切成了菱形摇来摇去……

这个时间就是12日的14：30时，我瞬间知道地震了，我有可能在地震灾难中，在房屋坍塌中死亡并且埋葬在废墟之中……

当时的第一反应就是跑，跑——是我们唯一的选择。

起床以后，头还没有梳，脸还没有洗，穿了件睡衣在家活动的我撒腿就想跑。

在家人还没有反应过来之际，听从了我的错误意见，他光着身体只穿了条裤衩，穿双拖鞋，我们冲上楼顶，我只想着要往空旷的地方跑，结果跑上楼顶后，感到整个大楼马上就要垮了，晃动得我们想跳楼。

怎么办？一连串的恐慌加上脑子一片空白，此时，我们应该怎么办？

不知道怎么的，一向很理智很镇定的家人开头可能因为有些恐慌，竟然听我的，往楼上跑，不过他很突然地反应过来，楼顶是最不安全的，地震都是从楼顶开始撕裂的，他说："我们下楼，走，下去！"他的声音有些颤抖，有些急迫，话音还没落，就拉着我开始往下跑了。

我还带着疑问，到底下不下去，我怕的是跑下去已经来不及了，10楼，毕竟也有20个楼梯转角，不如我从楼上跳下去，或许还会捡回一条命，这样跑我不是要被即将垮塌的废墟活埋？

家人大喊："不要再犹豫了，跑，往下面跑！"

我几乎没有时间再考虑，再犹豫了，跟着他大步大步地往一楼跑，与死亡开始了生死搏斗。

不知道什么时间，在我们身后紧紧跟出来一个女子，她可能是一个人在家，也是10楼的。穿着拖鞋的她嘴里焦急地唠叨着："哎哟，哎哟，怎么了，这是怎么了哟，好嘿人哟，干啥子了嘛……"带着微哭的腔调跟在我后面。我还听到她很清楚地说了一声："糟了，我钥匙没拿出来，怎么办哟？"当时我心想，命都快没了，还想着你的钥匙，真是好笑，于是我也开始想起我的手机，钥匙也没拿，甚至门都没关就跑了。

什么也顾不上，什么都不再重要，我只知道要跑，我只知道一定要活下去，我祈祷，楼不要垮，千万别垮！然而，我们努力地往一楼跑着，跑着。

无论我怎么努力，无论跑多快，我都觉得脚不再听我的使唤，我盼着，数着，怎么还不到一楼，从每层楼楼梯转角处的缝隙里往下看，快了，接近了，然后看着楼下坝子里面的人是越来越多，声音也是越来越嘈杂。

我使劲地催促着家人跑快一点，再快一点，我能感觉到楼晃得十分厉害，我头很昏，心里很害怕很害怕，怕的是楼会垮下来把我埋了，怕的是要是楼就算本身不会垮也会被我们这么多人往下跑对它的振动力量搞垮。

还好，还好，我们跑到一楼了，终于跑出楼梯口了。

当我跑出楼梯口时，有个先跑下来的女的指着我们这幢楼说："你看，还在动，这幢楼还在动。"

院子狭窄的坝子里站满了人，仍然能看到很多人从几个楼梯口陆续出来，女的穿拖鞋、睡衣，男的只穿条短裤的随处可见。死亡来临的时候，谁也不会去在意你穿什么，我戴什么，再也不会去关心谁的形象问题了。大家都很慌张，都很害怕，全都脸青面黑，没有一个笑容。

大家都在议论，都在相互说着自己的感受，我想当时，人们除了害怕也只有害怕了。

大家都在问，这是怎么了，是我们重庆地震吗？

地面仍然在晃动，我的心跳动很快，而且头昏，院子里的人都看着眼前的几幢楼在摇，在动，人们聚集在一起不知所措……

可能是因为已经跑出楼层的原因，心里的恐慌没先前厉害，稍稍地，稍稍地，人们平静了些许。

大概10分钟左右，地面似乎没有动了，房子也没有晃了，我们试图回去拿些东西再到安全的地方逃难。

又上楼了，人们慢慢分散，有的往街上走，有的往楼上走，有的仍然才从楼上下来，问我们怎么回事，我们也无语……这么大的动静既然还有人在家里睡觉，哎！

我走上五楼，还没有完全从惊魂失魄中回过神来，走一步心跳强烈一次，真的怕，怕楼再摇一下，不把我吓死才怪。这才慢慢地，很紧张地进屋，走进厨房，才发现自己做了一件傻事，当时是准备炒青菜和家人一起享受佳肴的，哪知道紧急情况让我不知所措，火都没关就跑了，还好锅里没倒油，火是开的最小最小的一挡，只是锅被烧得很烫了，其他倒没有什么意外。现在回想起来才后怕得吓死人了。

匆忙地换了衣服，拿了点必需品，头发也不敢梳，只拿了把梳子，以最快的速度又跑下楼了，每一步，都心存余悸地感受着楼还在晃动，在晃动……

楼下，坝子，只要能站人的地方都有人，大家众说纷纭，讨论的无非就两个话题，一是怎么会地震；二是接下来怎么办？

这是一个非常有代表性的应对行动，从本案例可以看出，该女士有地震的概念，却不了解自己的房屋结构和该种情况下如何应对地震。许多想法是错误的，该女士及家人判断出地震后，首先是很恐慌，没有灭火，立即向楼顶冲去，到楼顶后发现楼摇晃地厉害，有跳楼逃生的想法，甚至担心奔跑会把楼震垮。

该住宅是 10 层以上的高层住宅，应该是剪力墙住宅，抗震性能为优，垮塌的可能性较小，主要灾害是砸伤等。如果该房屋瞬时倒塌，该女士是没有时间逃出楼外的；即使逃出楼外，由于"院子狭窄的坝子里站满了人"，房屋倒塌仍然是不安全的。

很幸运，该女士尚未来得及放入油等，否则是会发生火灾的，即使是高层剪力墙住宅的居民，也应该在地震停止后，稍加整理，迅速撤离，以防其他人家发生火灾，殃及池鱼。

对于高层居民，跳楼逃生是很危险的事情，只有彻底无其他逃生手段的情况下，才采用该方法，该女士家人坚决让其从楼梯逃生是正确的做法。

高层剪力墙住宅逃生首先应该是保持冷静，采取措施防止砸伤，其次是立即灭火，最后是携带必备物品离开。

5.4.5　其他抗震性能为优的高层或超高层房屋

特点：现浇钢筋混凝土框架—剪力墙、筒体、框架—筒体、筒中筒等结构抗震性能为优，一般不会倒塌，部分墙体为填充墙。

主要灾害类型：室内物品、填充墙砸伤人员，火灾，玻璃扎伤等。

应对行动：（1）到桌下避难；（2）灭火后，携带应急物品有序撤离；（3）远离玻璃等易碎物品，避开填充墙等易倒塌物品，远离外墙。

这些结构是抗震性能为优的一种结构形式，往往用于写字楼等，历次地震中，倒塌的很少，在这种房屋里面一般是比较安全的，生命是有保障的，可以比较从容地采取各种措施，灭火后再撤离，避免火灾等次生灾害的发生，同时尽可能地减少财产的损失。

这种结构在地震中外墙和外窗较易发生破坏，所以应该远离外墙和外窗。

这种房屋，不宜冲向卫生间避难，原因同现浇钢筋混凝土剪力墙高层住宅。

城市建筑密度大，部分建筑物的室外空间狭小，且目前国内多数城市室外避难场所较少，分布不均衡。若无火灾等次生灾害和更好的避难场所，可返回此类房屋避难，一定注意灭火、断煤气、打开门、窗，防止火灾发生并应对其他次生灾害。

5.4.6　高层建筑的地下室、地铁、地下商场、地下车库

特点：地下建筑抗震性能为优，一般不会倒塌，部分墙体为填充墙，管线众多。

主要灾害类型：周边房屋倒塌将其掩埋，室内物品、填充墙砸伤人员，火灾，玻璃扎伤等。

应对行动：（1）到桌下避难；（2）灭火后，携带应急物品有序撤离；（3）远离玻璃等易碎物品，避开填充墙等易倒塌物品，远离外墙。

地下室部分在地震中和地基一块震动，且本身的结构安全度较大，所以一般较上部建筑物更加安全，在这种房屋里面一般是比较安全的，生命是有保障的，可以比较从容地采取各种措施，灭火后再撤离，避免火灾等次生灾害的发生，同时尽可能地减少财产的损失。最大的危险在于周边房屋倒塌，把该部分掩埋，这种情况很难应对。

这种房屋，不宜冲向卫生间避难，原因同现浇钢筋混凝土剪力墙高层住宅。

若无火灾等次生灾害和更好的避难场所,也可返回此类房屋避难,一定注意灭火,断煤气,打开门、窗,防止火灾发生并应对其他次生灾害。

5.4.7 影剧院、体育馆等大空间的房屋

特点:这种建筑结构通常为钢结构或钢筋混凝土结构,抗震性能通常为优或良,一般不会倒塌,部分墙体为填充墙,管线众多。

主要灾害类型:室内物品、填充墙砸伤人员,人员践踏,火灾,玻璃扎伤等。

应对行动:(1)就地蹲下或趴在排椅下,用包等保护头部;(2)携带应急物品有序撤离;(3)远离玻璃等易碎物品,避开填充墙等易倒塌物品,远离外墙。

这种房屋结构性能好,汶川地震中许多灾民被安排在绵阳市体育馆,但是慌乱中人员践踏往往会造成不必要的伤害,一定要有组织的按照秩序撤离。

5.4.8 核设施或者特殊性化工等工业厂房内部

特点:此类建筑抗震性能为优,工业厂房和特殊性化工等工业厂房通常按照特殊标准设计,抗震性能为优,一般不会倒塌;污染物泄漏是对社会最大的危害。

主要灾害类型:室内物品、隔墙砸伤人员,火灾,人员逃难践踏伤亡,污染泄漏。

应对行动:(1)到桌下避难;(2)灭火;(3)进行污染泄漏紧急处理,并及时上报专业的机构,如消防队、环保局等专业部门处理污染,尽可能在第一时间处理污染问题,并及时通知相关部门防止更大的灾害。

5.4.9 电梯

特点:电梯筒通常为钢筋混凝土核心筒,抗震性能较好。

主要灾害类型:电梯被卡在混凝土筒中,易受次生灾害伤害。

应对行动:尽快离开电梯,按下所有楼层的按钮;如果被关在里面,不停顿地按呼叫按钮。

钢筋混凝土的电梯筒抗震性能较好,电梯有自动保护功能,但是地震中房屋变形过大,电梯容易被卡在里面,且地震中无人施救,所以应该立即离开电梯。

5.5 室外环境应对地震灾害

室外是比较安全的地方,一般无生命危险,多是次生灾害引发的砸伤等。

5.5.1 农村室外——平原

特点:平原农村有大片的天然室外开阔平地,灾害较少,是比较安全的室外避难场地。

主要灾害类型:房屋倒塌,树木、杂物倒塌,火灾。

应对行动:(1)避开房屋、柴堆等堆积物,转移到开阔的场地,如操场,农田等;(2)立即参加互救组织;(3)组织互救,并应对火灾等次生灾害。

平原农村室外远较农村室内安全，有大面积的开阔场地，如农田等是理想的避难所，可以从容转移到该地方。地裂、地陷、液化地震灾害对人员的伤害较小，远远小于房屋倒塌、火灾等灾害影响。灾区民众主要应防止房屋、树木、杂物倒塌和火灾，在地震停止后，要立即组织抢救压埋人员。

5.5.2 农村室外——山区

特点：山区地貌复杂，灾害类型多样，滑坡灾害严重，水灾和泥石流也是重要的次生灾害。

主要灾害类型：房屋倒塌、滚石、滑坡、泥石流、水灾、火灾。

应对行动：（1）到坡度较缓的小山坡的顶部，或者有较多树木的小山坡，避开房屋和高耸山坡、山脚，河滩地可用于临时性集结；（2）立即参加互救组织；（3）组织互救，并应对火灾等次生灾害。

山区农村室外较农村室内安全，但是次生灾害比较严重，有大量的地质灾害，如：滑坡、泥石流、水灾等，应该转移到较安全的地方。

农村未设防的房屋在地震中将大面积倒塌，所以要避开房屋，滚石、滑坡是地震在山区经常诱发的次生灾害，到坡度较缓的小山坡的顶部，或者有较多树木的小山坡，可以防止滚石、滑坡、泥石流，遇到山崩、滑坡，要向垂直与滚石前进方向跑，切不可顺着滚石方向往山下跑；由于可能有水灾，所以平坦的河滩地通常只可用于临时集结，要尽快撤离该区域。地裂、地陷、液化地震灾害对人员伤害较小。

火灾是一个巨大的危险，有可能造成房屋和山林着火，要尽快灭火。

灾区民众在地震停止后要立即参与互救组织抢救受害人员。

[应对案例7]

绵竹市汉旺镇已经60岁的陈某，汶川地震时正在镇里的工厂打扫卫生，到下午2点28分时，大地突然左右摇晃起来，摇晃大约持续了四五分钟，站也站不稳，就赶紧趴在地上；紧接着，大地又上下剧烈升降起来，这个过程又持续了一分多钟。地震之后，她赶忙跑回家一看，她的一层结构的房屋已经深陷下去了，完全被埋在了地下。

[应对案例8]

汉旺镇70岁的袁某地震发生之前，他正催促自己的孙子去学校上学。当时孙子刚走出不到十分钟，他自己也出门倒垃圾，走出门才四五分钟，地震就发生了。

袁某说，他赶紧跌跌撞撞地跑到大街上，看见在街上的人们全部趴在地上，他也一下子扑在地上……就这样，他和他孙子都逃过了这一劫难。由于地震当天是星期二，他的儿子和儿媳妇由于都不在家，所以他们全家5口人全部幸免于难。

从这两个案例可以看出，室外是较安全的区域，注意避开周边房屋、高耸的电线杆等物体、避开滑坡等地质灾害。

5.5.3 农村室外——海滨

特点：海啸危害较大。

主要灾害类型：房屋倒塌、海啸、火灾。

应对行动：（1）离开海边，到高度较高的平地；（2）立即参加互救组织；（3）组织互救，并应对火灾等次生灾害。

海滨农村室外较农村室内安全，但是地震引起的海啸危险性较大，灾区民众要远离海边，注意防止房屋、树木、杂物倒塌可能砸伤相关人员，在地震停止后，及时参与互救，组织抢救受害人员。我国沿海的大陆架比较长，所以海啸很少发生。

5.5.4 城镇室外——步行

特点：空中坠物较多，房屋、电线杆可能倒塌，车辆可能失控等。

主要灾害类型：房屋倒塌、电线杆等市政设施倒塌、空中坠物、电线、车祸。

应对行动：（1）保护头部，躲避汽车、坠物、电线；（2）到最近的室外开阔地，如公园、河滨公园等；（3）收听收音机了解确切的地震信息；（4）积极参与互救，组织参与营救。

在地震中房屋和电线杆等市政设施可能倒塌，需要避开，参见图5-1。由于地震的水平运动，女儿墙、玻璃、广告牌等空中坠物可水平飞落，击中步行

图5-1 地震中电线杆、砌体围墙、房屋下等处是危险的（摄影：姚攀峰）

人员，要保护头部，躲开空中坠物和倒塌的房屋。电线等市政设施可能断裂，对步行人员造成威胁。公路上车辆难以控制，有可能撞到步行人员。

城市有较好的公共设施，应该及时打开收音机了解确切的地震信息并积极参与互救组织。

5.5.5 城镇室外——开车或乘车

特点：公路在地震中运动，车难以掌控，可能造成车祸。

主要灾害类型：房屋倒塌、电线杆等市政设施倒塌、空中坠物、电线、车祸。

应对行动：（1）尽可能快的安全停车；（2）打开车门，出车向外逃生或蹲伏于车内座位下；（3）地震停止后，观察障碍物和可能出现的危险，如：破坏的电缆、道路和桥梁；（4）收听收音机，了解确切的地震信息；（5）积极参与互救，组织参与营救。

地震时，公路会运动，车难以操控，可能发生车祸，安全停车是最紧急要做的事情。停车后，立即打开车门，防止坠物把车压变形后无法开门逃生。若有开阔的安全区域，可外出逃生，若两侧是高楼，可选择呆在车内，避免被坠物击中。

若是公交车上的乘客，应该抓紧前面的坐席或把手，车停稳后蹲下并低于座位，地震过后确定避难措施，有序撤离，避免人员践踏伤害。

[应对案例9]

最让袁某触目惊心的是，他目击不远处的公路上，一辆辆正在路上奔跑的汽车，在地震中跑着跑着突然失控，一辆辆掉下路边的悬崖。"跟电影里的特技镜头似的，真是太吓

人了。我一辈子都忘不了这种强烈刺激。"

从本案例可知，地震中，地面和汽车同时运动，极易冲出公路，所以第一步行动是迅速安全停车。停稳后的汽车是比较安全的，它实质是一个钢结构的房屋，但是汽车可能产生较大的变形，导致无法从车中逃出，所以应该在地震后立即打开车门，参见图 5-2，该汽车即使在汶川地震中也保证了整体未坍塌。

图 5-2 映秀镇中的室外汽车

5.6 应对地震掩埋

地震时如果不幸被埋压，这是极其危险的。一定要冷静，采取科学措施进行自救。

地震掩埋主要发生在农村房屋和城市中的多层房屋，这些通常是抗震性能为差和中的砌体房屋或钢筋混凝土框架结构房屋。

农村多是一层房屋：砌体墙、木屋架、挂瓦，余震通常不会再次引起大的坍塌，受伤多为轻伤。地震房屋坍塌时相当一部分人可以自行逃生，援救人员是附近近邻和亲属，速度快，被掩埋人员生存率很高。应对掩埋的做法如下：

（1）保障呼吸畅通。

（2）将双手抽出来，清除头部、胸前的杂物和口鼻附近的灰土，移开身边较大杂物。尝试从中逃脱，很多情况下可以自行逃生。屋架、墙倒塌覆盖的是很小的一部分面积，大部分是瓦片砸下来，对人造成伤害，但是不会压埋人员，使之无法活动，所以可以迅速逃生。

（3）若仍然无法从中逃脱，用砖块、木棍等支撑残垣断壁，以防余震发生后，环境进一步恶化。

（4）大声呼叫，等待救援。

救援人员往往就在附近，声音也易传播，迅速呼叫，有利救援人员快速定位，立即实施救援。

多层和高层房屋倒塌，造成人员掩埋里面，情况比较复杂，特点是余震可能使部分房屋构件继续倒塌，救援人员到达的时间相对较晚，救援难度大。在这种情况下，更是需要保持冷静，科学地采取自救措施。具体如下：

1. 树立生存的信心

即使是多层或者高层房屋掩埋，还是有许多人生存下来。不论是逃生还是灾后重建，都要有顽强的意志和信心。唐山地震中，罗某曾在井下救出十多人，他认为能够逃生的都是意志坚强的。唐山地震中陈某等人曾在井下被埋 15 天，开始一些工友只是不住地哭泣，茫然不知所措。陈某激发了他们逃生自救的强烈愿望：先挖了 60 多个小时，共计挖通了 16 米长的塌煤，然后爬了 800 多个台阶，最后逃生。

2. 保障呼吸畅通

3. 将双手抽出来，清除头部、胸前的杂物和口鼻附近的灰土，移开身边的较大杂物这样可以避免再次被砸伤和灰尘窒息。

4. 避开倒塌物和其他容易引起掉落的物体，扩大和稳定生存空间

用砖块、木棍等支撑残垣断壁，以防余震发生后，环境进一步恶化。

5. 设法自我脱离险境

寻找通道，看有无出逃路线。

6. 节约体力、维持生命、等待救援

如果找不到脱离险境的通道，应尽量保存体力，不要哭喊、急躁和盲目行动，这样会大量消耗精力和体力，尽可能控制自己的情绪或闭目休息，用塑料等包裹身体减少能量消耗，尽量寻找食品和饮用水，必要时尿液也能解渴。如果受伤，要想法包扎，避免流血过多。为救援作准备工作，充满信心地等待救援人员，现在救援力量比较强大，可以迅速赶到救援。期间，闻到煤气、毒气时，用湿衣服等物捂住口、鼻，也不要使用明火以防有易燃气体引爆，尽量避免不安全因素。

7. 有效发出求救信号，为救援做配合工作

发现有救援人员时，可用敲击雨水管等方式向外传递求救信号，也可积蓄体力后尝试呼喊求救。

[自救案例1]

地震幸存者刘某自述：

我是四川省建筑科学研究院预应力钢结构研究所的一名工作人员。5月12日，我和5位同事因公出差，为彭州市小鱼洞镇回龙沟一些房屋作安全鉴定。中午2点半左右，我忽然看到房屋外一台无人开动的小挖掘机剧烈抖动，并听到有人大喊"地震了"。没等我反应过来，房子"轰"的一声塌了，我和另外两位同事被压在一楼，其他两位同事被气浪弹到屋外。

我这才知道，真的地震了。我整个人趴在地上，右手被一堵墙压住，血肉模糊，痛得一分钟也熬不住，幸好头脑还清醒。我听见被压的一位同事在呻吟，他奄奄一息地说："我的伤很重，可能坚持不了很久。"接着声音越来越微弱，而另一同事怎么叫也不回应，之后我便晕倒了。后来我才知道，两位被压的同事当天已经遇难，另外两位同事一时间找不到我，便赶到外界求援。

外面正下着雨，我和不远处被压的一位建筑工人互相安慰着减轻疼痛，等待救援。我不停地看手机上的时间，过一分钟简直比过一年还长。当天晚上，我熬过了第一个漫漫长夜，内心充满了恐惧。

13日，一直没有救援人员到来，我越来越绝望了，心想再也不会有人来管我们了。我对建筑工人说，既然可能会死，为什么不让我们死得痛快一点。

因为缺水，我们俩尽量不再说话，一直熬到下午6点左右。

周边很多求救的声音响起，我也大声呼喊，可没人听到。我又开始在黑夜中煎熬，心想"完了，注定要死在这里了"。

当天晚上，为了保存体力和减轻痛楚，我开始尽量让自己睡觉，不知是做梦还是幻觉，我在恍恍惚惚之中多次觉得自己已经被救！谢天谢地，14日下午4时左右，我终于听见部队再次到达的声音，听见同事在呼喊我的名字，他们终于找到我了。原来，先前幸存的两位同事当天徒步走了6个小时山路，把情况向单位报告。

单位领导知道后心急如焚，立即组织18名同事，开了3辆车，火速随同部队官兵进山搜救。

救援进行了8个多小时，大伙终于把我从废墟中抬了出来。

[自救案例2]

小余是都江堰新建小学六年级1班的学生，事发时她们班正在教学楼的顶楼（4楼）上课，突然袭来的地震将整个教学楼都震塌了，12岁的小余跟同学一起，被埋在了倒塌的教学楼下面。

哭声、呼救声和余震声响成一片，家长和救援人员的救人工作也没有什么秩序，基本是听到哪里有声音就先救哪里。小余妈妈说，一开始时，心急如焚的小余爸爸和救援人员并没发现小余，一堆人都忙着在小余所在位置的后方刨土搜寻。

小余一直都很清醒，也很勇敢，她听到后面有响动，感觉到身旁一侧的废墟越来越薄，而且，渐渐地发现右腿有了活动的空间……可小余这时候发现，救援的人们却正向着与她相反的方向努力。

此时，小余果断地用可以挪动的右腿猛踢变薄一侧的废墟砖头，那一侧的碎砖终于被她踢开了。"踢开砖头后，她的腿能露出去了，便赶紧大声喊'救命'，这才被在外面的小余爸爸和救援人员发现。"地震后2个多小时，小余被救了出来。

[自救案例3]

汶川地震中，小蔡被埋在地下挨了十几个小时，"我自己都不抱存活的希望了，因为我喊了一天，嗓子都哑了，外边根本没有人路过。天黑了，我听到了救援人员在外面喊叫的声音，但我已经喊不出声音来，看到手边就有一条电线，赶紧拉了一下，电线被我扯下，掉在楼外面，听到动静，他们就过来把我救了出来。"

[自救案例4]

5月12日下午14点25分，我们刚上完政治课，语文老师就走了进来，我们向老师建议说"想休息下"，老师就喊我们先把作业做完。我低着头，突然感到地板开始晃动，那晃动越来越凶，我们全班开始往门口冲去。我坐在最后一排，直接从后门跑到了走廊，刚一出去，楼就垮了，我往下掉，感觉很多东西砸在我身上，尤其是左手，被一块预制板压到，一点知觉都没有，也感觉不到痛，但是我全身无法动弹。

震动终于停了。我周围的废墟里被埋了很多同学，我看不到他们，只听到他们不停地哭喊着呼救，那哭声让我心里发怵。但是我没哭，我也不知道为什么那么冷静，我只是想，我肯定不会死，哥哥一定会来救我。我感觉到旁边有同学不停在动，我被挤压得更紧了些，这让我很难受。我大声喊："冷静下来，不要哭，不要乱动，等人来救我们。"

大约过了20分钟，透过我头顶上的一个缝隙，我看到很多人的脚在上面走，很多大人和老师过来喊名字，这时，我听到了哥哥的声音。他真的来了，他在喊我，我就知道他一定会来救我。

哥哥先是把压在我身上的一些砖块和木头搬开，我的头和大半个身子露了出来，这时我才发现哥哥的双手已经血肉模糊，可他像是没感觉到痛一样，一刻不停地搬那些东西。可是压在我左手上的那块预制板太重了，他抓住一个正在边上找自己孩子的大人，求他帮帮忙。很快，预制板被移开了，哥哥拉着我的右手，一使劲，我终于出去了。

[自救案例 5]

汶川地震，小张和小彭都被埋在教学楼中，12 日下午 6 点过，第二次余震发生了。就在这时，被困废墟中的小彭却发现了一线生机——她周围的瓦砾泥土松了。"我的脚好像能动了！"小彭发现四周瓦砾泥土松软后，拼命将脚抽了出来。

由于手脚能够动了，小彭开始用手拼命地挖瓦砾。天慢慢黑了下来，小彭开始感到灰心丧气。就在她准备放弃时，又传来了小张的声音"你怎么样？别放弃！坚持住，出去，然后一定要回来救我！我们如果能够活着一定报考同一所大学！"受到鼓励后，小彭又开始拼命地挖着瓦砾，手磨破了，指甲掉了也没停止。

当天晚上 10 点左右，小彭忽然发现眼前有了微弱的光。"救命啊，拉我一把！"听见小彭的声音，施救人员立即把小彭从瓦砾中刨了出来。

从本节自救案例 1~5 和 5.4.1 节应对案例 3 可知，地震中被压埋人员埋得较浅的人员尝试有无从空调窗等薄弱部位逃生，农村居民由于普遍压埋物较少，且是碎散的瓦块等，可努力自己逃出。

对于城镇居民，压埋物往往是预制板等重物，一般需要和外部救援结合方能逃生，在这种情况下，这样发出有效的逃生信号是关键，可以通过短信、呼喊、敲击等方式把自己生存的信息传递出去。

一定要有存活的信心，现在国家经过多年的发展，会有救援人员的，盲目呼喊是无效的，应该积蓄体力，在听到救援队伍或外来的人群时，再通过大声呼喊、敲击雨水管等方式求救。

5.7 应对地震火灾

地震火灾是地震灾害主要的次生灾害之一，地震造成了交通、建筑、生产和生活设施、消防设备的损坏，特别是输电线路和油、汽、水等管道的破坏，为各类火灾的发生创造了条件，同时，对扑救此类火灾增加了难度。1906 年美国旧金山地震，全市 50 多处同时起火，消防站多数被毁，警报通信系统失灵，房屋倒塌，交通堵塞，水源中断，大火烧了 3 天 3 夜。1923 年日本关东大地震死亡人员中，约有一半死于地震引发的火灾，烧毁房屋 20 多万间。地震引发火灾既有普通火灾的性质，又有地震灾害的特有性质。汶川地震虽然多数地区下雨，仍然有部分地方着火，参见图 5-3。

图 5-3 都江堰一房屋倒塌并着火

5.7.1 火灾基本知识

燃烧就是指可燃物和氧化剂作用发生的放热反应，通常伴随有火焰、发光、发烟现象，俗称着火。燃烧的 3 个必要条件是可燃物、氧化剂、温度，在一般的火灾中，木材、煤气等是可燃物，空气中的氧气就是氧化剂，对于其他化工原料等的燃烧则比较复杂。

火灾就是在时间和空间上失去控制的燃烧所造成的灾害。火灾分为 A、B、C、D 四类（GB4968－85）：

（1）A 类火灾：指固体物质火灾。这种物质往往具有有机物性质，一般在燃烧时能产生灼热的余烬。如木材、棉、毛、麻、纸张火灾等。

（2）B 类火灾：指液体火灾和可熔化的固体火灾。如汽油、煤油、原油、甲醇、乙醇、沥青、石蜡火灾等。

（3）C 类火灾：指气体火灾。如煤气、天然气、甲烷、乙烷、丙烷、氢气火灾等。

（4）D 类火灾：指金属火灾。指钾、钠、镁、钛、锆、锂、铝镁合金火灾等。

具备一定数量的可燃物、含氧量、点火能量、未能控制链式反应才会从燃烧变成火灾。地震中往往无法控制燃烧，易发展为火灾。

对于广大居民，主要遇到的是 A 类火灾中的木材、棉、纸张等着火、B 类中的食用油着火、C 类火灾中的煤气、天然气着火。本文重点讲述这几种火灾的应对方法。

燃烧有四种类型：闪燃、着火、自燃、爆炸。

闪燃是指在液体或固体表面产生的可燃气体，遇火能产生一闪即灭火焰的燃烧现象。

闪燃的最低温度点成为闪点，木材的闪点是 260℃ 左右。在闪点温度上，只会闪燃，不会持续燃烧。

着火是指燃烧物持续燃烧，出现火焰的过程。

燃点是物体持续燃烧的最低温度，燃点温度高于闪点温度。控制燃烧，需要将温度降到燃点之下，"用水灭火"就是利用这个原理。纸张 130℃；棉花 210℃；赛璐珞 100℃；松节油 53℃；煤油 86℃；布匹 200℃；麦草 200℃；橡胶 120℃；木材 295℃。

引燃是指可燃物局部燃烧后，然后传播到整个可燃物，大部分火灾是引燃产生的。

5.7.2 地震火灾产生的原因

地震具有突发性和破坏性，地震容易产生一系列不可控制的因素，所以易导致火灾。与日本木结构房屋较多不同，我国城镇和农村房屋以砌体和钢筋混凝土为主，是不可燃物质，对避免火灾是有利的，火灾产生的原因主要有以下因素：

1. 厨房用火引起火灾

由于地震震动，炉具倾倒、损坏，引起火灾。目前，该类火灾在我国占主要比例。例如，唐山地震时，宁河县芦台镇一居民户，由于房屋倒塌，打翻炉火引起火灾，三间房屋全部烧光，全家三口人无一幸免；天津北郊区某饭店，唐山地震时，饭店正炸果子，高温油晃动溢出，遇到炉火引起燃烧，将油、面及天窗全部烧毁，由于扑救及时，未造成重大损失。

2. 电气设施损坏引起火灾

强震时，电气线路和设备都有可能损失或产生故障，有时还会发生电弧，引起易燃物质的燃烧，产生火灾。例如，唐山地震时，宝坻县某大队副业厂，厂房倒塌，电线被砸断，火线落在易燃物质上引起火灾，将两间厂房及部分机器烧毁；唐山地震时，距震中 40

余公里的某变电所，一台重达60吨的主变压器从台上滑下，外引线将套管拉裂，变压器油当即喷出；由于蓄电池全部倾倒，继电保护失去作用，引线受震强烈摆动，造成短路，打出弧光，引燃喷出的变压器油，将变压器烧毁。

3. 化学制剂的化学反应引起火灾

化验室、实验室、化学仓库里的化学品剂，品种多、性质复杂。强震时，各种品剂产生碰撞或掉在地上，容器或包装破坏，化学品剂脱出或流出。有的在空气中可自燃，有些性质不同的品、剂混融，产生化学反应，引起燃烧或爆炸。唐山地震时，天津该类火灾约占全部火灾的24%。例如，唐山地震时，天津市某研究所实验室，金属钠瓶被砸坏，钠自燃引起火灾，将办公楼和部分仪器设备烧毁。又如，汉沽某化工厂在唐山地震时，房屋倒塌造成设备管道损坏，二氯化硅跑出，遇空气自燃引起火灾。再如，汉沽某厂药品库在唐山地震时，由于药品库里的甘油在剧烈震动时掉进强氧化剂高锰酸钾内，发生化学反应引起火灾。

4. 高温高压生产工序的爆炸和燃烧

有些生产工序，特别是化工生产中的聚合、合成、磷化、氧化，还原等工序，一般都具有放热反应和高温高压特点，极易产生爆炸和燃烧。由地震时往往停电，停水，正在进行生产的工序，由于停电造成停止搅拌和失去冷却水的控制，温度和压力骤然上升，当超过反应容器耐温耐压极限时，就可产生爆炸和燃烧。例如，唐山地震时，天津某合成脂肪酸厂，因车间框架倒塌造成停电，合成塔突然升温升压，爆炸起火，车间设备全毁。又如，天津市某厂镀锌车间，唐山地震时，因电源中断，循环水停止运行，锌锅温度骤增而着火，因扑救及时，未造成灾害。

5. 易燃、易爆物质的爆炸和燃烧

易燃易爆物质主要有天然气、煤制气、沼气、乙炔气、石油类产品、酒类产品、火柴、弹药等。地震时，盛装上列品的容器可能损坏，物品脱出或泄出：如遇火源，即可起火。有些物质，例如，火柴、弹药，怕碰倾。地震时，由撞击和摩擦，这些物品可产生爆炸和燃烧。有些液体，如石油，地震油管或容器的损坏，液体的高速流动，产生很高静电，在喷入空间时，与某种接地体之间，形成很高的电位差，引起集中放电，引燃液体形成爆炸。

该类火灾往往规模大，损失严重。如，美国洛杉矶地震，由于煤气管道变形，450处漏气，引起28处火灾，发生35次爆炸事故。1964年日本新潟地震时，由于油库设备部件间的摩擦引起油库起火，导致了整个城市的大火灾；唐山某酒厂，地震时酒库倒塌，由于摩擦产生热量，使燃烧产生火灾。

6. 烟囱损坏

强烈地震对烟囱的破坏是很大的，由于烟囱破坏，烟火很容易飘出炉外，引起火灾。例如，著名的美国旧金山地震，主要是因烟囱倒塌，烟火溢出引起的火灾。烟囱火灾也可能发生在恢复生产时期。明显的烟囱破坏易于发觉，震后人们采取了措施，但对不明显的破坏，如有的出现裂缝，外表看起来完整，实际内部已损坏，当继续使用时，烟火窜出引起火灾。唐山地震后，据天津市统计，发生这样的火灾就有31起。

7. 防震棚着火

防震棚火灾也是震区中的普遍的火灾，其产生原因有以下两个方面。

（1）其一防震棚多是简易临时建筑，搭建很快，很少考虑安全防火措施。

建筑材料一般为笆、苇笆、油毡及塑料布等易燃材料。防震棚内空间小，各种物品靠得很紧，火种易于传。防震棚密度很大；消防通道狭窄，又没有必要的消防器材和设备，一旦着火，不易灭火，易形成"火烧连营"，造成重大损失。例如，天津大学校园内，唐山地震后搭建大量防震棚，后就发生两次大型火灾。一次烧毁防震棚164间，另一次烧毁防震棚116间。

（2）另一方面，主要是人们缺乏防火知识，思想麻痹，用火不慎造成的。

海城地震统计，防震棚火灾的原因多以取暖、做饭、蜡烛、煤油灯引起，约占总数的80%；其次是吸烟、小玩火及电线短路等原因引起，约占总数的20%。唐山地震后的防震棚火灾，据统计，从1976年到1979年的452起防震棚火灾中，因炉火安装、使用，管理不当引起的火灾159起，占35%；于使用蜡烛、煤油灯照明，点蚊香不慎引起的74起，占16.4%，小孩玩火的44起，占9.7%；烟乱扔未熄灭的火柴棒、烟头以及打火机灌汽油等引起的42起，占9.2%；烟道引起的6起，占6.8%；天然气、液化气使用管理不当造成的28起，占6.1%；电器设备安装使用不当引起的29起，占6.4%，生产设备砸坏未经检查再次使用引起的25起，占5.5%。

5.7.3 应对原则

地震火灾以预防为主，发生地震火灾时，应该科学处理火灾，以自己的力量在第一时间扑灭初起的火灾，一旦火灾无法控制，不要贪婪财产，立即撤离。

5.7.4 预防地震火灾

1. 工程防火

（1）从城市规划角度综合协调，对5.7.2节中第3、4、5类的易燃易爆等特殊物品放在相对独立的地方。

要从城市规划层面进行防火设计，进行合理的功能分区，5.7.2节中第3、4、5类的火灾，在地震中很难避免火灾，尽可能地把它放在影响小的地方。

（2）结合公园、交通等部门设立避难所和避难道路。

（3）工程中多采用难燃材料：如钢筋混凝土等，少采用木结构等。

少用化纤、木材等易燃物品进行室内装修，如隔墙可采用轻钢龙骨石膏板墙等。厨房是重要火源，要重点防范，尽可能地少采用木材等易燃材料，可采用不锈钢橱柜等难燃材料的设施。

（4）加强危险物品管制，安装消防设备，充实消防能力。

（5）建立分散式的防火备用系统，如水井、水池等。

现在北京等城市主要是管网供水系统，已经很少见到水井等设施，一旦地震，将无水、无电可用，通常条件下的消防设施难以使用，即使消防队员赶到也无能为力。可以建设一些水井，作为防灾备用，一旦地震火灾来临，可用于提供水源。水池等可兼具消防水池功能，平时保持一定的蓄水量，用于应急，1923年关东地震中，东京帝国饭店的水池就有效地用于灭火，成为少数几个幸免于难的房屋。

（6）对电力设备等特殊设施采用隔震技术。

变压器等特殊设施,可以提高抗震要求,采用隔震技术,以减少地震对它的影响。

(7) 煤气自动切断装置。

煤气是生命线工程,完全可以投入一定资金,在煤气主要设备装上煤气自动切断装置,发生大地震时可以马上切断煤气供应。

(8) 采用集中采暖和电器采暖。

这样减少煤炉采暖,可以大大减少火灾隐患和提高环境质量。

(9) 有条件的家庭和单位可加一套自动喷淋系统。

对于有条件的可加一套自动喷淋系统用于灭火,美国许多家庭这样做,尽管地震中此套系统可能失效,但是对避免日常火灾还是很有作用的。

2. 生活防火

(1) 点燃的蜡烛、蚊香应放在专用的架台上,不能靠近窗帘、蚊帐等可燃物品。

(2) 发现燃气泄漏时,要关紧阀门,打开门窗,不可触动电器开关和使用明火。

地震中,煤气泄漏是难以避免的,这条措施很重要。

(3) 到床底、阁楼处找东西时,不要用油灯、蜡烛、打火机等明火照明。

(4) 不能乱拉电线,随意拆卸电器,用完电器要及时拔掉插销。

(5) 阳台上、楼道内不能烧纸片,燃放烟花爆竹。

(6) 尽可能不要吸烟,吸烟后确保灭掉烟头。

(7) 使用电灯时,灯泡不要接触或靠近可燃物。

(8) 特殊行业员工一定按照操作规程工作。

(9) 要了解和熟悉陌生地方的消防环境。

到商场、宾馆、酒楼、歌舞厅等陌生环境时,要留心太平门、安全出口、灭火器的位置,以便在发生意外时及时疏散和灭火。

(10) 准备一瓶干粉灭火器放在厨房门口。

配备一瓶灭火器是有必要的,尤其是地震中无水,更是可用于紧急灭火。

(11) 准备 4.3.2 节中的斧子和绳子。

危急时可以破门而出或者通过绳子滑落到安全区域。

3. 加强火灾教育和演习

火灾教育对地震火灾和日常火灾均是有益的,学习科学的方法应对火灾。

4. 灭火的基本原理

物质燃烧必须同时具备三个必要条件,即可燃物、助燃物和着火源。根据这些基本条件,一切灭火措施,都是为了破坏已经形成的燃烧条件,或终止燃烧的连锁反应而使火熄灭以及把火势控制在一定范围内,最大限度地减少火灾损失。这就是灭火的基本原理。

5. 灭火的基本方法

(1) 冷却法

如用水扑灭一般固体物质的火灾,通过水来大量吸收热量,使燃烧物的温度迅速降低,最后使燃烧终止。

(2) 窒息法

如用二氧化碳、氮气、水蒸气等来降低氧浓度,使燃烧不能持续。

(3) 隔离法

如用泡沫灭火剂灭火，通过产生的泡沫覆盖于燃烧体表面，在冷却作用的同时，把可燃物同火焰和空气隔离开来，达到灭火的目的。

（4）化学抑制法

如用干粉灭火剂通过化学作用，破坏燃烧的链式反应，使燃烧终止。

6. 灭火的基本措施

（1）扑救 a 类火灾

一般可采用水冷却法，但对于忌水的物质，如布、纸等应尽量减少水渍所造成的损失。对珍贵图书、档案应使用二氧化碳、卤代烷、干粉灭火剂灭火。

（2）扑救 b 类火灾

首先应切断可燃液体的来源，同时将燃烧区容器内可燃液体排至安全地区，并用水冷却燃烧区可燃液体的容器壁，减慢蒸发速度；及时使用大剂量泡沫灭火剂、干粉灭火剂将液体火灾扑灭。

（3）扑救 c 类火灾

首先应关闭可燃气阀门，防止可燃气发生爆炸，然后选用干粉、卤代烷、二氧化碳灭火器灭火。

（4）扑救 d 类火灾

如镁、铝燃烧时温度非常高，水及其他普通灭火剂无效。钠和钾的火灾切忌用水扑救，水与钠、钾起反应放出大量热和氢，会促进火灾猛烈发展。应用特殊的灭火剂，如干砂等。

（5）扑救带电火灾

用"1211"或干粉灭火器、二氧化碳灭火器效果好，因为这三种灭火器的灭火药剂绝缘性能好，不会发生触电伤人的事故。一般先断电，后灭火。

5.7.5 扑灭初起火灾

火灾需要一定时间才发展起来，常见的食用油着火，通常 6 分钟左右时间才过热起火，而且周边通常是不可燃材料，一般说来是可以灭火的。

火灾初起时，往往较小，并不可怕，只要采取正确的措施就能够扑灭它。地震中灭火有以下三个较佳的时机：

1. 刚振动时立即灭火

刚开始振动时，往往是纵波先到，地震不是很强，可立即灭火，以防止引发更大的火灾，平时要养成轻微振动也能灭火的习惯。

2. 振动减弱时立即灭火

在强烈振动时接近火源有可能烧伤自身，并导致自己衣物成为助燃物，所以要等振动减弱后灭火。

3. 火灾发生 3 分钟内

发生火灾时，发生火灾后 3 分钟最关键，地震具有瞬时性，持续时间通常在 3 分钟之内，仍然有时间灭火。

即使火灾不大也要大声呼叫以求助邻居帮助，并且报警"119"，可使用灭火器、水，而且可用毛毯盖压等手边一切可以使用的灭火工具灭火。但是，火灾无法控制时应逃离火场，逃离时应尽量关上门窗以减少空气进入加大火势。

5.7.6 常见火源的灭火方法

1. 油锅

不要慌张地泼水，要用毛毯或湿毛巾从前向后盖上去以隔断空气，或使用灭火器。

2. 煤油炉

煤油炉灭火时，应从正上方泼水灭火，如果灯油外泄可盖上毛毯后用水灭火，或使用灭火器。

3. 自身灭火

卧地滚动、求身边人拍打灭火或使用灭火器，头发燃着时，可以用毛巾、衣服类盖压灭火，要避开化纤类易燃物。

4. 浴室

首先关掉煤气阀，然后再慢慢地打开窗户全力灭火。

5. 家用电器

首先切掉电源以防止触电，然后灭火。

5.7.7 灭火器的正确使用方法

(1) 手指伸入套环中向上拉；
(2) 拿起管子对向火源；
(3) 用力握灭火器的手柄使之喷射；
(4) 使之左右扫帚形喷射；
(5) 操作时背向出口以免因灭火药、浓烟而辨清退路。

5.7.8 地震火灾中的逃生原则

火灾无法控制时，应立即放弃救火，迅速逃离火场避难。地震火灾逃生与普通火灾逃生是不同的：1) 地震火灾往往处于初起阶段，2) 人员已经在地震停止后准备外出撤离，3) 地震中有余震，房屋不安全，4) 地震中无专业消防队员救援。

地震火灾应该遵循下列原则：

(1) 加强自身防护，减少烟气侵害。

火灾中首先采取个人防护措施，例如用毛巾等，扎住口鼻，防止吸入高温烟气，披上浸湿的毛毯等逃出火区；其次，逃生要低位撤离，不要自立行走，因为1.5m以上空气已经含有大量二氧化碳。逃离着火房间时，要关紧房门，把火限制在起火房间。

(2) 正确选择逃生路线，向室外有序撤离。

地震火灾中，选择最短的直通室外的通道、出口，一定要有序撤离向室外，96秒钟，上千名学生可以撤离到操场，地震火灾处于初起阶段，初起阶段一般为5~7分钟，时间是满足有序撤离要求的。不要坐电梯，电梯井直通大楼各层，烟、热、火很容易涌入，危及生命，且在地震中易变形卡住。不要向楼顶逃生，在地震中，由于无人救援，这是坐以待毙的做法。

5.7.9 地震火灾中的逃生行动

1. 在浓烟中逃生时，要用毛巾捂住嘴鼻，弯腰行走或匍匐前进，寻找安全出口。

毛巾除烟是一种很有效的方式，对顺利逃生有着十分重要的作用。干毛巾折叠 8 层较好，烟雾消除率可高达 60%，且可呼吸比较正常，毛巾可不弄湿，湿毛巾除烟效果好，但是通气阻力大，很快使人呼吸困难。

2. 火灾发生时应披上浸湿的衣服、毛毯、被褥等迅速冲出火场，并大声呼喊受火势威胁的周围居民。
3. 不要考虑服装、携带物品、财物等，应尽快逃离火场。一旦逃离火场切勿返回。
4. 如果身上着火，不要奔跑，应就地打滚，压灭身上火苗后继续逃生。
5. 公共场所（如商场、舞厅、影剧院等）地震中发生火灾时。

向就近的安全门（安全通道）方向分流疏散撤离，一定要有序撤离，防止人员践踏，这是速度最快的方式。

6. 如发现尚有人未逃出来时，请立即组织灭火救援，并通知消防队。

地震中，消防队员是难以立即赶到的，就地组织灭火救援是最有效的方式，但是平时要学习科学灭火知识。

5.7.10 地震火灾中其他逃生行动

普通火灾中，在无法从安全楼梯逃生时，可以采用结绳外悬待援法，高空室外待援法、卫生间待援法、避难层待援法、跳楼逃生法，总体来看在地震火灾中凶多吉少，不宜轻易采用。结绳（管道）下滑法，相对好些，该方法易在地震中摔死或摔伤，在第一次地震结束后（约 3 分钟后）才下滑，要用毛巾或手套保护手，防止滑落时，无法抓住绳子。

5.8 应对特殊地震灾害

地震中可能也会遇到不常见的灾害，在此简单讲述。

5.8.1 天然气泄漏

目前少数大城市普遍采用天然气，对于多数中小城市仍然用煤炉等方式取火采暖。遇到这种情况，首先用湿毛巾捂住口、鼻，千万不要使用明火，震后转移。天然气公司需要立即切断供气，电力公司不要立即恢复供电，防止电火花引起天然气燃烧。

5.8.2 毒气泄漏

地震中遇到化工厂着火，毒气泄漏等，首先用湿毛巾捂住口、鼻，并尽量绕到上风方向去。应注意避开生产危险品的工厂，危险品、易燃、易爆品仓库等。相关公司应立即采取行动处理泄漏。

5.8.3 雷雨天气

地震有可能伴随雷雨天气，雷电可能电击人员，雨水可能导致山洪、滑坡、泥石流等灾害，和地震灾害一起造成更大的灾害。

躲避雷电击打，行动原则是低矮、干燥、远离金属等易导电体，可具体采取下列措施：

1. 雷雨天气时，地震棚应尽量安置在低矮、空旷、干燥的地方，切忌在大树下搭建，易加上简单的避雷措施。打雷时帐篷内的人员应蹲在地上，双手抱膝，胸口紧贴膝盖，尽量低头，不可躺下。

2. 若雷雨期间在树木等高大物体下，应该尽快离开。切勿站立于山顶、楼顶或其他凸出物体上。

3. 雷雨时，应把电视的户外天线插头和电源插头拔掉。不要靠近窗口，尽可能远离电灯、电线、电话线等引入线，在没有装避雷装置的建筑内，则要避开钢柱、自来水管和暖气管道，避免使用电话和无线电话。目前房屋通常有避雷措施。

4. 远离危、旧建筑、切勿接触天线、水管、铁丝网、金属门窗、建筑物外墙，远离电线等带电设备或其他类似金属装置。雷雨时，临时安置点和帐篷内的人员应远离帐篷边缘以及帐篷的金属支撑杆。

5. 在空旷场地不宜打伞，不宜把铁锹、镐等金属工具物品扛在肩上。

6. 雷雨期间，最好不要骑自行车、骑摩托车和开敞篷车，以免成为电击的目标。

雷雨天气应躲避雨水造成的滑坡等地质灾害，不要在山洞口、大石下、悬岩下、泥土坡上躲避雷雨，这些地方极有可能因余震造成山体滑坡等地质灾害。

5.9 应对避难生活

地震结束后，救援期间要在帐篷野外住宿，过一段避难生活，避难生活是一种不自由的、甚至失去自我的生活，在这种时候更需要相互理解和相互帮助。受灾人员可采取以下措施：

1. 积极加入互助组织，为地震救援和重建提供自己的力量。

2. 在避难场所，为了不使没有加入互助组织的人感到孤立无助，也为了自己不感到孤立，要努力地与大家交流。

3. 有什么烦恼要找避难所的互助组织人员、心理医生以及警察商量以求得帮助。

4. 尽量不要给别人添麻烦。

5. 做些轻微的运动以减少身心压力。

6. 避难所的运营和管理不要完全依靠政府和志愿者，应以灾区民众的互救组织为中心。

7. 避免感冒和病毒性流感流行，要洗手、漱口、要戴口罩。

5.10 日本紧急避难行动

日本是多地震国家，应对地震灾害经验丰富，效果显著，特补充此节。由于日本绝大多数已经城市化，其房屋抗震性能较好，有相当数量的木结构，供水等系统与中国不同，本节方法仅供我国民众参考。

5.10.1 地震刚发生

听到"咚！""轰隆……轰隆……"声响时，首先保护自己的生命安全，到桌子底下或床下避难。睡觉时，用被子、枕头保护好头。

要养成小震时也及时关火的习惯。但是，因装有自动停止供气的微型电脑煤气控制阀，所以可不必勉强行动。

5.10.2 1~2分钟后

确保避难出口。打开门、窗确保逃脱出口。公寓等住宅可能有门打不开的情况，但是窗户应该是容易打开的。

确认火源进行初期灭火。

在室内也要穿鞋以免碎玻璃扎脚。做好万全准备随时可以进入避难状态。

确认家人的安全。出现房屋倒塌以及山崩危险时，应立即避难。出门时，要留心是否有碎玻璃、瓦片、广告牌及招牌等落下来。

5.10.3 3~5分钟后

紧急逃脱时必须带出的物品，应放在身边。

确认附近起火处。

5.10.4 5~10分钟后

收集信息。要通过收音机等收集准确的信息，不要听信谣言。

地区受灾时要确认救援者安全与否。

5.10.5 10分钟~1小时

如果因余震，有发生自家房屋倒塌和火灾火势蔓延的危险时请避难。

去学校接孩子。

关掉煤气总开关以防发生火灾。离家时请关掉电源总开关。

离家时把写有去向的纸条贴在门口显眼的地方。

5.10.6 1~3日

取出紧急时刻用应急物品，虽然是以满足自己的生活为原则，但同地区内的相互救助也是很重要的。

主动建立防灾组织。邻居间合力进行救助，救出及灭火活动，也要同消防署取得联系。

避难时应集体徒步行动，不要接近砌筑的墙、断了的电线及玻璃窗。

收集信息。注意收听来自县、市、町的广播。

5.11 地震灾害互助

地震造成房屋倒塌、火灾等一系列灾害，倒塌的房屋有一层房屋、也有多层房屋，甚至有高层房屋。在救援中，尤其是城镇救援，一个人无法移动庞大的钢筋混凝土构件，必须依靠组织的力量，依靠科技方能有效进行救援，把损失降到最小。图5-4所示是汶川地震中聚源中学救援，预制楼板、钢筋混凝土柱、砖块等是一个人无法搬运的。在地震灾害中，虽然灾区人民受到了极大的打击，幸存者仍然要第一时间组织起来，参与互救，挽救亲人的性命，挽救同胞的性命。地震灾害中的互助，第一，要建立互助组织；第二，按照科学的方法立即展开救援；第三，建立临时避难所和医疗所。

图 5-4　都江堰市聚源镇聚源中学救援
（摄影：王建华）

5.11.1　地震灾害中互助组织的目标

1. 寻找和救援失踪人员
2. 现场伤亡人员
3. 组织和管理临时社会
4. 分发与调配货物
5. 管理避难场所的环境卫生
6. 鉴别与处理尸体
7. 疾病监测协助

其中第1~2项是临时互救时最紧急的事情，地震灾害中压倒一切的事情就是人员生命的救治，临时社会组织和管理是发挥互助组织救援效率的关键。

5.11.2　建立互助组织

灾难发生后，灾区人民立即建立互助组织是首要的事情，有组织的队伍既可有效地抢救被掩埋的人员，又有利于相互支持，避免次生灾害和心理疾病。

汶川地震中，虹口乡以基层政府组织为依托，有效地防止了地震灾害中混乱和无序，映秀镇在当地政府的组织下，在汶川地震"5·12"当天救出300多人。地震中，人员抢险救灾知识很少，把抗震救灾当成一个庞大的工程项目，迅速成立项目组，充分发挥专业人员的特长，以工程人员、医护人员、公务人员为核心建立临时性互助组织（项目组），要充分发挥相关人员的长处，充分利用工程项目管理的经验和科学成果展开救援。

1. 以工程人员为核心，指挥紧急救援被压埋人员，组织建设临时避难场所。

救援被压埋人员主要承担房屋的支撑、拆除等工作，既有技术性又需要组织人力，相当于工程建设的拆除加固部分工作。如果现场有部分工程人员，将会有特殊的优势，利于有效地组织人员进行拆除，同时给予必要的技术指导。

都江堰市向峨乡中学救援中，学校被夷为平地，学生家长组织救援，尽管手指都刨出血，也只找到三四个幸存者。任隆富有一定工程经验，曾经做过木匠、泥瓦匠、石匠、石灰岩矿的机械作业负责人，带领工人到了之后，首先找氧气罐和切割工具，组装简易吊车等，然后展开救援，并利用自己的工程经验指挥协调救援队伍，在整个救援工作中起到了重要作用，救活了多名学生。

2. 以医护人员为核心，组织灾难时的医疗，防疫。

伤亡人员的现场救治是很专业的事情，医护人员有一定的经验，可以有效救助伤病人员。

3. 以公务人员为核心，组织维护社会治安和稳定、联系政府救援等。

以教师、政府官员等公务人员为核心，这些人员有一定的社会影响力，在地震慌乱中可以迅速稳定人心，稳定秩序，组织救援后续人员、进行后勤支持等。

[互救案例1]

李某是一位地质工程师，"5·12"汶川地震时，李某等3人正在距映秀三公里的收费站。

地震之后，李某等人先与幸存的收费站王站长等3人会合。李某表明自己是地质专业人员，并毛遂自荐，带大家想办法逃离险境。不一会儿，一支老年骑游队的10位老人也加入进来，随后，一位警察和几十位民工也来了，队伍聚集了32人。李某告诉大家，首先要保持镇静。接下来，李某成立了以他为总指挥的领导小组，率大家开始了震中大逃亡。

"大家把自己的食品都拿出来，统一管理，统一分发"。12日傍晚，李某发出了第一道指令，大家马上遵令而行。李某把保管分发食品的任务交给了那位警察。

黄昏时开始飘起了小雨，为了安全，李某决定把"部队"从已断流的岷江东岸转移到西岸。一路上，灾区群众不断加入，队伍很快壮大到110人，同时新添了5个伤兵。

队伍所处的位置左右是高山，而且余震不断，身后是悬湖，大家情绪开始不稳定，有人甚至急得哭起来。为确保万无一失，领导小组在驻地以上10m处设立了安全观测点，密切监视两边山头的滑坡情况以及岷江水位的上涨情况。李某告诉大家：发现险情，要连续鸣口哨三声，而且不断地敲锣报警。

14日一早，李某派出了一个小分队探路，回来时已是中午。李某带领大家朝映秀镇走去，一路上到处都是大塌方和泥石流。有一个关口，李某和大家终身难忘，由于泥石流量过大，他们必须用身体趟过齐腰深的泥石流。力量大的，还可以自行挪步，力量小的需要前拉后推，过了这个"鬼门关"，所有人都成了泥人。5日18时，李某率大家到达都江堰市，把100多位受灾群众带出了震中地带。

[互救案例2]

5月12日，我们正在埋头写作业，突然感觉脚下的地板一阵晃动。在向峨乡，因为开山放炮，经常有晃动的感觉，我们开始都没在意。紧接着，教室晃动得越来越厉害，不知是谁喊了声"地震了，快跑"。我们刚冲到门口，脚下一空，我本能地抱着头掉了下去。随之而来的是一片黑暗，我还以为自己已经死了，我用力地呼吸了一下，发现没事。

黑暗中，我第一个想起了妹妹。如果不转校，她就不会碰到这场灾难。我不能让她死在这里，我一定要救她，这个念头越来越强烈。废墟之中，我发现身体和手都可以动，我开始用力刨掉压在我身上的东西。我得自救,才能出去救我的妹妹。我刨出一个小洞,看到了光线,呼吸到了满是灰尘的空气,可是压在我胸膛上的那块石头却怎么也推不动。一个叔叔经过我的身边,我大声喊他,他帮我搬开了那块石头,我脚上一使劲,爬出了废墟,却感觉脖子上一阵刺痛,我猜肯定在流血。可我顾不上,我得赶快找到妹妹。

我站起来才看到,学校变成了一片废墟,幸存的老师和赶来的家长都在废墟里搜救活着的人。凭着记忆,我往妹妹教室的方向走去。废墟之上,我碰到妹妹的同班同学李运涛,他说他从四楼跳下来逃过了一劫,并把我带到一块废墟中,说他听到了妹妹的声音。李运涛赶着去救其他人,我喊了声"贾佳",妹妹答应了一声,声音还是那么清脆。我心里一阵狂喜,开始搬那些东西。我双手血肉模糊,真的很痛,手背上有块肉都剐掉了,可是那时我顾不上这些,能救出妹妹就行。

终于,我刨出了妹妹,看到她左手臂上剐掉了一大块肉,隐约能看到骨头,可这个傻丫头好像感觉不到疼痛。我赶紧把衣服脱下来包住她的伤口。这时,我听到底下还有人在喊救命。

我把妹妹扶到了操场上,确定她安全后,我又跑回那片废墟。这时余震不断,一些砖头还在不断往下掉。我心里也怕,可是听到那一声声的"救命",我还是往前跑去。搬开石板,我看到了妹妹的同学赵燕,我把她背了出来。就这样,一趟接一趟,我又背出了刘银和一个不认识的同学。最后一趟时,我看到班主任晏宁,她坐在门卫室,双腿血肉模糊无法动弹,而余震已经让门卫室摇摇欲坠。我赶紧冲过去,将老师背在身上。可是老师太重了,我背了几次,连步子都迈不动。老师让我自己先走,不要管她。我还是继续背,不知哪来的力气,终于背起来了。我一步一步往操场挪去,我的鞋子也不知去哪了。光着脚踩在那些砖头瓦砾上,疼得我额头直冒汗。从门卫室到操场,可能就100米,我却走了10多分钟。还好,大家都安全了。

[互救案例3]

汶川县映秀镇,在地震中成为举国关注的孤岛。全镇干部大量死伤。

阿坝州政府副秘书长杜某被困在当地,成为当时幸存的最高级别干部。下面是他的口述:

我既是阿坝州的政府副秘书长,又是阿坝州旅游执法局的局长。5月12日下午,带着13名同事到映秀检查工作准备离开,结果大地震发生了。街上一片混乱,全是哭声、喊声、救命声。当时倒塌的房子和塌方的山石搞得灰尘满天。不管你穿白衣服,黑衣服,彩色的衣服,全都看不出颜色,全是灰。大概十多分钟后,灰尘散去,能见度有四五米。我开始清点人数,随行13名同事都平安。镇长也过来了,说看来镇上有几千人被埋在里面了。我就说,我们要赶快成立一个临时指挥所!那时我是留在映秀镇级别最高的干部了,理所当然要担起这个责任。

但是人手不够啊。干部只有三人,我、同行的汶川县副县长张某、镇长蒋某,镇委书记没有找到(事后发现被砸成重伤)。活下来的镇级干部只有6个人。派出所干警跑过来说,幸存的警察只有三人,其他全被埋了,所长也不行了。村上部分干部也赶来了。我就把现有干部组织起来;州、县、镇、村,四级幸存干部一共30人左右。

震后半个小时,指挥所就开始分工运转了。

首先成立疏散安抚组。镇长蒋某找了三个看上去比较安全的坪坝,就近疏散镇上的幸存者和中小学生，三个点共疏散了 1000 人左右。当时大家都很慌乱，我就装作很有信心的样子告诉他们："大家不要怕，不要惊慌，省委省政府已经知道了，他们很快会来救我们的！"其实，当时我们什么都不知道，通信全断了。

但我们不能乱啊，如果我们不镇静，老百姓就更没有信心了。当时我派了三个人向外报信求救，一个汶川方向，一个成都方向，一个卧龙方向。这三个人很快就回来了，路彻底垮了。并且余震不断，滑坡严重，出不去。我们几个商量一定要组织好，不然活下去都会很困难。

当天傍晚，我们从收音机里得知，震中就在映秀镇。有人告诉我，大震之后会有大雨。我马上要求镇长要用彩条布给灾民搭篷。漩口中学校长也向我们要彩条布。有一个体户当时不愿拿出他的库存彩条布，我们就强行征用了。当天晚上，又有人来报，说映秀镇上的岷江水只有平常的五分之一。我们就推测，完了，肯定是上游塌方了。镇长就要求大家往高坝上撤。那时人太多，地方又小，外面下着雨，两边的山都在余震中不停地滑坡发出怪响，大家在帐篷里湿淋淋地站了一夜。

第二个组是抢险救灾组，负责组织所有年轻力壮的幸存者救人。不管你是本地人还是外地人，只要看起来像小伙子，就被要求加入。有些胆小的年轻人不敢加入抢险救灾组，负责组织的干部就急得破口大骂。

抢险救灾组成员只有几十人，许多家属和单位都要求我们去救。映秀小学副校长跑过来报告只有几十人逃出来，许多孩子埋在里面。我立即决定先救小学、中学和幼儿园。在小学，我们在一个点上就救了十多个人。我们打集体战，家长一起帮忙，七八个人站在废墟上，传递挖出来的学生。这个组从地震发生后到天黑前，救出了三百多人。这些人被埋在浅层废墟里，容易救。

第三个组是医疗救护组，由镇医院崔院长负责。当时医院伤亡不重，但是设备全被埋了。他来之后就组织医生救援。但是没有药。怎么办呢？就在废墟里挖了一部分。当时还在余震啊，他们就进去挖药，非常了不起！崔院长把伤员集中到一个帐篷里面，轻重伤员分开。他们只能给伤员简易包扎，我也协助他们包扎了三个。有一个是头部，骨头都可以看到了，还有一个动脉断了，就要把它勒住不让流血。没有绷带怎么办，就用窗帘。管它干净不干净，就直接用上了。小学这边有的就用红领巾包。没有酒精怎么办，就用白酒，也是从废墟里挖出来的。没有消炎药怎么办呢，从里面挖了一部分生理盐水，给伤员挂吊针。他们看到药水就放心了，其实只能起心理安慰作用。

第四个组是生活保障组。主要守住镇上两大超市，有个超市老板非常好，他把钥匙交给我们了，说只要为了救灾，政府作任何安排他都愿意。那些物资成了救命物资。当时的原则是小孩发，伤员发，其他人不发。当天晚上 11 时左右，给他们发了一瓶水，发了些干粮。第二天早上发了两次，就没有了。人太多，中学生就有一千多人呢。

再一个就是秩序维持组，这个组主要是派出所幸存的警察、武警等，共 10 人左右。重点保护农业银行、工商银行、建设银行、信用社还有粮站。当时已经有柜员机被打碎了，我们肯定要把它们保护起来。

还有就是死亡调查组。当时我们根本调查不清死亡的人，就调查幸存者，这就容易些。当时幸存的大概 3000 人左右，包括过路的行人和游客。这么一算，死亡的就有几千人，1200 人下落不明。

互救案例1中的互救小组成绩显效，首先自发建立了互救项目组，确定了项目组的领导和组织，充分发挥了人员的长处：工程师、警察，综合调配食品等资源，在"项目经理"的指导下应对滑坡等地质灾害很科学，通过鸣口哨的方式进行报警，这样所有的人员合成一股力量，战胜了困难。

互救案例2的小朋友非常勇敢，展开自救在短时间内救出了多位人员。作为整个救援现场，缺乏必要的组织和科学的救援，如果有一位有工程经验的人员指导，综合组织起来，会救出更多的人员，小朋友的妹妹也可能不会截肢。

互救案例3中的互救组织成绩显效，首先自发建立了互救组织，发挥了人员的长处：政府人员、警察，综合调配食品等资源，及时展开互救，一天之内救活300多人。缺点没有发挥工程人员的长处，该镇医院当时正在建设新楼，有一只成熟的工程队伍和吊车等必要的设备，完全可以以他们为主要营救力量，指挥协调整个救援工作。

5.11.3 救人方针

地震救援，临时性互救组织的救援力量是有限的，必须确定救援的优先次序，通常在最可能有幸存者的地区和幸存人数可能最多的地区优先营救，例如，学校、医院、疗养院、高层建筑、住宅区和办公楼等。按照下列救援方针，救人效率比较高。

（1）先易后难；
（2）先救青壮年、工程人员和医务人员；
（3）先近后远。

按照上述方针，这样可以在最好时机抢救被压埋人员，同时可以增加人手和专业人员，有利于更好地开展后面的救助工作。

5.11.4 展开营救行动

在大地震中，临时救援组织现场的搜救行动可简化为3个阶段：

1. 评估坍塌房屋

要先简单地评估房屋结构的危险性，评估房屋的水电气设施状况，以免贸然冲进营救，造成救援人员不必要的伤亡。

2. 迅速、安全地转移地面幸存者，并挑出合适人选加入临时救援组织

宜先抢救房屋边沿瓦砾中的幸存者，及时抢救那些容易获救的幸存者，以扩大互救队伍；要边救援边挑选合适的人员加入救援队伍，虽然对幸存人员要求比较高，这是最有效的方法，能够使救援队伍较快地壮大，进一步开展有效救援，唐山地震中被救人员许多立即投入救援其他人的行动中，所以即使是夜间掩埋，仍然有几十万人被救。在汶川地震中，部分人员是依靠士兵运送到医院和临时医护地点的，参见图5-5，

图5-5 救援士兵运送幸存者（摄影：江毅）

这种事情可以组织当地居民做，最精锐的士兵应该投入到一线救援中。

3. 快速搜寻房屋，对容易救援的幸存者，立即展开救援；一时无法救出的幸存者，应立下标记，等待专业人员

对危险房屋应采取必要的搬运、支撑等措施后再展开积极救援，同时关闭水电设施以确保不会触电，在开展搜索幸存者的营救过程特别是人工营救过程中，要注意听被困人员的呼喊、呻吟、敲击声。

专业队伍有搜救犬、生命探测仪等先进的条件，专业队伍在搜寻压埋人员上有着特殊的优势，参见图5-6。

临时性救援组织设备简陋，应该把重点放在易救援的人员上，难救援的留给专业救援队伍。

图5-6 科学救援（摄影：周青先）

5.11.5 救援方法

要根据房屋结构，先确定被困人员的位置，搬运、加固后再行抢救，以防止意外伤亡，参见图5-7。

救援需讲究方法：首先应使头部暴露，清除口鼻内尘土，防止窒息；再行抢救，不可用利器刨挖，参见图5-8。

图5-7 汶川地震中救援被压埋者（一）
（摄影：李刚）

图5-8 汶川地震中救援被压埋者（二）
（摄影：李刚）

对于埋压废墟中时间较长的幸存者，首先应输送饮料，然后边挖边支撑，注意保护幸存者的眼睛，参见图5-8。

鼓励幸存者，更重要的是幸存者自己要有很强的求生意志和信心，参见图5-9。

对于颈椎和腰椎受伤的人，施救时切忌生拉硬抬。

对于那些一息尚存的危重伤员，应尽可能在现场进行救治，然后迅速送往医院治疗。

当发现一时无法救出的存活者，应立下标记，以待专业救援队伍到达。

[专业救援案例1]

上海消防总队车站中队发现了小女孩尚婷，经音视频生命探测仪确认，女孩俯卧在楼梯两块楼板之间，之上还有3块楼板和一块重达3吨的混凝土预制板。她的右腿被压，头在一块楼板的小空隙处，移除这几块楼板用了近5个小时。尤其是处理最后一块支撑在她头上的楼板时，只能用小锤子小心翼翼地敲

图5-9 汶川地震中救援被压埋者（三）（摄影：李刚）

碎，当最后一块水泥被移开前，迅速用一块黑布蒙住女孩的双眼——在黑暗中生存100小时后，眼球骤遇强光会受损。

从本案例可知，难度大的救援需要专业的设备和技术人员，临时互救组织很难完成这些工作，对于临时互救组织人员能够做的事情是搜救易救援人员，查找存活者，并立下标记，积极联系专业救援队伍。

5.11.6 保证营救人员的安全

地震有余震，救援有一定的危险性，要保护救援人员的安全，给予救援人员口头培训，并让所有参与搜救人员明确了解警示信号和撤退流程。

比如，警报可以按下述方案鸣响：

1. 暂停行动/保持安静：一声长笛（持续3秒）；
2. 撤离该区域：三声短响（每次1秒），暂停一下，再次重复，直至所有成员撤离；
3. 重新开始行动：一长一短。

5.11.7 组织和管理临时社会组织

要迅速以互救小组为单位建立起临时性的社会组织，临时组织的任务是将准确可靠的灾情消息以适当的方式转达给灾民，避免谣言，鼓舞大家利用可靠消息做出最积极的反应。

保持社会稳定，进行物资、救灾人员分配等其他事宜。

5.11.8 分发与调配物资

震灾期间物资的分发要遵循节约、公开、公平的原则。物资应以满足幸存者自己难以解决的要求为标准。

受灾群众在经历过灾害后容易导致安全感缺失，因此救灾物资一般都处于非饱和状态，因此一定要节约发放。同时组织好现场的秩序，避免发生抢夺事件。

发放物品做好登记工作，并对物资的发放情况要及时公开，发放过程中，组织好措辞，稳定民众的情绪。

5.11.9 临时住宿

采取多种措施解决住宿问题。地震发生后,单纯依靠帐篷无法短期内解决所有的住宿问题,可以建立窝棚、简易房、活动班房等多种措施暂时解决住宿问题。

唐山地震中只有医院中伤病员住在帐篷里,绝大多数人没有帐篷。唐山大地震后只有100多天时间就进入冬季,大家先是用震后废弃的砖头、废弃房屋材料建成窝棚,然后用砖头、竹竿、稻草垫、油毡、石棉瓦等制成简易房,100多万灾民靠简易房遮风避雨挡寒度过多个严冬,参见第7章。

5.11.10 避难场所的疾病预防、环境卫生管理

自然灾害发生以后,由于人员的密集和流动以及卫生环境的恶劣,容易引发一些疾病,因此要进行环境卫生管理和必要的疾病监测工作,同时还应抓住时机对临时住处的居民进行卫生宣传教育。

1. 水源周围的卫生清理

地震后的供水除一般的细菌性和化学性污染外,还存在尸碱中毒的危险。为防止饮水的尸碱中毒,必须尽快对水源周围的尸体进行清除,同时还应对局部环境进行认真的漂白粉消毒处理。另外,用砂滤或炭末、明矾混凝过滤、吸附等,也可以去除水中的尸碱和细菌毒素。

2. 防止食物中毒

首先必须抓紧时间确定食品是否属于条件可食。唐山大地震是根据感观指标(即按食品的色泽、黏度、弹性与气味四方面)进行食品的分类处理。

3. 环境卫生管理

在强地震后,大量的建筑物倒塌、瓦砾不能及时清除。而瓦砾堆缝隙下又极有利于蚊蝇滋生,而且又是喷药消毒的盲区。在高气温条件下,很容易为中毒与传染病的传播创造条件。因此,所采用的消杀灭方法必须要仔细、深入,不间断地采用各种方式喷药,争取防止蚊蝇的滋生。

5.11.11 唐山地震灾害经验

唐山人民应对地震灾害主要有以下经验:

1. 要有顽强的意志,强烈的自救愿望;
2. 要保护重要财产、设备、资料;
3. 要互相多学习医学知识;
4. 可以自建简易房解决住宿问题;
5. 要有熟悉情况面对这种大规模的灾害的人作指导;
6. 做好天气预报工作,灾区民众居住条件差,要做好天气预报,让灾区民众做好准备;
7. 做好心理支持和抗震知识普及。

5.12 地震史话

5.12.1 地震与有限禁止核试验条约

核爆炸产生放射性产物严重伤害生物，为了控制核试验的危害，到20世纪50年代末，美国和苏联开始了控制核试验的条约，每一方都需要能肯定对方不会欺骗自己。

1958年7月，技术专家们在日内瓦举行历史性会谈，科学家很快达成一致，认为"现代物理、化学和地球物理测试方法在相当距离里探测到核爆炸是可能的。这样，高当量的地表和高空核爆炸都能够在距爆炸地很远的地方毫无困难地探测到。"委员会列出若干可靠的手段确定高空和地面核爆炸，诸如声波和放射性微粒。由于地下核试验在大气层没有任何特征信号，当时最大的难题是如何探测和识别地下爆破？

后来想到用地震波来监测地下核试验。地面下的大爆炸，不管是核的或化学的，都会产生地震波。产生地震波的因素很多，在美国、前苏联、中国许多地区及其他能生产核武器的国家，天然地震活动性本来就很高。这些构造地震产生的地震波也会被记录到。在地震图上，如何区分人工地震和天然地震的波呢？

利用地下核试验是一次爆炸，在地下球体洞穴或水下是一个对称的波源，而天然地震的首次P波和S波来自震源或是岩石破裂的初始点。天然地震对地球表面的一些观测点，P波初始到达时可能为地面岩石被上推，相当于地面被挤压；而在其他观测点上，P波到达地表时可能为岩石被下拉，相当于引张。这些推和拉决定着地面初动或首次到达波的极性。核爆炸与天然地震成鲜明对照，因为爆炸驱动四周岩石向外向每个方向对称地辐射出波，在所有的地震仪上记录均应为地面被上推。而且因为断层破裂相当大，天然地震中波源覆盖较大地区。爆炸中的能量释放主要集中于岩石中一点的四周，因此，天然地震的P波和S波的形态常与地下爆破产生的波形不同。

为了增强探测地下核试验的能力，许多国家开始大力改进地震记录和研究方法，许多国家建立了全球标准地震台网，地震研究人员可自由获得这里的记录，从而大大促进了地震学的发展。

5.12.2 都江堰和地震

都江堰水利工程是我国李冰父子在公元前256年指导建成的，由创建时的鱼嘴分水堤、飞沙堰溢洪道、宝瓶口引水口三大主体工程和百丈堤、人字堤等附属工程构成，科学地解决了江水自动分流、自动排沙、控制进水流量等问题，消除了水患，使川西平原成为"水旱从人"的"天府之国"。两千多年来，一直发挥着防洪灌溉作用。截至1998年，都江堰灌溉范围已达40余县，灌溉面积达到66.87万公顷。

鱼嘴是修建在江心的分水堤坝，把汹涌的岷江分隔成外江和内江，外江排洪，内江引水灌溉。飞沙堰起泄洪、排沙和调节水量的作用。宝瓶口控制进水流量，因口的形状如瓶颈，故称宝瓶口。内江水经过宝瓶口流入川西平原灌溉农田。从玉垒山截断的山丘部分，称为"离堆"。

都江堰水利工程充分利用当地西北高、东南低的地理条件，根据江河出山口处特殊的地形、水脉、水势，乘势利导，无坝引水，自流灌溉，使堤防、分水、泄洪、排沙、控流相互依存，共为体系，保证了防洪、灌溉、水运和社会用水综合效益的充分发挥。

都江堰是水利工程的杰作，在汶川地震中仅鱼嘴开裂，整体安然无恙，可能有以下几个主要原因：

（1）都江堰水利工程场地条件好，有效地降低地震作用。

宝瓶口是凿穿玉垒山形成的，以火烧石，使岩石爆裂，终于在玉垒山凿出了一个宽20公尺、高40公尺、长80公尺的山口，该部分工程建在坚实的岩石基础上，对工程抗震非常有利。

（2）鱼嘴和飞沙堰高度较低，坡度较缓，安全度较大。

（3）飞沙堰已改用混凝土，较原竹笼卵石材料的安全度大大提高。

鱼嘴部分出现了裂缝，说明地震对都江堰还是有一定的破坏作用。

（4）持久的维修和保护。

在长期的实践中，人们定期对都江堰进行维修，并总结出了"深淘滩、低作堰"、"乘势利导、因时制宜"、"遇弯截角、逢正抽心"等方针，保证了都江堰工程的使用寿命。在历史上，都江堰也曾经被地震破坏过。1933年8月25日，岷江上游茂县境叠溪发生7.5级地震，山岩崩塌，横断岷江及其支流。10月9日，岷江被堵塞断流45天后，干流小海子溃决，积水一涌而下。10月10日1时许，洪水进入都江堰市境，洪峰流量约每秒1.02万 m^3，冲毁都江堰金刚堤、平水槽、飞沙堰、人字堤等水利工程及安澜索桥。

5.12.3　1906年美国旧金山地震火灾

1906年4月18日凌晨当地时间5点12分，旧金山市发生了8.3级地震。

地震开始时震动较轻，约40秒钟之后达到高峰，又突然停止了10秒钟，而后又是更强烈的震动，持续了约25秒钟，之后便是一连串的余震。山坡上建筑在坚硬岩石上的建筑物破坏稍轻，但烟囱都倒了，窗户都破碎了，家具、盘碟和其他设备都毁坏了；建在山间不太坚固地基上的房子破坏十分严重，特别是砖瓦房屋，很多砖墙都倒塌在街上，价值600万美元的市政府大厦全部毁坏。靠近海边松软地基上的房屋损失更大，许多房子完全倒塌，有些则因地基下沉而变得奇形怪状，沿海填土地区的四家木造房屋的小旅馆亦完全倒塌。

地震时由于烟囱倒塌、堵塞及火炉翻倒，旧金山市有50多处同时起火。地震破坏了大部分上下水道和消防站，警报系统失灵。一开始灭火工作进行得还比较顺利，不久水龙头的水逐渐减少，由于自来水管道破坏漏水，很快就停止了供水。消防人员只好从沟渠、水塘和井里抽水。火势越来越猛，迅速蔓延，烧毁了大量建筑。由于火势过旺，温度不断升高，本来耐火的建筑也因内部温度达到燃点而自燃起火，有限的水浇上去有如火上浇油，适得其反。消防人员企图在市内用炸药爆炸一条防火带，未能成功。大火在三个地区持续燃烧了三天三夜以上，10km^2的市区被完全烧光，最后在靠近大火边缘的地段，用炸药炸开了一条防火带，才控制住火势。

旧金山大地震中大部分水源地的蓄水库未受破坏，但自来水管道却几乎完全损坏，在坚固地基上的自来水干线破坏较轻微，松软地基或沼泽地上的管道则多半破裂或扭曲，供水不足和断水严重影响了救火的时机，至使火灾发展到无法控制的地步。

5.13 重点问题与解答

1. 应对地震灾害的首要行动是什么？

发生地震时首先应该保持冷静，判断自己的位置和最近的安全区。

2. 应对地震灾害的三原则是什么？

防灾建设的理念是"自救、互救、政府救援"。

3. 地震中哪些地方较安全？

结构抗震性能为优的房屋，室外空旷地带，如：公园等。

4. 汶川地震哪个中学学生生存最多？该学校房屋是什么结构？他们采取了哪些自救和互救行动？

四川安县桑枣中学的 2200 多名师生 96 秒就完成了从教室撤离到操场的行动，尽管房屋有部分严重破坏，但无一人死亡。结构可能是多层框架结构或多层砌体结构，该种类型房屋抗震性能为中，8 栋教学楼部分坍塌，全部成为危楼。自救行动是：（1）趴在桌下（最近的安全区）；（2）地震停止后，迅速有序撤离；（3）转移到操场（室外空旷地带，更加安全的区域）。

5. 您在城镇还是在农村？周边有无公园等室外避难所？

请自己调查。

6. 您的住宅是什么结构？您的办公室是什么结构？您经常出入的其他场所是什么结构？他们可能发生什么灾害？哪一个较安全？

请您向该房屋的物业公司查询，参见 4.2、5.4 节进行初步判断。

7. 您经历过地震吗？当时你在什么地方？该地方的抗震性能怎样？最近的安全区在哪里？

请您回忆当时的情形。

8. 地震时您采取哪些行动自救？怎样行动更有效？为什么？

请您回忆当时的行动，并进行思考如何行动更有效，参见 5.4、5.5、5.6 节。

9. 地震时您采取哪些措施应对次生灾害？

请您回忆当时的行动，并进行思考如何行动更有效，参见 5.4、5.5、5.7 节。

10. 假如发生大地震，您作为幸存者采取怎样的行动使亲人和同胞伤亡较小？

迅速参加互救小组，在专业人员的指导下展开救援行动。

11. 假如发生大地震，您作为幸存者如何快速成立临时救助小组？

就地把能够见到的人员召集起来，结合日常工作，发挥医疗人员、工程人员、教师、官员的优势，分组管理，迅速展开行动。

第6章 地震灾害救援

在防震救灾中，政府灾害救援是最后一个环节，无论采取什么措施已经难以挽回巨大的损失。"防震救灾"重点应该放到"防震"上，但是不能说"救灾"不重要，仍然能够挽回成千上万人的生命。

地震灾害救援中，政府是主要的组织者、执行者，具有独一无二的作用，公益组织和民众也是重要的组成力量。政府有一套完善的地震应急体系和应急预案，启动该系统需要一定的时间，部分人员不太了解该体系，发出了一些不必要的质疑，本章简要介绍该体系并结合汶川地震中的一些现象进行分析。

6.1 国家地震应急体系

6.1.1 组织体系

中国地震局负责国务院抗震救灾指挥部办公室的日常事务，汇集地震灾情速报，管理地震灾害调查与损失评估工作，管理地震灾害紧急救援工作。发生特别重大地震灾害，经国务院批准，由平时领导和指挥调度防震减灾工作的国务院防震减灾工作联席会议，转为国务院抗震救灾指挥部，统一领导、指挥和协调地震应急与救灾工作。

省级人民政府是处置本行政区域重大、特别重大地震灾害事件的主体。

地震应急依靠人民群众并建立广泛的社会动员机制，依靠和发挥人民解放军和武警部队在处置地震灾害事件中的骨干作用和突击队作用，依靠科学决策和先进技术手段。

灾区应急队伍资源及其组织方案详见表6-1。

灾区应急队伍资源及其组织方案表　　　　表6-1

	先期处置队伍	第一支援梯队	第二支援梯队
人员抢救队伍	社区志愿者队伍	地方救援队 国家地震救援队 当地驻军部队	邻省地震救援队
工程抢险队伍	当地抢险队伍	行业专业抢险队伍	邻省抢险队伍
次生灾害特种救援队伍	消防部队	行业特种救援队伍	邻省特种救援队伍
医疗救护队伍	当地的急救医疗队伍	当地医院的后备医疗队	附近军队医疗队
地震现场应急队伍	省地震局现场应急队伍	中国地震局现场应急队伍	邻省地震局现场应急队伍
建筑物安全鉴定队伍	省地震局建设厅建筑物安全鉴定队伍	中国地震局和建设部建筑物安全鉴定队伍	邻省地震局和建设厅建筑安全鉴定队伍

6.1.2 信息报送和处理

震区地方各级人民政府迅速调查了解灾情，向上级人民政府报告并抄送地震部门；重大地震灾害和特别重大地震灾害情况可越级报告。

国务院民政、公安、安全生产监管、交通、铁道、水利、建设、教育、卫生等有关部门迅速了解震情灾情，及时报国务院办公厅并抄送国务院抗震救灾指挥部办公室、中国地震局和民政部。

中国地震局负责汇总灾情、社会影响等情况，收到特别重大、重大地震信息后，应在4小时内报送国务院办公厅并及时续报；同时向新闻宣传主管部门通报情况。

国务院抗震救灾指挥部办公室、中国地震局和有关省（区、市）地震局依照有关信息公开规定，及时公布震情和灾情信息。在地震灾害发生1小时内，组织关于地震时间、地点和震级的公告；在地震灾害发生24小时内，根据初步掌握的情况，组织灾情和震情趋势判断的公告；适时组织后续公告。

6.1.3 地震灾害分级

地震灾害事件分为以下4级：

（1）特别重大地震灾害，是指造成300人以上死亡，或直接经济损失占该省（区、市）上年国内生产总值1%以上的地震；发生在人口较密集地区7.0级以上地震，可初判为特别重大地震灾害。

（2）重大地震灾害，是指造成50人以上、300人以下死亡，或造成一定经济损失的地震；发生在人口较密集地区6.5~7.0级地震，可初判为重大地震灾害。

（3）较大地震灾害，是指造成20人以上、50人以下死亡，或造成一定经济损失的地震；发生在人口较密集地区6.0~6.5级地震，可初判为较大地震灾害。

（4）一般地震灾害，是指造成20人以下死亡，或造成一定经济损失的地震；发生在人口较密集地区5.0~6.0级地震，可初判为一般地震灾害。

汶川地震属于特别重大地震灾害。

6.1.4 地震应急响应等级

（1）应对特别重大地震灾害，启动Ⅰ级响应。由灾区所在省（区、市）人民政府领导灾区的地震应急工作；国务院抗震救灾指挥部统一组织领导、指挥和协调国家地震应急工作。

（2）应对重大地震灾害，启动Ⅱ级响应。由灾区所在省（区、市）人民政府领导灾区的地震应急工作；中国地震局在国务院领导下，组织、协调国家地震应急工作。

（3）应对较大地震灾害，启动Ⅲ级响应。在灾区所在省（区、市）人民政府的领导和支持下，由灾区所在市（地、州、盟）人民政府领导灾区的地震应急工作；中国地震局组织、协调国家地震应急工作。

（4）应对一般的地震灾害，启动Ⅳ级响应。在灾区所在省（区、市）人民政府和市（地、州、盟）人民政府的领导和支持下，由灾区所在县（市、区、旗）人民政府领导灾区的地震应急工作；中国地震局组织、协调国家地震应急工作。

如果地震灾害使灾区丧失自我恢复能力、需要上级政府支援,或者地震灾害发生在边疆地区、少数民族聚居地区和其他特殊地区,应根据需要相应提高响应级别。

对于不同的应急等级,反应不同,汶川地震应急启用了Ⅰ级应急预案。

6.1.5 紧急处置

地震灾害现场实行政府统一领导、地震部门综合协调、各部门参与的应急救援工作体制。

现场紧急处置的主要内容是:沟通汇集并及时上报信息,包括地震破坏、人员伤亡和被压埋的情况、灾民自救互救成果、救援行动进展情况;分配救援任务、划分责任区域,协调各级各类救援队伍的行动;组织查明次生灾害危害或威胁;组织采取防御措施,必要时疏散居民;组织力量消除次生灾害后果;组织协调抢修通信、交通、供水、供电等生命线设施;估计救灾需求的构成与数量规模,组织援助物资的接收与分配;组织建筑物安全鉴定工作;组织灾害损失评估工作。各级各类救援队伍要服从现场指挥部的指挥与协调。

6.1.6 人员抢救与工程抢险

中国地震局协调组织地震灾害紧急救援队开展灾区搜救工作;协调国际搜救队的救援行动。

解放军和武警部队赶赴灾区,抢救被压埋人员,进行工程抢险。

公安部门组织调动公安消防部队赶赴灾区,扑灭火灾和抢救被压埋人员。

卫生部门组织医疗救护和卫生防病队伍抢救伤员。

不同救援队伍之间要积极妥善地处理各种救援功能的衔接与相互配合;相邻队伍之间要划分责任区边界,同时关注结合部;区块内各队伍之间要协商解决道路、电力、照明、有线电话、网络、水源等现场资源的共享或分配;各队伍之间保持联系,互通有无,互相支援,遇有危险时传递警报并共同防护。

6.1.7 应急人员的安全防护

对震损建筑物能否进入、能否破拆进行危险评估;探测泄漏危险品的种类、数量、泄漏范围、浓度,评估泄漏的危害性,采取处置措施;监视余震、火灾、爆炸、放射性污染、滑坡崩塌等次生灾害、损毁高大构筑物继续坍塌的威胁和因破拆建筑物而诱发的坍塌危险,及时向救援人员发出警告,采取防范措施。

6.1.8 群众的安全防护

民政部门做好灾民的转移和安置工作。

当地政府具体制定群众疏散撤离的方式、程序的组织指挥方案,规定疏散撤离的范围、路线、避难场所和紧急情况下保护群众安全的必要防护措施。

6.1.9 次生灾害防御

公安部门协助灾区采取有效措施防止火灾发生,处置地震次生灾害事故。

水利部、国防科工、建设、信息产业、民航部门对处在灾区的易于发生次生灾害的设施采取紧急处置措施并加强监控；防止灾害扩展，减轻或消除污染危害。

环保总局加强环境的监测、控制。

国土资源部门会同建设、水利、交通等部门加强对地质灾害险情的动态监测。

发展改革、质检、安全监管部门督导和协调灾区易于发生次生灾害的地区、行业和设施采取紧急处置。

6.1.10 地震现场监测与分析预报

中国地震局向震区派出地震现场工作队伍，布设或恢复地震现场测震和前兆台站，增强震区的监测能力，协调震区与邻省的监测工作，对震区地震类型、地震趋势、短临预报提出初步判定意见。

6.1.11 社会力量动员与参与

特别重大地震灾害事件发生后，地震灾区的各级人民政府组织各方面力量抢救人员，组织基层单位和人员开展自救和互救；灾区所在的省（区、市）人民政府动员非灾区的力量，对灾区提供救助；邻近的省（区、市）人民政府根据灾情，组织和动员社会力量，对灾区提供救助；其他省（区、市）人民政府视情况开展为灾区人民捐款捐物的活动。

重大地震灾害事件发生后，地震灾区的各级人民政府组织各方面力量抢救人员，并组织基层单位和人员开展自救和互救；灾区所在的市（地、州、盟）人民政府动员非灾区的力量，对灾区提供救助；邻近灾区的市（地、州、盟）人民政府根据灾情，组织和动员社会力量，对灾区提供救助；灾区所在的省（区、市）人民政府视情况开展为灾区人民捐款捐物的活动。

6.1.12 通信

及时开通地震应急通信链路，利用公共网络、通信卫星等，实时获得地震灾害现场的情况。地震现场工作队携带海事卫星、VSAT卫星地面站等设备赶赴灾害现场，并架通通信链路，保持灾害现场与国务院抗震救灾指挥部的实时联络。灾区信息产业部门派出移动应急通信车，及时采取措施恢复地震破坏的通信线路和设备，确保灾区通信畅通。

6.2 保障措施

地震宛如一场突发的战争，保障是成功应对地震灾害的必要措施。

6.2.1 通信与信息保障

建设并完善通信网络，存储指挥部成员单位和应急救灾相关单位的通信录并定期更新。各级信息产业部门做好灾时启用应急机动通信系统的准备。

电信运营企业尽快恢复受到破坏的通信设施，保证抗震救灾通信畅通。自有通信系统的部门尽快恢复本部门受到破坏的通信设施，协助保障抗震救灾通信畅通。

6.2.2 地震救援和工程抢险装备保障

中国地震局储备必要的地震救援和工程抢险装备，建立救援资源数据库储存重点监视防御区和重点监视防御城市所拥有的云梯车、挖掘机械、起重机械、顶升设备及特种救援设备的性能、数量、存放位置等数据，并定期更新。

6.2.3 交通运输保障

铁道、交通、民航部门组织对被毁坏的铁道、公路、港口、空港和有关设施的抢险抢修；协调运力，保证应急抢险救援人员、物资的优先运输和灾民的疏散。

6.2.4 电力保障

发展改革部门指导、协调、监督灾区所在省级电力主管部门尽快恢复被破坏的电力设施和电力调度通信系统功能等，保障灾区电力供应。

6.2.5 城市基础设施抢险与应急恢复

建设部门组织力量对灾区城市中被破坏的给水排水、燃气热力、公共客货交通、市政设施进行抢排险，尽快恢复上述基础设施功能。

6.2.6 医疗卫生保障

卫生部门对灾区可能发生的传染病进行预警并采取有效措施防止和控制暴发流行；检查、监测灾区的饮用水源、食品等。

发展改革部门协调灾区所需药品、医疗器械的紧急调用。

食品药品监管部门组织、协调相关部门对灾区进行食品安全监督；对药品、医药器械的生产、流通、使用进行监督和管理。

其他部门应当配合卫生、医药部门，做好卫生防疫以及伤亡人员的抢救、处理工作，并向受灾人员提供精神、心理卫生方面的帮助。

6.2.7 治安保障

武警部队加强对首脑机关、要害部门、金融单位、救济物品集散点、储备仓库、监狱等重要目标的警戒。

公安部门、武警部队协助灾区加强治安管理和安全保卫工作，预防和打击各种违法犯罪活动，维护社会治安，维护道路交通秩序，保证抢险救灾工作顺利进行。

6.2.8 物资保障

发展改革、粮食部门调运粮食，保障灾区粮食供应。

商务部门组织实施灾区生活必需品的市场供应。

民政部门调配救济物品，保障灾民的基本生活。

6.2.9 经费保障

财政部门负责中央应急资金以及应急拨款的准备。

民政部门负责中央应急救济款的发放。

6.2.10 社会动员保障

地方人民政府建立应对突发公共事件社会动员机制。

6.2.11 紧急避难场所保障

重点地震监测防御城市和重点地震监测防御区的城市结合旧城改造和新区建设，利用城市公园、绿地、广场、体育场、停车场、学校操场和其他空地设立紧急避难场所；公共场所和家庭配置避险救生设施和应急物品。

6.2.12 呼吁与接受外援

外交、民政、商务部门按照国家有关规定呼吁国际社会提供援助。

民政部负责接受国际社会提供的紧急救助款物。

中国地震局、外交部负责接受和安排国际社会提供的紧急救援队伍。

某公益组织总会向国际对口组织发出提供救灾援助的呼吁；接受境外红十字总会和国际社会通过某公益组织总会提供的紧急救助。

6.2.13 技术储备与保障

地震应急专家队伍作为地震应急的骨干技术力量，包括各级抗震救灾指挥部技术系统和地震现场应急工作队、地震灾害紧急救援队以及后备队伍的专家群体，服务于应急指挥辅助决策、地震监测和趋势判断、地震灾害紧急救援、灾害损失评估、地震烈度考察、房屋安全鉴定。

各级抗震救灾指挥部技术系统是地震应急指挥的技术平台，综合利用自动监测、通信、计算机、遥感等高新技术，实现震情灾情快速响应、应急指挥决策、灾害损失快速评估与动态跟踪、地震趋势判断的快速反馈，保障各级人民政府在抗震救灾中进行合理调度、科学决策和准确指挥。

中国地震局各研究机构开展地震监测、地震预测、地震区划、防灾规划、应急处置技术、搜索与营救等方面的研究；中国建筑设计研究院等的有关研究机构负责建筑物抗震技术研究。

6.2.14 地震灾害调查与灾害损失评估

中国地震局开展地震烈度调查，确定发震构造，调查地震宏观异常现象、工程结构震害特征、地震社会影响和各种地震地质灾害等。

中国地震局负责会同国务院有关部门，在地方各级政府的配合下，共同开展地震灾害损失评估。

6.2.15 信息发布

信息发布要坚持实事求是、及时准确的工作原则，中国地震局、民政部按照《国家突发公共事件新闻发布应急预案》和本部门职责做好信息发布工作。

6.3 救援行动

救援阶段是专业救援队伍进行救援，72 小时之内为紧急救援阶段，72 小时之外为救助阶段。

紧急救援阶段包括搜索营救、紧急医疗救护、灾评几大部分，主要任务是：
（1）失踪人员的寻找和救出；
（2）伤亡人员的现场救治；
（3）尸体的鉴别与处理；
（4）疾病监测协助；
（5）避难场所的环境卫生管理和教育；
（6）救灾货物的分发与调配；
（7）信息传达和受灾群众的心理安抚。

救助阶段以医疗救助为主，建立流动医院，把部分伤员转移到后方医院救治。

6.4 汶川地震救援成果

汶川地震政府救援成果显著，赢得了国内外好评，根据国务院抗震救灾总指挥部资料，截至 2008 年 6 月 12 日，汶川地震救援取得了一下成果：

四川汶川地震主震区已累计监测到余震 11779 次，造成 69159 人遇难，374141 人受伤，失踪 17469 人。

全国共接收国内外社会各界捐赠款物总计 448.51 亿元，实际到账款物 429.21 亿元，已向灾区拨付捐赠款物合计 139.66 亿元。

向灾区调运的救灾帐篷共计 110.98 万顶、被子 477.20 万床、衣物 1400.95 万件、燃油 94.77 万吨、煤炭 202.46 万吨。

截至 11 日，地震灾区过渡安置房（活动板房）已安装 92500 套、正安装 27800 套、待安装 90800 套，生产地已发运 57400 套、待发运 69600 套。

截至 11 日 24 时，抢险救灾人员已累计解救和转移 1400052 人。

因地震受伤住院治疗累计 95516 人（不包括灾区病员人数），已出院 77437 人，仍有 15478 人住院，其中四川转外省市伤员仍住院 9218 人，共救治伤病员 1419542 人次。

各级政府共投入抗震救灾资金 236.07 亿元，其中中央财政投入 190.09 亿元，地方财政投入 45.98 亿元。

受损水厂 8426 座，已修复水厂 6033 座；受损供水管道累计 47642.5 公里，已修复 40154.3 公里。四川 34 处堰塞湖中，已基本排险 11 处。

公路受损里程累计 47286 公里，已修通公路 46068 公里。

工矿业企业因灾损失达 1961.3 亿元，已有 5501 个规模以上企业恢复生产，仍有 1196 个规模以上企业停工。

四川、甘肃、重庆、陕西地震灾区商贸流通和服务业网点因灾受损共计 70587 家，造成直接经济损失 325.03 亿元，已有 20051 家商业网点恢复经营。

2008 年 6 月 12 日，汶川大地震过去一个月后，震中映秀镇受灾群众恢复生活，各项安置重建工作井然有序，参见图 6-1。

图 6-1 汶川地震后新建映秀镇临时住房（摄影：李勇）

6.5 救援难题及解决方案

[救援案例 1]

最早的救援人员赶到时，立刻发现最大的困难是：缺乏大型机械和专业救援器具——留在镇上的，只有两台起重重量不到 2 吨的小型吊车。这两台车立刻被调往伤亡最严重的映秀小学。

当混凝土预制板超过起重重量时，因为没有专业破解和切割的工具，为避免救援带来的二次伤害，救援人员有时只能眼睁睁看着废墟下的生命慢慢消逝。

[救援案例 2]

乐山、德阳消防队已经到达，两辆巨型吊车，一个支撑着很可能随时坍塌的危墙，一个则不敢轻举妄动——一个小男孩压在两座高墙下的中间地带。稍有差池，孩子必定葬身废墟。消防队员们缺乏经验，局面僵持着。直到深夜，国家救援队橘红色的身影出现，孩子得以获救。当晚，他们很快又在另一个角落里发现了 11 个孩子，救活了 5 个。

图 6-2 所示为官兵在救援，绝大多数士兵是徒手作业，缺乏手套等必要的专业工具。从救援案例 1 和救援案例 2 可知，在地震救援中，面临最大的难题就是：缺乏专业人员、缺乏救援设备、缺乏救援时间。这三者是相互制约的。有人无设备是不行的，"巧妇难为无米之炊"，参见救援案例 1；有设备无专业人员也不行，吊车、切割机等设备必须专业

图6-2　汶川地震中救援（摄影：李刚）

技术人员方能使用，整个救援也必须由专业管理人员来组织方能效率最高，参见救援案例2。有了专业人员、专业设备方能以最短的时间进行救援，缩短救援时间，拯救更多的生命。

6.5.1　建设以工程建设单位为核心的专业救援队伍

在汶川地震救援中，军警发挥了非常重要的作用。从图6-2等新闻报道中可以看出仅仅具有简单设备甚至徒手的士兵难以应对毁坏的房屋；由于财力所限，国家难以维护一只庞大的专业救援队伍。

拆除房屋是生命救援中的最重要环节，占据了绝大多数的时间、人员和设备，汶川地震中许多被压埋人员已经确定其具体方位，却没有能力及时完成房屋拆除工作，无法援救人员。拆除房屋实质上属于工程加固中的一个分项，有支撑、破碎、吊装等具体工序。

我国有世界上最庞大的建筑队伍，军队、武警官兵中也有工程兵等专业建设单位，中国国家地震灾难紧急救援队就是以工程兵为基础改建而成的。工程建设单位有着良好的设备，有专业的管理人员、工程师和技术工人，平时经常协同工作，有组织、有纪律，只需要进行简单的抗震救灾培训，地震时就可以迅速投入救援工作中。

[**救援案例3**]

地震前映秀镇医院有一栋新楼正在施工，施工队有30人，都是来自四川达州的农民工。地震发生后，在第一时间冲进废墟救人、救药的，就是他们。

"地震刚过，他们就冲进还在危险中的医院大楼里，成箱成箱地往外搬运药品。如果没有他们抢出来的这些药，地震后两天内的医疗救治根本没法进行。是他们让我们挺住了这两天，直到武警部队赶来。说他们救了1000人，说少了！"映秀医院院长说。

搬运药品之余，30位农民工还分组进入一些危楼，向外抢救伤者。他们拿着铁锹棒，先向楼里喊话，如果楼里有人应声，他们就确定房间，然后拿着铁锹棒撬门撬石头。映秀人说，他们这样救出来的人不下50个人。这些农民工，一次次地爬进楼房和废墟，寻找幸存者，帮着抬伤员，拉尸体。

这支施工队伍虽然没有受过专业的救援训练，但作出了如此好的成绩，倘若经过专业救援培训之后，能够作出更好的贡献。

以军警系统中的工程建设队伍为核心建立少数的专业地震灾难紧急救援队，这支队伍平时对其他队伍进行培训,地震时负责特殊险情救援和救援组织管理。

以工程建设队伍为核心建立大规模的后备专业救援队伍,我国每一个市(县)均有多个工程公司,每一个市(县)可培训2~3支后备队伍,地震中和军警系统就近投入灾害救援。这种方式"平战结合",成本较低,具有较高的可行性。

6.5.2 以医院为核心建立抗震救灾医疗救援队伍

地震医疗救援有其特殊性,主要是骨折、软骨组织受伤、烧伤等,选择部队医院和部分专业医院或者对口科室作为抗震救灾医疗救援预备队,对医生进行必要的抗震救灾培训。

6.5.3 以灾区民众为核心建立抗震救灾救援后勤队伍

发生地震后,人员通常希望能够迅速离开该地方,躲避危险,救援人员也希望能够减少灾区民众心理创伤,把他们转移到安全地区,参见图6-3和图6-4,图6-4是汶川县映秀镇等灾区群众经过几天的跋涉,走到安全地带等待运往灾民安置点。

图6-3 灾区民众在转移(一)(摄影:唐师曾)

图6-4 灾区民众在转移(二)(摄影:郭国权)

从生命救援角度来看，这种做法浪费了大量的人力资源和救援时间，是错误的。在地震中，灾害范围大，仅靠外部的救援人员是远远不够的，当地居民熟悉环境、了解当地资源，必须充分发挥当地居民的优势，有效组织他们参加救援，成为救援队伍中最重要的一部分力量，例如灾区中的青壮年可以参与救援队伍，妇女可以做饭，提供后勤服务。

[救援案例4]

映秀镇距离汶川县城59公里，四面环山，属本次地震的极灾区，交通、通信、供电、供水等基础设施全部瘫痪，后勤物资供应极度匮乏。奉命前往映秀镇救援时，因直升机装载能力受限，国家紧急救援队救援分队本着"先工作、后生活"的原则，仅带了少量生活给养物资，后勤保障多数靠自己动手解决。没有帐篷，只好利用灾区就便器材搭建简易营地；没有水，就在废墟中找些废旧炉灶，经消毒处理后用来烧水；食物缺乏，就是在体力消耗最大的救援前三天，也只能每人每天配发一袋单兵食品和一瓶矿泉水维持。

从救援案例4可知，外地救援队伍和志愿者到灾区后，后勤等是受到严重制约，这些精锐的救援人员分出力量进行后勤保障，必然会削弱体力和浪费救援力量。组织灾区民众进行后勤支援是解决灾区人力匮乏的重要手段，将饱受打击的灾区民众投入救援中，虽然显得很残酷，但这是拯救更多同胞生命的最有效手段。

6.5.4 防灾队伍整合

整合防灾队伍，是建立反应敏捷、运行高效的防灾和危机管理机制的重要途径。一旦发生灾害，将造成极大的损失，应对这种危机，政府建立统一指挥、功能齐全、运转高效的应急管理机制。在现有的防灾各系统的基础上，充分利用现代化手段，整合社会防灾资源，形成上下贯通、资源共享、机制顺畅、专业齐全、统一协调、权威性高的应急指挥和管理机制。

[救援案例5]

东汽中学救援现场有多拨队伍施救，涉及公安武警、消防诸多部队。因为缺乏统一的调度和协调，人力和设备常得不到最佳的配合，"听谁指挥"成为问题。

大到国家救援体系建设，小到具体一个场所的救援，救灾队伍力量的整合都是必不可少的，把抗震救灾和其他灾害处理资源整合起来，灾害事件发生后，按照项目组织管理的模式进行运作管理。

具体的措施有：

（1）理顺体制，强化应急指挥中心的项目管理职责

灾害事件是具有单项性、突发性、一次性等特点，灾害事件应对实质是一个救灾领域的项目管理，在这方面军队、工程建设单位有着丰富的经验，应急指挥中心相当于一个工程的项目部，主要起到管理、统一配置人力、物力等资源。

（2）建立信息共享平台，构建一个能提供各种救灾系统的信息体系

目前有"110"、"119"等不同应急信息平台，可用现代化信息网络进行防灾资源的整合，构建各救灾信息的平台，实现资源共享。实时为灾害处理提供准确的信息。

（3）加强应急救灾队伍的建设，整合消防、工程建设力量、医院等多方面资源。

这样可建立一支强大的军民结合、平战结合的应急救援队伍，结合应急抢险开展训练。

通过以上资源的整合，切实加强应急的机制和能力建设，形成一套领导指挥有力度、结构完善、功能齐全、科学行动的应急机制，可提高应对各种突发事件和风险的能力。

6.5.5 救援的激励

在抗震救灾中，有英雄也有退缩者，有公务员、军警等公职人员，也有普通的农民、工人，怎样发挥他们的积极性，除了道德教育等方式外，建立长效的激励机制是关键因素之一。

公职救援人员的救援行为属于执行公务，可从荣誉和经济两方面进行奖励，对于有渎职行为的人员，作为惩罚，不但应该撤除其公职，甚至应该依法追究其法律责任。

对于非公职人员，如普通民众积极参与救援，可给予荣誉奖励，更应该给予较高的经济奖励，如映秀镇中的建筑工人抢救了将近 50 人，这些可敬可爱的人和我们一样不是圣人，他们需要钱、需要社会承认，经济奖励对他们而言比荣誉奖励可能更能解决他们的实际问题。

见义勇为的人少了，并非人心不古，而是激励机制出现了问题，英雄流血又流泪的事件时有发生，缺乏完善的保障机制和奖励机制，必然会引起见义勇为的数量减少。抗震救灾也是一样，只有正确地利用经济奖励和荣誉奖励多种激励手段，才能使更多的人员投身到互救和救援中去，救活更多的生命。

6.6 美国应急管理体制

协调美国庞大应急管理体系是法制、体制和机制。

法制上，美国 1976 年就通过了《全国紧急状态法》，对紧急状态的过程、期限以及权力，都有详细规定。比如，紧急状态期间，总统可颁布一些法规，还可对外汇进行管制。除《全国紧急状态法》总体法案外，还有地震、洪灾、建筑物安全等相关问题的专项法案。"9·11"事件之后，又有了《使用军事力量授权法》、《航空运输安全法》、《国土安全法》等相关法律，形成了一个体系。

体制上，美国实行联邦政府、州和地方的三级反应机制。联邦紧急事务管理局（FEMA）是联邦政府应急管理的核心协调决策机构，2003 年 3 月被划拨给新成立的国土安全部，其下属的紧急事务预备与应对办公室，就有约 2500 名专职雇员和 5000 名后备人员。

机制上，联邦紧急事务管理局（FEMA）、商务部、国防部等 27 个部门及机构在 1992 年签署了《联邦紧急反应计划》，综合了各联邦机构预防、应对突发紧急事件的措施，通过全国突发事件管理系统，为各州和地方政府应对恐怖袭击、灾难事故和其他突发事件提供指导。

6.6.1 组织结构和功能

美国政府紧急事务管理实行的是总统领导下国土安全部联邦紧急事务管理局统一指挥协调的体制，其组织体系参见图 6-5。

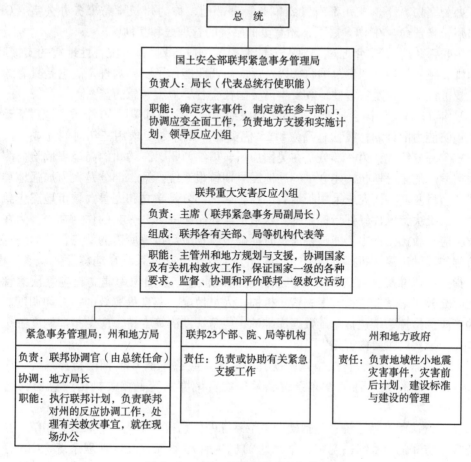

图6-5 FEMA的应急管理组织体系

美国国土安全部联邦紧急事务管理局（FEMA）的工作主要是改善国家的防备及加强各种类型应急反应的能力，全面负责国家的减灾规划与实施。其职责包括：在国家遭受攻击时协调应急工作；在国家安全遭受危险的紧急时期保障政府功能的连续性和协调资源的动员工作；在灾害规划、预防、减轻、反应和恢复行动的各阶段全面支持州和地方政府；在总统宣布的灾害和紧急事件中协调联邦政府的援助；促进有关灾害破坏效应的研究成果的实际应用；和平时期出现放射性污染事件时的应急民防协调工作；提供培训、教育与实习机会，加强联邦、州与地方应急官员的职业训练；减轻国家遭受火灾的损失；实施国家火灾保险计划中的保险，减轻火灾损失及其危险评估工作；负责执行地震灾害减轻计划；领导国家应急食品和防洪委员会；实施有关灾害天气应急和家庭安全的社会公众教育计划等。美国FEMA又根据美国政府管理部门分担的紧急突发事件反应的职责，把美国划分成十个应急管理区。这些应急事务管理区是联邦紧急事务管理局的派出机构，其职能就是联邦政府规定的职责。这些地区的州政府设置应急管理办公室，经管负责洪水、飓风、火山喷发、地质滑坡等灾害及人为技术灾害的协调、管理、应急反应与救援、教育培训、现场工作的全面管理。每个办公室也都有内定的灾种和界定重点防灾区，其标准有灾种和灾害统计，社会管理特点、生态或古迹保护、基础设施和人口、财产的分布等。在区域紧急事务管理办公室协调下，各州都有紧急事务管理部门，称为州长紧急事务办公室（OES），主任由州长来任命。在 OES 之下，还有更低层次的管理区和互助区。

美国联邦政府 1987 年通过"对灾害性地震的反应计划"，对灾害性地震的支援政策、实施原则、组织机构的职责范围防御以及反应协调职能作了明确的规定。它是具有约束力的政府规范性文件，是灾害性地震发生后美国社会各界地震应急的蓝图。

2004 年 11 月美国国会批准了 FEMA 组织编制的一个提升美国 10 个重点地震活动监测区地震预防能力的计划，拨款总额为 8.25 亿美元。该计划要求用三年时间完成。该计划主要由三个部分组成：第一部分是在美国加州、田纳西州、纽约州的高地震危险监测区和中等地震危险的堪萨斯州，建立试验性地震早期警报系统。第二部分是大力加强地震灾害减轻研究项目及其将研究成果用于地震工程。第三部分是建立和完善大城市地震应急响应的全功能人机决策软件硬件指挥系统。这里重点介绍第三部分，它的作用在于，为在突发地震灾害应急救援工作中，能够快速及时准确地收集应急指挥所需的信息，并为应急救援提供科学的辅助决策与指挥调度支持。因此要求这个全功能系统在地震发生发展过程中，其应急指挥部能够及时掌握所出现的各种情况，通过专家知识库建立起应急预案管理系统，同时充分了解掌握应急救援物资、机构、人员情况，实现最有效的指挥和调度。这样的全功能应急指挥系统包括基础数据库维护、应急辅助决策支持、应急指挥调度三个主要层次。三个层次的主要内容是：

（1）应急指挥调度：包括指挥调度会商系统、应急车辆 GPS 调度指挥系统、应急避险管理系统、事件紧急通知发布系统、紧急物资调度系统、相关机构应急协调管理系统等。

（2）辅助决策支持系统：包括辅助决策系统的信息报送系统、专家预警系统、预案启动与切换、物资调动系统；灾害评估系统的机构管理系统、人员管理系统、GIS 分析系统、法律法规查询系统。

（3）数据维护系统：包括专家库、预案方法库、相关单位库、重要物资库、业务数据库。

6.6.2 应急管理体系的主要作用

应急管理体系是一个从中央到地方，统合政、军、警、消防、医疗、民间组织及市民等一体化指挥、调度，并能够动员一切资源进行法治管理的体系。美国的这种灾害危机管理体系主要通过对政府、非政府以及危机信息等方面进行规范，来实现灾害危机管理的目的。

1. 规范政府行为

在美国的灾害危机管理中，政府主要发挥提供法律和协调灾害危机管理主体间关系的作用。

首先，通过法律规范灾害危机管理主体职责并保证它们运转。美国的紧急状态管理法对政府功能的定位是指挥系统、危机处理和全民动员。除此之外，对公共部门如警察、消防、气象、医疗和军方也作了具体的规范。如军方是动员国防部搜救中心，将受过各种特种训练的官兵投入第一线的救灾工作，投入通信交通资源，打通灾区的对外联系渠道，提供军事医疗资源，成立野战医院，就地救助伤者，争取救治时效，调集粮食，迅速安顿灾民。警察消防进行第一时间的搜救,维护灾区的通信、治安、严防趁火打劫,动员义警、义交警实施交通与道路管制。通过法律,既规范了政府和公共部门在危机中的职能,又保证了秩序和机构的自运转。

2. 协调管理主体间关系

在统一的政府指挥体系下,进行人力、物力及财力有效协调,使损失与危害状况降到最低。美国危机管理体系分为联邦与州两级制,这与美国中央(联邦)与地方(州)政治分权体制有关。当灾难发生时,FEMA 必须有充分的设备、人员及时待命。当危机的严重性超出地方处理能力时,州可请求总统与联邦支持,依据史丹福法案(Robert T. Stafford Act)编列特别经费,经 FEMA 评估鉴定后,由总统宣布为国家级危机。FEMA 将就危机状况做出决策,编组联邦救援团队,协调相关部门,提供救灾资源,随时通告大众化灾情变化,并在应变救灾的同时,规划修正未来防灾方向及策略。

规范非政府组织以及市民参与危机管理。建立非政府组织以及市民参与的危机管理社会网络。如以市民和所在社区为单位组织民间自主救援团体,建立民间社区灾难联防体系,并动员民间慈善团体和民间宗教系统一起建立危机管理非政府组织网络。

3. 开展危机自救

建立训练装备较佳的紧急自救队伍,并对他们每年进行数天或数周的实战演练,使人们熟悉各种危机状况。

动员全民参与危机管理。美国危机管理是由 FEMA、联邦部会、州政府、地方县市、志愿义务组织、民间团体、私人企业等组成,但 FEMA 更强调全民的参与。在个人层面,FEMA 特别强调个人对灾难的认识,提供基本应急常识、协助设计家庭应急计划、购买合适的灾难保险(洪水、地震等),并呼吁灾害时对老弱病残的扶助等。在社会层面,建立完善的捐募系统,让有心投入救灾赈灾的社会各阶层人士可以方便地找到捐赠途径,以有效汇集救灾资源,并将赈灾物质及时送达灾民手中,同时对救灾资源作最有效的统筹分配。

规范危机信息工作。美国对灾情汇集、灾情研判、救援指挥,乃至个人亲友安危等信息系统作了具体的规定,由于危机往往伴随商业通信系统失灵,FEMA 便与联勤总部(Joint Chief of Staffs)达成特别协议,以全套电子化的波音 747 飞机为空中指挥通信中心。同时,开发提供各种计算机软件,并积极运用信息网络等最新科技,评估预测灾害损失。此外,还强化对危机的研究,加强危机中媒体的导向作用等。

美国的灾害应急管理是建立在国家联邦政府和州政府两级管理基础之上的。面对特别重大的突发性灾害,联邦政府在应急救援中发挥着主导作用;但在一般性灾害事件上,地方政府完全能够发挥自身能力减轻灾害,特别是地方通过立法设立的减灾防御措施发挥关键的作用。在以紧急状态法要求和危机管理责任为指导思想部署防御、抗灾、应急救援、灾后重建各方面工作中,地方政府的作用都是无法替代的。同时,美国建立的应急责任共担机制也在应急救援中发挥主要作用。

6.7　日本应急救灾

由于地处环太平洋地震带之上,岛国日本是一个名副其实的"地震大国"。据日本内阁府统计，世界上每 5 次地震中就有 1 次发生在日本周边。从 1994 年到 2003 年，全世界共发生过 960 次 6 级以上地震，其中的 220 次即 22.9% 发生在日本。

日本人民对于频频发生的地震并没有怨天尤人，而是制定出一套相对比较成熟的防震救灾体制，他们相信"有备无患"，只要进行精心细致的准备，就可以将地震带来的损失降到最低，就可以在地震发生后尽快进行有效的救援并帮助受灾地区尽早恢复正常的生产和生活。

6.7.1 健全的法律体系

在日本，从地震的预测到防震的准备，从救灾活动到灾后重建都有相应的法律法规，使得与防震救灾有关的一切活动都可以根据法律的规定按部就班地进行。日本有关防震救灾的一部最基本的法律就是于 1961 年开始实施的《灾害对策基本法》，该法律的内容涵盖防灾组织、防灾计划、灾害预防、灾害应急对策以及灾后重建等各个领域，确立了中央和地方政府以及其他公共组织关于地震等灾害预防的必要体制，明确了这些组织的责任，规定了在进行制定防灾计划、灾害预防、灾害应急对策以及灾后重建时实施的财政金融措施以及其他必要的灾害对策的基本措施，全方位、有计划地推进了日本的防灾行政。

在《灾害对策基本法》之后，日本还相继制定了《大规模地震对策特别措置法》、《在地震防灾对策强化区域与地震对策紧急整备事业相关的国家财政上的特别措置法》(简称《地震财特法》)以及《地震防灾对策特别措置法》等一系列法律法规。《大规模地震对策特别措置法》规定要强化观测和测量体制从而进一步完善地震预测工作，规定各单位要事先做好警报发出后的人员避难计划等准备工作。《地震防灾对策特别措置法》则对建设避难地点、避难路径以及消防设施等进行了全方位的规划，还规定要设立地震调查研究推进本部，推进与地震相关的观测、测量、调查和研究。

除了这些与整体防震救灾工作相关的法律，日本还专门就一些发生地震的可能性较大的地区制定了特定的法律，如《关于推进东南海·南海地震防灾对策的特别措置法》以及《关于推进日本海沟·千岛海沟周边海沟型体针防灾对策的特别措置法》等。

6.7.2 灾害重建有章可循

防震救灾有一系列法律法规，灾后重建在日本同样有章可循。对于受灾民众以及受灾地区的援助体系主要包括经济和生活方面、住宅的修补或重建、对中小企业以及个体经营者的援助以及对于地区整体规划的援助等。这些援助制度都规定得非常详细，设定了灾害发生后可能出现的各种情况并有针对性地提出了援助措施。例如在生活方面，家庭成员在地震中遇难可以获得一笔"灾害抚恤金"，遇难者为家庭主要经济来源时，抚恤金额度在 500 万日元以内，遇难者为其他一般家庭成员时，抚恤金额度在 250 万日元之内。如果家庭成员在震灾中致残，则会收到 250 万日元以内不同额度的"灾害残废慰问金"。如果在地震中没有出现人员伤亡，但眼前的生活出现困难，则可以根据"受灾者生活再建制度"申请灾害援助资金或是一系列低息贷款。孩子上学可以申请减免书本费以及高中的学费（中小学为义务教育）。此外，在纳税或支付保险费甚至是电视收看费等方面都可以申请特别的优惠措施。而对于在地震中受损或毁坏的房屋，日本也制定了相应的援助制度。根据房屋受损的程度以及本人的意愿，受灾者可以申请专门的贷款对住房进行重建或是修补，也可以申请入住政府提供的公众住宅。

6.7.3　各级政府高度重视

日本政府从国家安全、社会治安、自然灾害等不同的方面建立了危机管理体制，负责全国的危机管理。内阁总理是危机管理的最高指挥官。内阁官方负责同各个政府部门进行整体协调和联络，并通过安全保障会议、内阁会议、中央防灾会议等决策机构制定危机对策，由警察厅、防卫厅、海上保安厅和消防厅等部门根据具体情况进行配合实施。

日本政府在首相官邸的地下一层建立了全国"危机管理中心"，指挥应对包括战争在内的所有危机。在日本许多政府部门都设有负责危机管理的处室。一旦发生紧急事态，一般都要根据内阁会议决议成立对策本部，如果是比较重大的问题或事态，还要由内阁总理亲任本部长，坐镇指挥。

日本还设有以内阁总理大臣为会长的"中央防灾会议"，负责应对全国的自然灾害。成员除了内阁总理和负责防灾的国土交通大臣之外，还有其他内阁成员以及公共机构的负责人、有识之士组成。"中央防灾会议"将灾害对策职能转到内阁直属机关，这样就可以更灵活地采取对策处理危机。

日本近年成立了"防灾省"，建立了从中央到地方的防灾减灾信息系统及应急反应系统，注重现代科学技术在安全减灾中的应用。

早在1960年，日本政府就将每年9月1日定为"防灾日"。每到这一天，人们除了悼念1923年9月1日关东大地震中的10多万死难者之外，还进行各种防震教育和避难演习。除了"防灾日"，日本政府还将8月30日~9月5日定为"防灾周"，进一步加强国民抗震防灾的意识。

由于人类无法阻止地震等自然灾害的发生，因此最好的防震工作就是建立一个不怕地震的社会。日本政府目前最重视的工作就是加强建筑物的抗震性能，日本国民基本可以免费对自家的住宅进行抗震性能测定。政府积极鼓励抗震性不达标的民众采取措施并制定了相应的补助措施。对于一些实在没有经济能力修补住宅的民众，政府则建议他们对卧室或者哪怕是床的周围进行加固。日本政府最重视的是加强学校和医院的抗震性能，因为学校是地震发生后人们避难的场所，医院则是救助伤员的场所，如果这些防震救灾的据点的安全得不到保障，那么就无从开展迅速有效的救灾工作。

6.7.4　自助和共助重于公助

防震救灾最关键的还是国民个人的努力以及地区内民众的相互帮助，个人的自助和地区的共助比国家提供的公助更重要。因为在地震发生之后，由于受灾地区的通信系统和交通运输中断，中央政府往往很难了解灾区的实际情况，外部救援人员一般都需要花费一定的时间才能够赶赴灾区。如果，每户居民的房屋都很结实，房间内也储备了数日的应急食品和药品。如果工厂和学校平常都进行了充分的防灾演习和避难训练，那么地震就不会造成大规模的人员伤亡。如果一个地区的居民能够在地震发生之后相互展开救助，在第一时间挖掘出被埋在废墟中的邻居或是对伤员进行急救，那也可以大大减少地震造成的死伤。在1995年的阪神大地震中，大多数生还者是被当地民众而非后来赶到的专业救援人员从废墟中救出的。为了避免地震后通往灾区的道路堵塞，日本政府鼓励每一户居民在家中储备3天用的食品和饮用水，对于各地前往灾区参加救援活动的志愿者也有具体的规定和指导。

日本国民的防灾意识并非与生俱来，也不是在一两天之内形成的。尽管历史上曾发生过死亡10多万人的关东大地震，但现代日本国民的防震意识真正得到提高的，是在1995年阪神大地震之后。此次地震造成5万多人死伤，建筑物和道路等基础设施受到严重损毁，此次地震使日本国民看到了地震的巨大破坏力，大家开始认识到政府平常发出的预防地震的呼吁并不是杞人忧天。从那之后，日本民众开始重视自己的住宅是否具备足够的抗震性能，自家的家具是否都被牢牢固定在墙上，床边有没有摆放防灾背包，里面是否装有足够的食品饮料以及手电、口哨、收音机等必要的求生物品。

在应对地震灾害方面，日本人首先做到了"有备"，从而实现了"无患"。

6.8 英国、德国、俄罗斯国家应急管理体制

6.8.1 英国应急管理体制

英国政府于2001年设立了非军事意外事件秘书处，作为内阁办公室的一部分，具体担任协调政府部门、非政府部门和志愿人员的紧急救援活动。通过内阁办公室的安全和情报协调官员向首相汇报情况。该秘书处下设3个具体职能部门，包括评估部、行动部和政策部。评估部负责全面评估可能和已经发生的灾难的程度和规模以及影响范围，发布信息；行动部负责制定和审议应急计划，确保中央政府作好充分准备有效应对各类意外事件和危机；政策部参与制定后果管理政策，并通过与政府各部磋商起草计划设想和全国性标准。

英国还有许多民间的应急组织，例如紧急事件计划协会，是一家参与任何形式的危机、紧急事件或灾难规划和管理人员的专业性机构，拥有来自各个不同行业的1400名会员，包括各级政府、工业、公共设施、紧急救助服务、志愿者、教育机构、法律和独立咨询等行业的专业人员。

6.8.2 德国应急管理体制

在德国，自然灾害与工业事故、传染病疫情等同属灾害范畴。联邦内政部下属的居民保护与灾害救助局专门负责重大灾害的协调管理职能，目的是将公民保护和灾害预防结合起来，从组织机构上把公民保护提升为国家安全系统的支柱之一。居民保护与灾害救助局成立于2004年5月，下设危机管理中心，包括联邦和州"共同报告和形势中心"、德国危机预防信息系统、居民信息服务等多个机构。该局预防灾害的主导思想是联邦和各州共同承担责任，共同应对和解决异常的危险和灾害。其中，联邦和州"共同报告和形势中心"是危机管理中心的中枢，负责优化跨州和跨组织的信息资源管理，改善联邦各部门之间、联邦与各州之间，以及德国与各国际组织间在灾害预防领域的合作；德国"危机预防信息系统"是一个开放的互联网平台，集中向人们提供各种危机情况下如何采取防护措施的信息；居民信息服务是危机管理的一项重要服务。一方面作为预防，公民应该得到有关救援系统、公民保护以及危机情况下的自我保护的信息。另一方面，也必须考虑到公民在危机

情况下的信息需求。居民信息服务的途径和手段包括：宣传手册、互联网、展览以及热线服务。

德国拥有一整套较为完备的灾害预防及控制体系。事实上，德国的灾害预防机制是由多个担负不同任务的机构有机组成的。在发生疫情以及水灾、火灾等自然灾害时，各部门依法行事，各司其职。例如，抢险救灾工作由德国各州的内政部负责。一旦发生洪灾，首先由消防队员和警察参加抢险。各州抢险力量不足时，可向国家内政部提出申请，经德国总统批准后调联邦国防军参加抢险救灾。救灾所需的经费，主要由保险公司、红十字会、教会和慈善机构承担，联邦政府承担的部分相当有限。

此外，德国技术援助网络等专业机构也在有效应对灾害的过程中发挥了十分重要的作用。以提供各种技术援助为主要任务的德国技术援助网络，其职能是：应地方灾害防治部门的请求，在救灾需要专业知识及大量技术装备时，依靠其所拥有的技术和人员的专业知识与技能，从危险环境中拯救人和动物的生命，抢救各种重要的物品，以尽可能减少灾害所造成的损失。在德国发生较大规模的灾害时，人们均可以见到其工作人员活跃的身影。

6.8.3 俄罗斯应急管理体制

俄罗斯在应对各种突发事件方面积累了丰富经验。1994年1月，成立俄联邦民防、紧急情况与消除自然灾害后果部，简称紧急情况部。该部负责俄罗斯的民防事业和制定国家紧急情况下的处理措施，负责向国民宣传并教育国民如何处理紧急情况，在发生紧急情况时向受害者提供紧急救助。其处理的紧急情况包括：人为和自然因素造成的灾难。此外，国内发生流行性疾病也属于紧急情况部管理的范围。该部还对牲畜和农作物发生的疾病施行救助。

紧急情况部于1995年成立了下属的紧急情况保险公司，在发生紧急情况时向国民提供保险服务。1997年该部成立下属的紧急情况监测和预测机构，对可能发生的紧急情况进行预测并采取预防措施。可以说，这个部门的成立很大程度上保证了本国居民的安全，为正常的生产和生活提供了保障。

完善的法律、法规是俄应急机制的重要保障。俄联邦与1994年通过了《关于保护居民和领土免遭自然和人为灾害法》，对在俄生活的各国公民，包括无国籍人员提供旨在免受自然和人为灾害影响的法律保护。1995年7月通过了《事故救援机构和救援人员地位法》。在发生紧急情况时，联邦政府可借助该法律协调国家各机构与地方自治机关、企业、组织及其他法人之间的工作，规定了救援人员的救援权利和责任等。这一系列法律、法规和机构的设立，有力地保障了俄罗斯在遇到紧急问题时，能够有良好、畅通的渠道对事故进行处理。

6.9 地震史话

6.9.1 搜救犬

犬对气味的辨别能力比人高出百万倍，听力是人的18倍，不仅视野广阔，还有在光线微弱条件下视物的能力，是国际上普遍认为搜救效果最好的"专家"。2001年4月"中国国际救援队"成立，专门成立了搜索犬分队。

很多品种的狗都有能力训练成为救援犬，原则上只要体型不是特别小的或者特别大的犬，有一个好鼻子，有好奇心，工作热情，有耐力，并且有很好的适应性，通常出身猎犬家族的犬具备救援犬的潜质。

历史上最著名的一只搜救犬名叫"白瑞"，一生中共成功地挽救了40多人的性命，不幸于1814年被误认为狼而被射死。汶川地震中搜救犬成绩显赫，在都江堰抢险的北京军区某工兵团在废墟中救出38名幸存者，全部是由搜救犬定位后救出的，其中8名被埋在深层的幸存者是搜救犬率先发现的，云南消防总队的搜救犬在10天9夜的救援中，准确搜索定位被埋压人员206人，其中6名幸存者被成功救出，同时还完成了警戒、排爆等其他任务。

6.9.2 生命探测仪

现在有三种生命探测仪：光学生命探测仪、热红外生命探测仪和声波生命探测仪。

光学生命探测仪俗称"蛇眼"，利用光反射进行生命探测。仪器的主体呈管状非常柔韧，能在瓦砾堆中自由扭动。仪器前面有细小的探头，可深入极微小的缝隙探测，类似摄像仪器，将信息传送回来，救援队员利用观察器就可以把瓦砾深处的情况看得清清楚楚。热红外生命探测仪则具有夜视功能，它的原理是通过感知温度差异来判断不同的目标，在黑暗中也可照常工作。声波生命探测仪振，能探寻微弱声音，即便被埋者被困在一块相当严实的大面积水泥楼板下，只要心脏还有微弱的颤动，探测仪也能感觉出来。

6.10 重点问题与解答

1. 汶川地震救援面临的困难是什么？

通信、交通、设备、专业人员、医疗、后勤。

2. 汶川地震救援队伍由哪些人组成？

军队、医疗人员。

3. 汶川地震救援急需哪些设备、物质？

拆除机械、食品、帐篷、药品。

4. 汶川地震救援你做了哪些工作？效果如何？存在哪些不足？如何进一步提高效率？

请自己思考并回答。

5. 汶川地震救援中央政府相关机构和相关人员做了哪些工作？效果如何？存在哪些不足？如何进一步提高效率？

请自己思考并回答。

6. 汶川地震救援地方政府相关机构和相关人员做了哪些工作？效果如何？存在哪些不足？如何进一步提高效率？

请自己思考并回答。

7. 汶川地震救援地方政府相关机构和相关人员做了哪些工作？效果如何？存在哪些不足？如何进一步提高效率？

请自己思考并回答。

8. 汶川地震救援某公益组织等公益机构做了哪些工作？效果如何？存在哪些不足？如何进一步提高效率？

请自己思考并回答。

9. 日本、美国等其他国家怎样进行紧急救援的？哪些是值得我们学习的？

自己思考他们的优点和缺点，判断哪些值得我们学习。

第7章 地震灾害重建

灾后恢复重建工作是一项系统复杂的工作，需要政府、民众、公益组织、工程建设单位统一协调，各尽其责，共同协作才能做好。灾后重建主要包括2个阶段，第一个阶段是过渡性建设，主要包括过渡性建设、心理治疗、赈灾措施、资源协调等事情；第二个阶段是恢复性建设，主要包括：经济建设、社会建设、制度建设等，使得灾区社会、经济、心理正常化，时间约在地震灾后6个月~5年。本节重点讲述过渡性建设和恢复性建设阶段，可参阅9.6节。

7.1 过渡性建设

第一阶段是过渡性建设，主要包括：临时安置、灾害评估、心理治疗、赈灾措施、资源协调等事情，是紧急救援的后续，也是恢复性建设的基础，主要是解决灾区民众暂时困难，迅速恢复社会秩序，时间约在地震灾害后的6个月内。

7.1.1 建设原则

1. 灾区民众自力更生与国家支持相结合；
2. 政府主导与社会参与相结合；
3. 重建资源配置以市场为主导，计划管制为辅助。

唐山地震、丽江地震中灾区民众的自我建设发挥了极大的作用。在灾区重建阶段，政府可以起到主导作用，甚至在特殊状况下，政府直接配置资源，但是要尽快地缩短该期限，过渡到以市场配置为主，计划管制配置资源为辅。

地震具有突发性，紧急救援阶段为紧急状态，以拯救人员性命为核心，必须采用临时性应急管制。但是，当地震灾害进入重建阶段，实质上是一个经济建设和社会建设问题，市场经济有其特有的优势，这已经为无数的实践证明，我国宪法也规定我国是社会主义市场经济，救灾尽管有其特殊性，特殊主要特殊在生命救援阶段，到了重建阶段，其与其他经济建设无本质区别。

在重建中，政府手段是有缺陷的，例如：由于信息不够充分，救灾物资的配置不够合理分配，当时间较长以后，对价格的管制可能会产生负面影响，由于没有合理的价格信号，短缺的物资反而不能更多地运至灾区。

应该把政府行政管制手段使用的时间和区域控制在一定范围内，例如在灾害发生的最初几天，在因交通和通信中断而导致市场运转中断的地区，采用政府手段；一旦灾民转移到安全且市场开始正常运转，就可以考虑采用市场手段，如：由政府向灾民直接发放救济款，灾民自己购买日用必需品。这样既可提高救济物资的使用效率，切实满足灾民的实际需求，也可减少救灾过程中的贪污、浪费现象。

7.1.2 具体措施

1. 灾区民众

（1）尽快为灾区民众恢复财产

经过30多年的改革开放，中国人民绝大多数已经成为有财产的人，与30多年前的唐山大地震相比，我国的经济制度已经发生了巨大变化，从计划经济转变为市场经济，从全面的公有制社会转变为以公有制为主多种所有制并存的社会。人们的收入形式是多方面的，不但有劳动所得，还有资产所得。灾区民众积累了大量的财产，这些财产在地震灾害受到严重损失，部分化为乌有，部分财产凭证也被毁弃，但是许多财产价值仍然存在，如土地使用权、银行存款、公司股票、政府债券等。这些财产是灾区民众通过血汗积累的，来之不易，地震已经夺走了他们的亲人、房子等，不能使他们余下的财产也被剥夺，应该凭借身份证等有效证件，通过登记和核实等程序恢复他们的财产。

（2）为灾区具有劳动能力的民众提供就业机会

尽管有大量财政资金和捐款，灾区民众可暂时无衣食之忧，但他们不可能长期待在地震棚里处于一种"失业"状态，这样对他们无论在经济上还是精神上都没好处。对他们最好的帮助，就是在灾区基本安全，交通通信基本恢复的情况下，尽快恢复灾区的正常经济秩序，使灾区经济重新运转起来，使灾民重新就业，获得收入。这即有利于灾区人民的经济、心理恢复，也会减轻政府的财政压力。

（3）对部分灾区民众进行安置，尽可能地以救济款方式直接把补助发给灾区民众

应当根据地震灾区的实际情况，对部分无劳动能力的灾民采取就地安置与异地安置，集中安置与分散安置，政府安置与投亲靠友、自行安置相结合的方式。通过信用卡等方式把救济款直接发放到灾区民众手中，使其最大限度地满足灾区民众的切身需求。

2. 多方面、多层次地解决过渡性住宿

过渡性安置地点应当选在交通条件便利、方便受灾群众恢复生产和生活的区域，并避开地震活动断层和可能发生洪灾、山体滑坡和崩塌、泥石流、地面塌陷、雷击等灾害的区域以及生产、储存易燃易爆危险品的工厂、仓库。应当占用废弃地、空旷地，尽量不占用或者少占用农田，并避免对自然保护区、饮用水水源保护区以及生态脆弱区域造成破坏。

各级政府可根据实际条件，因地制宜，为灾区群众安排临时住所。临时住所可以采用帐篷、篷布房，有条件的也可以采用简易住房、活动板房。安排临时住所确实存在困难的，可以将学校操场和经安全鉴定的体育场馆等作为临时避难场所。积极鼓励地震灾区农村居民自行筹建符合安全要求的临时住所，并予以补助。

过渡性安置地点应当配套建设水、电、道路等基础设施，并按比例配备学校、医疗点、集中供水点、公共卫生间、垃圾收集点、日常用品供应点、少数民族特需品供应点以及必要的文化宣传设施等配套公共服务设施，确保受灾群众的基本生活需要。

过渡性安置地点的规模应当适度，并安装必要的防雷设施和预留必要的消防应急通道，配备相应的消防设施，防范火灾和雷击灾害发生。

活动板房应当优先用于重灾区和需要异地安置的重灾户，特别是遇难者家庭、孕妇、婴幼儿、孤儿、孤老、残疾人员以及学校、医疗点等公共服务设施。

用于过渡性安置的物资应当保证质量安全。生产单位应当确保帐篷、篷布房的产品质量。建设单位、生产单位应当采用质量合格的建筑材料，确保简易住房、活动板房的安全质量和抗震性能。临时住所应当具备防火、防风、防雨等功能。

过渡性安置地点所在地应当组织有关部门加强次生灾害、饮用水水质、食品卫生、疫情的监测和流行病学调查以及环境卫生整治。使用的消毒剂、清洗剂应当符合环境保护要求，避免对土壤、水资源、环境等造成污染。

3. 恢复生产

地震灾区的政府应当组织受灾群众和企业开展生产自救，积极恢复生产，并做好受灾群众的心理援助工作。

应当及时组织修复毁损的农业生产设施，开展抢种抢收，提供农业生产技术指导，保障农业投入品和农业机械设备的供应。

应当优先组织供电、供水、供气等企业恢复生产，并对大型骨干企业恢复生产提供支持，为全面恢复工业、服务业生产经营提供条件。

4. 恢复治安和稳定

公检法系统应当加强治安管理，及时惩处违法行为，维护正常的社会秩序。

受灾群众应当在过渡性安置地点所在地的县、乡（镇）人民政府组织下，建立治安、消防联队，开展治安、消防巡查等自防自救工作。

7.2 恢复性建设

第二阶段是恢复性建设，主要包括：经济建设、社会建设、制度建设等，使得灾区社会、经济、心理正常化，如：厂矿正常生产、建设路桥、学校等公共建筑、建设住宅等，政府恢复正常运转，灾区民众心理伤害得到恢复等。

7.2.1 建设原则

1. 灾区民众自力更生与国家支持相结合；
2. 政府引导，社会为主的建设模式；
3. 经济社会发展与生态环境资源保护相结合；
4. 确保质量与注重效率相结合；
5. 重建资源配置以市场为主。

这个阶段，灾区民众经过过渡性建设已经初步稳定下来，更是应该以市场经济手段为调配资源的主要方法，这样才能有效地确保质量和注重效率，政府应该逐渐退出直接建设领域。灾区建设最终要靠灾区民众，要充分发挥灾区的比较优势，积极提供税收、财政优惠政策，提供外出就业机会，从而实现综合性的快速恢复。

7.2.2 调查评估

灾害评估是决策的基础，首先应该对灾区进行评估。

政府有关部门应当组织开展地震灾害调查评估工作，为编制地震灾后恢复重建规划提供依据。地震灾害调查评估应当采用全面调查评估、实地调查评估、综合评估的方法,确保数据资料的真实性、准确性、及时性和评估结论的可靠性。地震灾害调查评估应当包括下列事项:

(1) 城镇和乡村受损程度和数量;

(2) 人员伤亡情况,房屋破坏程度和数量,基础设施、公共服务设施、工农业生产设施与商贸流通设施受损程度和数量,农用地毁损程度和数量等;

(3) 需要安置人口的数量,需要救助的伤残人员数量,需要帮助的孤寡老人及未成年人的数量,需要提供的房屋数量,需要恢复重建的基础设施和公共服务设施,需要恢复重建的生产设施,需要整理和复垦的农用地等;

(4) 环境污染、生态损害以及自然和历史文化遗产毁损等情况;

(5) 资源环境承载能力以及地质灾害、地震次生灾害和隐患等情况;

(6) 水文地质、工程地质、环境地质、地形地貌以及河势和水文情势、重大水利水电工程的受影响情况;

(7) 突发公共卫生事件及其隐患;

(8) 编制地震灾后恢复重建规划需要调查评估的其他事项。

(9) 政府应当依据各自职责分工组织有关部门和专家,对毁损严重的水利、道路、电力等基础设施,学校等公共服务设施以及其他建设工程进行工程质量和抗震性能鉴定,保存有关资料和样本,并开展地震活动对相关建设工程破坏机理的调查评估,为改进建设工程抗震设计规范和工程建设标准、采取抗震设防措施提供科学依据。

(10) 地震部门、地震监测台网应当收集、保存地震前、地震中、地震后的所有资料和信息,并建立完整的档案。地震工作主管部门应当根据地震地质、地震活动特性的研究成果和地震烈度分布情况,对地震动参数区划图进行复核,为编制地震灾后恢复重建规划和进行建设工程抗震设防提供依据。

地震灾害调查评估报告应当及时上报。

7.2.3 重建规划

地震灾区重建,规划是第一步工作,地震灾害使灾区夷为平地,是一个庞大的重建工程,另一方面也可摆脱历史包袱,遵循自然和经济规律,重新定位,充分发挥自己的比较优势,丽江地震后,开发旅游资源,成为著名的旅游城市。

1. 灾区重建要放到国家区域发展的整体战略中定位

国家在"十一五规划纲要"对区域协调发展有着特别的强调,这是发展区域经济的关键。

根据资源环境承载能力、现有开发密度和发展潜力,统筹考虑未来我国人口分布、经济布局、国土利用和城镇化格局,国家把国土空间划分为优化开发、重点开发、限制开发和禁止开发四类主体功能区。

优化开发区域是指国土开发密度已经较高、资源环境承载能力开始减弱的区域。需要改变依靠大量占用土地、大量消耗资源和大量排放污染实现经济较快增长的模式,把提高增长质量和效益放在首位,提升参与全球分工与竞争的层次,继续成为带动全国经济社会发展的龙头和我国参与经济全球化的主体区域。

重点开发区域是指资源环境承载能力较强、经济和人口集聚条件较好的区域。需要充实基础设施,改善投资创业环境,促进产业集群发展,壮大经济规模,加快工业化和城镇化,承接优化开发区域的产业转移,承接限制开发区域和禁止开发区域的人口转移,逐步成为支撑全国经济发展和人口集聚的重要载体。

限制开发区域是指资源环境承载能力较弱、大规模集聚经济和人口条件不够好并关系到全国或较大区域范围生态安全的区域。需要坚持保护优先、适度开发、点状发展,因地制宜发展资源环境可承载的特色产业,加强生态修复和环境保护,引导超载人口逐步有序转移,逐步成为全国或区域性的重要生态功能区。

部分限制开发区域功能定位及发展方向　　　　　　　　　　表7-1

区域	功能定位及发展方向
大小兴安岭森林生态功能区	禁止非保护性采伐,植树造林,涵养水源,保护野生动物
长白山森林生态功能区	禁止林木采伐,植树造林,涵养水源,防止水土流失
川滇森林生态及生物多样性功能区	在已明确的保护区域保护生物多样性和多种珍稀动物基因库
秦巴生物多样性功能区	适度开发水能,减少林木采伐,保护野生物种
藏东南高原边缘森林生态功能区	保护自然生态系统
新疆阿尔泰山地森林生态功能区	禁止非保护性采伐,合理更新林地
青海三江源草原草甸湿地生态功能区	封育草地,减少载畜量,扩大湿地,涵养水源,防治草原退化,实行生态移民
新疆塔里木河荒漠生态功能区	合理利用地表水和地下水,调整农牧业结构,加强药材开发管理
新疆阿尔金草原荒漠生态功能区	控制放牧和旅游区域范围,防范盗猎,减少人类活动干扰
藏西北羌塘高原荒漠生态功能区	保护荒漠生态系统,防范盗猎,保护野生动物
东北三江平原湿地生态功能区	扩大保护范围,降低农业开发和城市建设强度,改善湿地环境
苏北沿海湿地生态功能区	停止围垦,扩大湿地保护范围,保护鸟类南北迁徙通道
四川若尔盖高原湿地生态功能区	停止开垦,减少过度开发,保持湿地面积,保护珍稀动物
甘南黄河重要水源补给生态功能区	加强天然林、湿地和高原野生动植物保护,实行退耕还林还草、牧民定居和生态移民
川滇干热河谷生态功能区	退耕还林、还灌、还草,综合整治,防止水土流失,降低人口密度
内蒙古呼伦贝尔草原沙漠化防治区	禁止过度开垦、不适当樵采和超载放牧,退牧还草,防治草场退化沙化
内蒙古科尔沁沙漠化防治区	根据沙化程度采取针对性强的治理措施
内蒙古浑善达克沙漠化防治区	采取植物和工程措施,加强综合治理
毛乌素沙漠化防治区	恢复天然植被,防止沙丘活化和沙漠面积扩大
黄土高原丘陵沟壑水土流失防治区	控制开发强度,以小流域为单元综合治理水土流失,建设淤地坝
大别山土壤侵蚀防治区	实行生态移民,降低人口密度,恢复植被
桂、黔、滇等喀斯特石漠化防治区	封山育林育草,种草养畜,实行生态移民,改变耕作方式,发展生态产业和优势非农产业

禁止开发区域是指依法设立的各类自然保护区域。要依据法律法规规定和相关规划实行强制性保护,控制人为因素对自然生态的干扰,严禁不符合主体功能定位的开发活动。如:国家级自然保护区、世界文化自然遗产、国家重点风景名胜区、国家森林公园、国家地质公园。

灾区重建要和国家区域发展的总计划协调起来,这样才能充分发挥自己的区域比较优势。汶川地震中部分地区为川滇干热河谷生态功能区，属于限制开发区域，对于这类地区应该以旅游为主业，采取生态移民政策，保护好该地区的自然生态。

2. 重建规划

(1) 规划内容

地震灾后恢复重建规划（下简称重建规划）包括地震灾后恢复重建总体规划和城镇体系规划、农村建设规划、城乡住房建设规划、基础设施建设规划、公共服务设施建设规划、生产力布局和产业调整规划、市场服务体系规划、防灾减灾和生态修复规划、土地利用规划等专项规划。重建规划应该包括地震灾害状况和区域分析，恢复重建原则和目标，恢复重建区域范围，恢复重建空间布局，恢复重建任务和政策措施，有科学价值的地震遗址、遗迹保护，受损文物和具有历史价值与少数民族特色的建筑物、构筑物的修复，实施步骤和阶段等主要内容。

重建规划应该重点对城镇和乡村的布局、住房建设、基础设施建设、公共服务设施建设、农业生产设施建设、工业生产设施建设、防灾减灾和生态环境以及自然资源和历史文化遗产保护、土地整理和复垦等作出安排。

(2) 规划原则

重建规划，应该以人为本，优先恢复重建受灾群众基本生活和公共服务设施；尊重科学、尊重自然，充分考虑资源环境承载能力；统筹兼顾，与推进工业化、城镇化、新农村建设、主体功能区建设、产业结构优化升级相结合，并坚持统一部署、分工负责，区分缓急、突出重点、相互衔接、上下协调，规范有序、依法推进的原则。

就地恢复重建与异地新建相结合。地震灾区内的城镇和乡村完全毁损，存在重大安全隐患或者人口规模超出环境承载能力，需要异地新建的，重新选址时，应当避开地震活动断层或者生态脆弱和可能发生洪灾、山体滑坡、崩塌、泥石流、地面塌陷等灾害的区域以及传染病自然疫源地。

(3) 规划人员

重建规划是专业技术很强的工作，应当充分吸收有关部门、专家参加，并听取地震灾区受灾群众的意见；重大事项应当组织有关方面专家进行专题论证。

可聘请台湾地区、日本、美国等地震相关专家做顾问，充分参与灾后重建讨论和政策、技术咨询工作。

7.2.4 重建工程

重建规划，是地震灾后恢复重建的基本依据，应当及时公布。任何单位和个人都应当遵守经依法批准公布的地震灾后恢复重建规划，服从规划管理。

各级政府，应当根据地震灾后恢复重建规划和当地经济社会发展水平，有计划、分步骤地组织实施地震灾后恢复重建。有关政府部门应当支持、协助、指导地震灾区的恢复重建工作。地震灾后恢复重建中，货物、工程和服务的政府采购活动，应当严格依照《中华人民共和国政府采购法》的有关规定执行。

地震灾后恢复重建，应当统筹安排交通、铁路、通信、供水、供电、住房、学校、医院、社会福利、文化、广播电视、金融等基础设施和公共服务设施建设。

城镇的地震灾后恢复重建，应当统筹安排市政公用设施、公共服务设施和其他设施，合理确定建设规模和时序。

乡村的地震灾后恢复重建，应当尊重农民意愿，发挥村民自治组织的作用，以群众自建为主，政府补助、社会帮扶、对口支援，因地制宜，节约和集约利用土地，保护耕地。

地震灾区的县级人民政府应当组织有关部门对村民住宅建设的选址予以指导，并提供能够符合当地实际的多种村民住宅设计图，供村民选择，村民住宅应当达到抗震设防要求。

经批准的地震灾后恢复重建项目可以根据土地利用总体规划，先行安排使用土地，实行边建设边报批，并按照有关规定办理用地手续。对因地震灾害毁损的耕地、农田道路、抢险救灾应急用地、过渡性安置用地、废弃的城镇、村庄和工矿旧址，应当依法进行土地整理和复垦，并治理地质灾害。

对地震灾区尚可使用的建筑物、构筑物和设施，应当按照地震灾区的抗震设防要求进行抗震性能鉴定，并根据鉴定结果采取加固、改造等措施。

设计单位应当严格按照抗震设防要求和工程建设强制性标准进行抗震设计，并对抗震设计的质量以及出具的施工图的准确性负责。

施工单位应当按照施工图设计文件和工程建设强制性标准进行施工，并对施工质量负责。

建设单位、施工单位应当选用施工图设计文件和国家有关标准规定的材料、构配件和设备。

工程监理单位应当依照施工图设计文件和工程建设强制性标准实施监理，并对施工质量承担监理责任。

按照国家有关规定对地震灾后恢复重建工程进行竣工验收时，应当重点对工程是否符合抗震设防要求进行查验；对不符合抗震设防要求的，不得出具竣工验收报告。

对学校、医院、体育场馆、博物馆、文化馆、图书馆、影剧院、商场、交通枢纽等人员密集的公共服务设施，应当按照高于当地房屋建筑的抗震设防要求进行设计，增强抗震设防能力。

7.2.5 重建保护

地震灾后恢复重建中涉及文物保护、自然保护区、野生动植物保护和地震遗址、遗迹保护的，依照国家有关法律、法规的规定执行。

地震工作主管部门应当会同文物等有关部门组织专家对地震废墟进行现场调查，对具有典型性、代表性、科学价值和纪念意义的地震遗址、遗迹划定范围，建立地震遗址博物馆。

对清理保护方案确定的地震遗址、遗迹应当在保护范围内采取有效措施进行保护，抢救、收集具有科学研究价值的技术资料和实物资料，并在不影响整体风貌的情况下，对有倒塌危险的建筑物、构筑物进行必要的加固，对废墟中有毒、有害的废弃物、残留物进行必要的清理。

对文物保护单位应当实施原址保护。对尚可保留的不可移动文物和具有历史价值与少数民族特色的建筑物、构筑物以及历史建筑，应当采取加固等保护措施；对无法保留但将来可能恢复重建的，应当收集整理影像资料。

对馆藏文物、民间收藏文物等可移动文物和非物质文化遗产的物质载体，应当及时抢救、整理、登记，并将清理出的可移动文物和非物质文化遗产的物质载体，运送到安全地点妥善保管。

7.3 建设资金

建设资金是灾后重建的血液，如何使建设资金发挥到最大效用是灾后重建的最核心问题，这有两个含义：一是指赈灾款没有被挪用等损耗；二是指赈灾款的使用发挥了较好的效果。

7.3.1 资金募集和使用

建设资金主要有以下几个来源：灾区民众自有资金，民众捐集资金，公共财政资金，投资资金。

政府应当通过政府投入、对口支援、社会募集、市场运作等方式筹集地震灾后恢复重建资金。对地震灾后恢复重建依法实行税收优惠，各项行政事业性收费可以适当减免，向地震灾区的房屋贷款和公共服务设施恢复重建贷款、工业和服务业恢复生产经营贷款、农业恢复生产贷款等提供财政贴息。鼓励公民、法人和其他组织为地震灾后恢复重建捐赠款物；鼓励公民、法人和其他组织依法投资地震灾区基础设施和公共服务设施的恢复重建。根据地震的强度和损失的实际情况等因素建立地震灾后恢复重建基金，专项用于地震灾后恢复重建。

日本阪神地震后，设立了重建基金（earthquake reconstruction fund），政府出资 1 亿日元，作为基本资金（basic funds），吸引了约 50 亿日元的投资资金，共计 51 亿日元。这个重建基金实际上就是把目前国家财政拨付和社会捐助的款项，包括国外的一些捐助集中起来，根据重建规划来有效使用。主要用于以下五类：①协助地震灾民建立稳定的生活，促进其健康与福利；②房屋重建的支持项目（包括为地震灾民重建住宅）；③促进工业恢复与重建（包括受损中小企业的补贴）；④援助教育和文化复苏（帮助重建学校）；⑤使受灾地区迅速恢复的其他活动（包括纪念地震的活动等）。

在我国，公共财政资金往往占据重建资金的绝大部分，有着特殊的作用。

2002 年 7 月，民政部、财政部制定了中央救灾资金的补助标准。随着灾害过程的发生、发展、稳定和结束，中央政府在不同时段将向地方政府下拨救灾资金，按照拨付时段的先后次序，中央救灾资金主要分为三大类：救灾应急资金、灾区民房恢复重建补助资金、春荒冬令灾民生活救济补助资金。

震后恢复重建是一个长期的过程，财政资金的投入也是陆续进行的。一般情况下，救灾应急资金在灾害发生后 3 天内下拨，恢复重建资金在收到报告后 10~15 天下拨。

目前我国家的救灾资金是由民政部门和财政部门共同管理的，使用流程如下：

民政部门要进行灾情上报工作，首先要搜集所需要的信息。中国地震局虽有一套灾情信息搜集系统，但由于专业不同，对灾害信息的收集、分析、处理方式也就不同，因此在救灾款申领过程中，财政部门主要以民政部门提供的灾情信息为主，地震局提供的灾情仅作参考。按照"逐级上报"的原则，地震类灾情的信息传递流程参见图7-1。

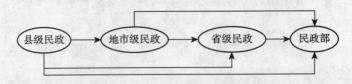

图7-1　地震灾情信息上报流程图

地震类灾害的公共救灾资金主要用于解决灾民的吃饭、喝水、衣被、取暖、医药、临时住房等基本生活品；灾区民房恢复重建资金；对因灾死亡人员的慰问金等。在安排建设资金时，则应当优先考虑地震灾区的交通、铁路、能源、农业、水利、通信、金融、市政公用、教育、卫生、文化、广播电视、防灾减灾、环境保护等基础设施和公共服务设施以及关系国家安全的重点工程设施建设。

我国救灾款项由省、自治区、直辖市人民政府向国务院申请，而且相应的信息来源主要依靠民政部门的灾情统计信息。在救灾款项申领上报的过程中，由民政部门与同级财政共同会商决定申请救灾款的数额，依据逐级上报原则，层层会商后报上级主管部门批准。

在国务院同意下拨救灾款项时，具体事宜由民政部和财政部负责。首先由民政部的一个主管处和财政部的主管处同意后，再分头上报司里，两司经协商，达成初步一致意见后，上交两部审核，两部审批同意后，再返回两部的两个处，按程序逐层会商后发文下拨。现行的拨款流程一般是：由民政部、财政部向省级政府及民政厅、财政厅发函通知；省级政府拿到这笔款项后，由省财政厅和民政厅会商，将其分发到各个市县；由市县政府相应的财政和民政主管部门将其发至各个乡镇；最后乡镇将其分发到村，直至将救济款用到灾民身上或发到灾民手中。救灾资金的划拨是各级民政与同级财政层层会商，由财政部门划拨至民政部门救灾资金专户，最终由民政部门统一逐级发放的。

7.3.2　赈灾资金存在的主要问题

处在转型期中的我国财政体制，尚未形成有效的应对突发事件的财政运行机制，在地震类事件突发的情况下，赈灾资金在应对地震灾害中存在以下主要问题：

1. 地震救灾款申报中的问题

我国地震救灾款由民政部门和财政部门会商后向上级部门申报，这就导致地方民政、财政存在合谋套利的可能，如轻灾重报，无灾有报等。

2003年大姚地震重建中，大姚、宾川、元谋、祥云、姚安、永仁等县将震前不曾有或已批准开工建设的项目，作为灾后重建项目上报的有21项，共取得资金668万元，将可修复项目作为重建项目上报的有4项，取得资金200万元。如大姚县人民法院办公楼震前已经县政府批准建设，"7.21"地震后该县又将法院办公楼作为重建项目上报并取得重建资金200万元；姚安县卫生局前场卫生院3层综合楼于2003年6月完工，"7.21"地震发生后，姚安县卫生局又作为新建项目上报，获得重建资金20万元；大姚县发展计划局将可"加固维修使用"的大姚县公安局治安拘留所作为重建项目上报，获得重建资金80万元，2004 年 4 月，该项目基本维修完毕，合同价仅 17.96 万元。

2. 地震救灾款接收过程中的问题

目前我国的救灾物资主要由财政、民政、社会捐助等方式获得，而对救灾物资的接收则存在多头接收，缺乏统一的汇集管理。

如汶川地震中，部分捐赠物资拨付与接受过程中出现丢失短少问题，如甘肃省抗震救灾物资天水转运站 5 月 30 日接受捐赠的 6200 张板材后，未作清点即送往陇南市，该市民政局实际仅收到 1790 张，四川省商务厅将商务部拨入的救灾资金 3800 万元存放在本单位经费账户等待安排。一些捐赠物资与灾区实际需求脱节。如甘肃省接受的"锁阳固精丸"等非抗震抢险救治急需的保健品，至今闲置未用；四川省北川县、彭州市商务局和陕西省宝鸡市民政局接受的 17350 顶旅行用等类型帐篷，因空间小不适用而积压。随着抗震救灾工作由抢险向灾后安置过渡，部分捐赠物资出现了结构性"过剩"与短缺并存的现象。如一些地方接受的矿泉水、方便面、医用注射液和注射器等食品、物资存在积压现象。有些捐赠物资将过保质期，不及时处理会形成损失浪费。

3. 地震救灾款的拨付、使用方面的问题

救灾款的拨付不及时，应当兑付灾民的恢复重建资金不足额。主要存在大量挤占挪用救灾资金、随意调整资金的使用用途、少数干部贪污、随意挪用恢复重建资金等。救灾款的分配没有统一的分配标准，随意性较大。分配过程中还存在以权谋私等不法行为。

在 2003 年云南大姚地震的救灾工作中，地震发生后，云南省各级政府和有关部门在两次地震中共接收救灾资金 36662 万元，其中高达 5174 万元的救灾资金未及时下拨，滞留于县级财政部门，4111 万元的救灾资金被挤占挪用。省、州（市）、县部分财政、民政、建设、教育、卫生等部门及乡（镇）政府存在挤占挪用救灾资金问题，如姚安草海农场统建点建设工程指挥部挪用 1748 万元救灾资金支付土地置换补偿。宾川县民政局挪用救灾资金 150 万元兴建宾川县社会福利服务中心大楼。姚安县卫生局、大姚县赵家店卫生院分别挪用 25 万元救灾资金建设卫生院职工宿舍。牟定县财政局、姚安县财政局分别挪用救灾资金 565 万元、350 万元平衡 2003 年财政预算。部分统建点的建设标准偏高，入住资格把关不严，资金存在缺口，如大姚县昙华松子园、姚安县草海农场两个县级统建点的建设标准偏高，户均建设标准近 10 万元。少数基层干部以权谋私，借机为自己和亲友牟取高标准住房，或占用救灾资金。如大姚县昙华乡副乡长李某通过虚报灾情，为其 4 户亲属争取了两户自建房补助资金和 3 套高标准统建点住房，总计 20 余万元。大姚县铁锁乡原民政助理员李某，自 2004 年 1 月至 4 月审计时，私自占用救灾资金 2.95 万元。

4. 地震救灾款的监督问题

救灾款使用不透明，只是政府财务部门内部监督等，违规违法行为较少的追究法律责任，威慑力度不够，违法违规现象屡禁不止。

例如大姚地震中，出现上述问题，仅追究了部分人的责任，如部分县级领导写出书面检查，部分党政干部分别受到党纪、政纪处分。没有追究违法人员的法律责任，也没有对责任人进行辞职等严肃处理。

5. 地震救灾资金管理方面的法律法规不健全

我国地震类突发事件救灾资金方面的法律法规还不健全，如没有对下拨资金在各恢复重建项目中的划分原则做出明确规定，致使地方政府重基础项目恢复，轻普通民房的重建；虽然对中央特大救灾资金多长时间内下拨灾民手中有了明确规定，但没有对地方政府财政专户的一般自然灾害救助资金下拨做出明文规定，致使地方政府的救助资金长期滞留财政、民政部门。

7.3.3 赈灾资金预防和监督

资金的使用要做到公开、透明、高效，预防和监督是必不可少的。公益性社会团体、公益性非营利的事业单位作为受赠人的，应当公开接受捐赠的情况和受赠财产的使用、管理情况，接受政府有关部门、捐赠人和社会的监督。

1. 采用救灾一卡通等方式实现直接补偿

目前对于灾区民众安置等项工作仍然以直接为经过各级部门层层申请、层层划拨，由此引起的截留、挤占、挪用现象屡禁不止，汶川地震中央直接对救灾物资和款项进行管辖，也从另外一个侧面反应出了此顽疾的严重性。中央的人力是有限的，汶川地震灾害可以特事特办，作为中国是一个大国自然灾害是比较多的，难以每次自然灾害都由中央直接管辖，最终还是依靠地方政府为主。

国内外的经验是就是尽可能地减少中间环节，"补砖头"为主的救灾模式改为"补人头"为主的救灾模式，把救灾款除了必要的公共建设资金外，尽可能地把个人援助部分以救灾款的方式直接发放到灾区民众手中，有灾区民众直接用货币去购买自己所需要的物品，这样就不会出现"锁阳固精丸"等非抗震抢险救治急需的物质，从根本上提高抗震救灾的效率。

早在2004年，宁夏启动了政府直补农民财政资金"一卡通"信息管理系统，宁夏农民不仅可以通过"一卡通"直接从农村信用联社或农业银行领取到退耕还林粮食折现补助资金和现金补助、化肥补贴资金、粮食直补资金等补助，而且还可以领取到农村救助、救济等补助资金，深受农民欢迎，有效解决了截留、挤占、挪用等现象，并避免了各种上访事件。该方法受到了财政部的表扬，并向全国推广。

要把这个方法尽快引入到抗震救灾的救援和重建中，对灾区的农民，可以充分利用已有的政府直补农民财政资金"一卡通"信息管理系统，把救灾款直接发给农民，也节约了行政成本。对于城镇居民，则可以仿照该方法，和身份证结合起来，建立全国统一的信息管理系统，一位公民一张卡，处理医疗补助、救灾等各种政府公共财政资金补助的事项。

2. 促进公益性组织的有效竞争

汶川地震，某公益组织送往灾区的帐篷每顶为1174元，并自称"这几乎是全国价格最低的帐篷"。帐篷价格遭到了广大民众的严重质疑，根据网上调查结果，有多种帐篷符合国家标准，企业报价在600～1000元之间，中央直接采购价格约为900元。

在管理费的问题上，该公益组织发言人向公众作出解答："项目支持费是在资金项目过程中为了保证项目的顺利实施所发生的一些费用，也叫'项目管理费'，是客观存在的，在执行任务和开展任何任务时，都存在一定的配套支持问题，例如在发放救灾物资过程中产生的相关支持费用。""在这次抗震救灾工作中，该公益组织规定，项目支持费不会超过6.5%"。由于公众压力，该公益组织发言人又说："全国××系统今年接收的'5·12'地震灾区捐赠款物将全部用于抗震救灾及灾后重建工作，不会提取任何管理费"。

管理费是公益性组织的一项重要开支，也是其援助质量的保证，100亿元援助资金管理费为 6.5%，即可达到 6.5 亿元人民币，不是一个小的数目，如果取消地震灾害援助行动管理费 6.5 亿元人民币，该组织在该援助中仍然需要花费大量的钱，这笔费用从哪里来？对该项开支的任意解释，反映出该组织管理比较混乱。

2008 年 5 月 14 日，门户网站网易宣布停止与该公益组织的合作，改为与另外一个基金会合作。该网站公布的原因是：通过在线捐赠系统在方便网友捐赠的同时，也可对网友捐款总数有明确记录，并可以起到全程监控的作用，"而该公益组织不愿意接受此方式"。

与此相反，汶川地震中，一些民间组织努力做到账目公开透明，连办公室管理费用每天的需求，也都贴在网上。一个公益基金会专门资助一些民间组织"管理费"，资助领域包括医疗救护、信息平台、家庭重建、疫病防治、儿童救助、孤残帮扶、抗灾减灾知识普及与教育、环境保护、老人救助、心理辅导、志愿服务、社区重建、研究、咨询与培训等。该基金会秘书长说："这一千万比起动辄几十个亿的红十字会来说不算什么。但我们的目的就是为了帮助民间组织成长，并发挥作用，我们的第一笔资助都不超过 5 万，就是要鼓励和激活大家竞争，我们看那个组织做得好，花钱效率高，就再提供第二笔、第三笔的资助。"

某些公益性组织援助效率低下成为不争的事实，这主要是垄断引起的。根据 1998 的《社团登记管理条例》第十三条规定，"在同一行政区域内已有业务范围相同或者相似的社会团体，没有必要成立"、"登记管理机关不予批准筹备"。这个规定简单来说就是"一个地区、一个领域、一家机构"，这就意味着公益性组织很容易成为独家垄断的社团。

解决这个问题的重要方法之一就是调整原有的管理方式，打破垄断，引入竞争机制，只要是慈善事业，就鼓励大家去做，比一比谁做得好，优胜劣汰。在国家现有框架下，可以将部分垄断性的公益组织拆分，同时分为多个公益组织，按照现代的企业管理制度进行管理，对援助损耗大，效果差的公益组织进行淘汰。

3. 建立慈善监事会

慈善不仅仅是捐款，更重要的是每一份捐款都发挥了应有的质量和效率。

许多人捐出钱，就感觉尽到自己的责任和义务了，接下来的事就不管了，这是不对的。要充分发挥自己的智慧盯住捐款，这笔捐款用到了什么地方？这笔捐款是怎么用的？这笔捐款的效果怎么样？这样才是真正地做了件善事。

从捐款中支取一定的费用作为监控开支，由捐款单位、个人在捐款慈善事业中成立专门慈善监事会，并聘请专业会计事务所对捐款资金进行审计，对捐款进行全程监督。

4. 通过专用网站等方式实时性地公开信息

充分利用网络等现代的信息传递方式，尽快建立专项救灾行动的全国信息公开网，对有关部门管理的救灾款物的筹集、拨付、分配、使用去向和结存状况上网公布，对所有捐赠人或单位的捐赠信息上网公布（捐赠人不愿公布的除外），对救灾物资需求等信息上网公布。

民政部门作为社会捐赠款物归口管理部门应尽快落实《国务院办公厅关于加强汶川地震抗震救灾捐赠款物管理使用的通知》等有关规定，规范募集秩序，在主流媒体上公布经民政部门批准的具有接受社会捐赠合法资质的团体、组织名单。同时应尽快理清已捐赠到账的定向和非定向捐赠资金的金额、定向捐赠资金的用向构成及其拨付地区的分布状况。

5. 公共机关监督

人大、审计署等公共机关监督有着独一无二的作用，汶川地震的捐款监督效果良好，可成为以后重要的模式。

（1）充分发挥人大的监督职能

各级人大是我国各级的最高权力机构，人大的一个核心职权就是监督权。在汶川地震中，各级政府的出色表现已经赢得了高度赞誉，今后的灾后重建若要取得成效，人大依法有效的监督不可缺少。

灾区各级人大可审批灾区政府制定的各种重建规划；人大可通过执法检查督促法律是否得到贯彻落实；人大可通过听取审计报告、专题调研、代表视察等手段进行跟踪监管和效益评估，对出现严重的渎职、违法问题，人大还可以动用质询、特定问题调查以及罢免官员等手段。

（2）充分发挥纪委、检察院和法院的监督功能

我国是一个法治国家，纪委、检察院、法院在防腐上是实体执行部门，从严、从紧加大对汶川地震钱物的监督。

（3）发挥政协、民主党派的监督，发挥新闻媒体和社会各界的监督

尤其是新闻媒体监督有着特殊的作用，在多次反腐倡廉行动中起到独有的作用。

（4）对抗震救灾资金物资管理使用情况进行全方位监督

纵向上，要把监督贯穿于抗震救灾资金物资募集、分配、拨付、管理、使用等每一个环节；横向上，要覆盖到所有涉及抗震救灾资金物资募集和管理使用的地区、部门和单位，确保不留死角。

（5）开展专项审计，确保抗震救灾资金物资及时拨付、有效使用

要组织精干力量，对财政资金和社会捐赠款物进行全过程审计，发现违规问题要责令有关部门和单位及时整改。审计署要定期向社会公布阶段性审计情况。

（6）组织专项检查，及时发现和纠正抗震救灾资金物资管理使用过程中出现的问题

重点对涉及受灾群众基本生活、资金物资集中、社会公众关注程度高、容易发生问题的领域和环节进行检查。

（7）坚持公开透明，切实把抗震救灾资金物资管理使用置于"阳光之下"

把公开透明原则贯穿于抗震救灾款物管理使用的全过程，主动公开抗震救灾款物的来源、数量、种类和去向。及时公布出台的规章制度和开展的监督检查等情况，设立咨询、举报电话，适时举办新闻发布会。

（8）严格执行纪律，从快从严从重处理抗震救灾资金物资管理使用中的违纪违法行为

对抗震救灾款物管理使用中出现的违纪违法问题，要快查严办重处。贪污、截留、挪用救灾款物，趁机发"国难财"，性质恶劣，天理难容，要发现一起迅速查处一起，严惩不贷并公开曝光。对在抗震救灾款物管理使用中玩忽职守、贻误工作的，也要严肃追究相关人员的责任。

6. 汶川地震捐款监督效果

地震发生后，中央专门召开抗震救灾款物监管工作会议，成立了抗震救灾款物监督检查领导小组，并组织对抗震救灾资金管理使用情况进行全方位监督。中央纪委、监察部、民政部、财政部、审计署联合下发了《关于加强对抗震救灾资金物资监管的通知》，有关

部门紧急制定了《关于加强汶川地震救灾采购管理的紧急通知》、《地震灾区过渡安置房建设资金管理办法》等加强救灾款物管理的规章制度,有效保证了灾区群众在衣、食、住、医等方面的基本需要和抗震救灾重点工作的顺利开展。截至2008年6月24日,审计尚未发现重大违法违规问题。

7.4 房屋结构抗震

在恢复性建设中,工程建设有着重要的地位,路、桥、电力设施、房屋等占据了灾区重建中的多数资金,并对震区的安全起着重要的作用,重建工程的完成是恢复性建设的主要标志,本章7.2节主要从制度上保证了房屋的抗震性能,本节具体从结构技术上实现房屋抗震的功能,为汶川灾区和其他类似地区提供可行的方案。

7.4.1 农村房屋防震

农村经济条件比较差,短期内难以解决城乡之间的差异,房屋既是当地居民居住的场所,也是当地居民资产的重要部分。农村住宅多是一层或两层房屋,房屋以砌体结构为主,参见图7-2和图7-3,从图中可以看出,该房屋缺乏圈梁和构造柱,即使无地震也出现了裂缝,且南侧开门窗过大,抗震性能较差。对于一层或二层砌体房屋,可采取下列措施提高房屋的抗震性能:

图7-2 一层砌体房屋(摄影:姚攀峰)

(1)合理安排房屋功能,生活区、储存室分开,尽可能规整。
(2)砂浆采用水泥砂浆,禁止采用素土泥浆。
(3)基础设置地圈梁,地上每层设置圈梁,具体结构做法参见图7-4。

图7-3 一层砌体房屋的裂缝（摄影：姚攀峰）

（4）门洞、窗洞两侧设置构造柱，墙转角、相交处设置构造柱，具体结构做法参见图7-4～图7-6。

（5）结构应优先选用配筋砌体结构，在砌体中增加钢筋直径为3或4的CRB550级冷轧带肋钢筋网片，间距小于5皮砖和400mm。

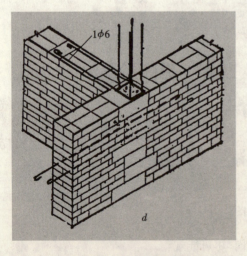

图7-5 砌体结构的构造柱（二）

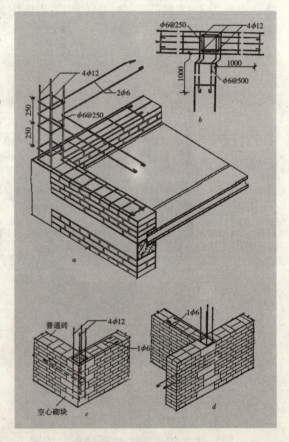

图7-4 砌体结构的构造柱（一）

(6) 屋顶优先采用现浇钢筋混凝土坡屋顶，倘若用木屋顶，应优先采用桁架式坡屋顶，参见图 7-7 和图 7-8。

上述方法增加造价很少，却使得房屋抗震性能大幅度提高，从差提高到中。

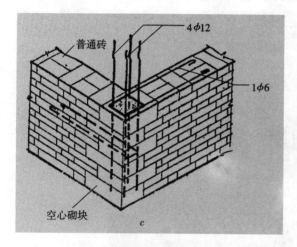

图 7-6 砌体结构的构造柱（三）

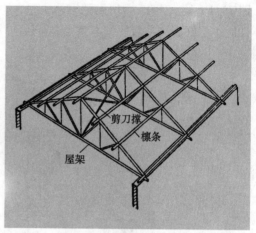

图 7-7 木桁架屋架示意图（一）

图 7-8 木桁架屋架示意图（二）

7.4.2 城镇多层砌体房屋

城镇短期内仍然有大量的多层砌体房屋，房屋既是当地居民居住的场所，也是当地居民资产的重要组成部分，即使在北京等城市也存在许多无合理抗震设施的房屋，参见图 7-9，该房屋无圈梁和构造柱，抗震性能较差，装修普遍采用了塑钢门窗，应该像重视装修一样重视房屋的结构。可采取下列措施提高多层砌体的抗震性能：

(1) 合理安排房屋功能，尽可能规整。

(2) 基础设置地圈梁，地上每层设置圈梁。

(3) 门洞、窗洞两侧设置构造柱，墙转角、相交处设置构造柱。

(4) 结构选用配筋砌体结构，在砌体中增加钢筋直径为 3 或 4 的 CRB550 级冷轧带肋钢筋网片，间距小于 5 皮砖和 400mm。

(5) 楼板和屋顶采用现浇钢筋混凝土板。

上述方法增加造价很少，房屋抗震性能将大幅度提高，从差提高到中，具体结构参见图 7-10。图 7-10 中所示的砌体房屋，构造柱和圈梁比现行国家规范要求的严格，抗震性能也更好，但是造价基本差不多。

图 7-9　城市多层房屋（摄影：姚攀峰）

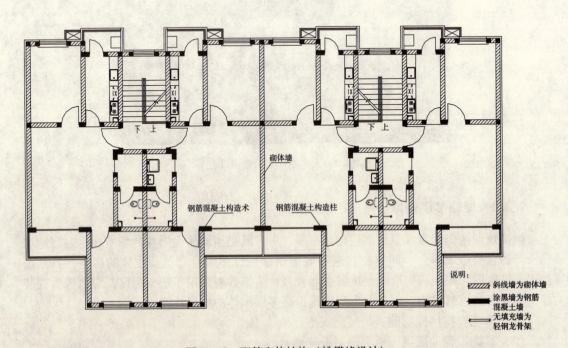

图 7-10　配筋砌体结构（姚攀峰设计）

7.4.3 砌体—钢筋混凝土筒体组合结构

农村和城镇短期内仍然有大量的一层或多层砌体房屋，受到经济条件的制约，短期内难以迅速改变。比上述两种方式抗震性能更好的是一种新型抗震结构——砌体—钢筋混凝土筒体组合结构，该结构的设计要点如下：

（1）部分墙体结构选用砌体结构（配筋或非配筋），部分墙体用钢筋混凝土墙，钢筋混凝土墙围成筒体。

（2）合理安排房屋功能，尽可能规整。

（3）基础设置地圈梁，地上每层设置圈梁。

（4）门洞、窗洞两侧设置构造柱，墙转角、相交处设置构造柱。

（5）楼板和屋顶采用现浇钢筋混凝土板。

（6）砌体部分易加钢筋形成配筋砌体，也可根据需要不加钢筋。

通常可以选择卫生间、楼梯间的周边墙体作为钢筋混凝土筒体的一部分，这样既可提高房屋的整体抗震能力，在地震来时不会倒塌，又能够为居民提供安全等级较高的避难所和逃生通道。

上述方法增加造价很少，却使得房屋抗震性能大幅度提高，可从中提高到良，具体结构参见图 7-11。图 7-11 中所示的砌体房屋，利用卫生间和楼梯间的墙体，该部分采用了钢筋混凝土筒体结构，其余部分墙体仍然采用砌体结构，抗震性能更好，造价略微有所提高，核心筒部分抗震性能远优于砌体部分，即使裂缝也很少倒塌，地震中居民可冲入卫生间避难，由于卫生间为户内部分，时间完全允许，地震过后，可以从楼梯间撤离，由于楼梯间在本设计中也是筒体的一部分，一般也不会坍塌，可以从容撤离。即使本设计结构砌体部分墙体局部坍塌，由于人员多躲在卫生间的钢筋混凝土核心筒中，救援工作也好做，重点救援卫生间的避难人群，对砌体部分可采用机械拆除，迅速救援到卫生间等核心筒体部分。

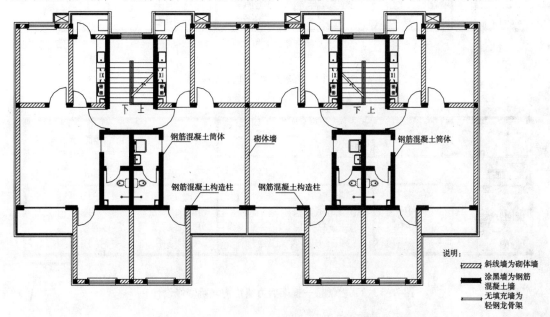

图 7-11 砌体——钢筋混凝土筒体组合结构（姚攀峰设计）

钢筋混凝土筒体—砌体混合结构是一种新的技术,属于发明型专利,专利号是200810303142X(权利人:姚攀峰),根据相关法律规定,使用人(单位)在用此技术之前请与姚攀峰(yaopanfeng@tsinghua.org.cn)联系,合法取得授权后方可使用该技术。

7.4.4 学校、医院等公共建筑防震

学校、医院等公共建筑,在抗震中有着重要的作用,但是建筑造型复杂、空间大、窗户大、墙体少,目前多是采用现浇钢筋混凝土框架结构,参见图7-12所示的学校房屋结构,许多农村学校仍然采用砌体结构,抗震性能存在先天的缺陷。可采取下列措施提高学校、医院等房屋的抗震性能:

(1)结构选用现浇钢筋混凝土框架—剪力墙结构。
(2)调整建筑功能,保证柱墙的上下贯通。
(3)调整建筑造型,力求规整。
(4)利用房屋两端山墙、窗间墙等墙体作为钢筋混凝土剪力墙。
(5)楼板和屋顶采用现浇钢筋混凝土板。

上述方法增加造价不多,却使得房屋抗震性能大幅度提高,可从中提高到优,具体结构参见图7-13,图7-13利用两端的山墙、中间墙体等作为钢筋混凝土剪力墙,既实现了大空间的要求,也大大提高了房屋的抗震性能。

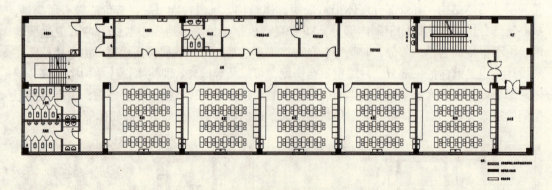

图7-12 某教学楼—框架结构

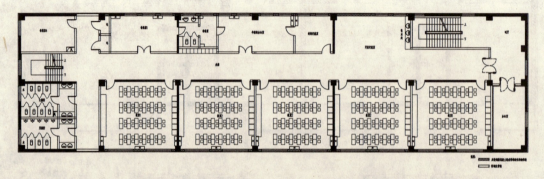

图7-13 某教学楼—框架剪力墙结构(姚攀峰设计)

7.4.5 临时简易房

唐山地震中,简易房在重建阶段为灾区民众提供了必要的居住条件。简易房就是把倒塌房屋地面的废墟清除干净,深埋立起6~8根柱子,再利用原来的砖块砌墙,墙里是木棍外面钉上芦苇帘,再抹上泥,再抹上石灰。前面的墙要安窗户采光,高一些,约200~250cm,后面的墙低一些,大约150~170cm,屋顶是直径不超过10cm的檩条,竹竿,稻草垫,油毡,石棉瓦,门窗基本是把倒塌房屋的废旧门窗,参见图7-14和图7-15。在此简易房基础上,本文提供一种改良的简易房,供临时居住,参见图7-16、图7-17、图7-18,图中所示简易房门窗可根据使用需要调整,构造柱应

图7-14 简易房(一)(摄影:姚攀峰)

优先选用钢筋混凝土柱,也可使用木柱代替,构造柱和墙之间用钢筋拉接,参见图7-4~图7-6。改良后的简易房抗震性能较原简易房好,材料可就地取材,技术要求低,普通人也可参与修建,墙为难燃材料,防火性能较帐篷好,适合地震灾区居民临时使用。

图7-15 简易房(二)(摄影:姚攀峰)

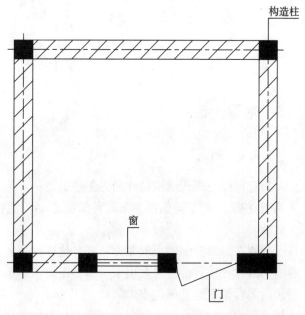

图7-16 改良简易房平面示意图(姚攀峰设计)

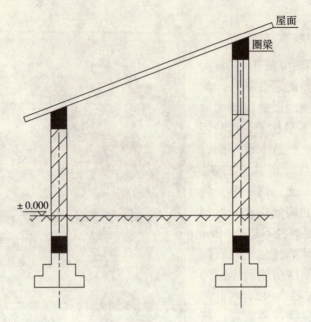

图 7-17　改良简易房剖面示意图（姚攀峰设计）

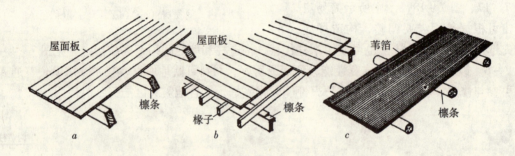

图 7-18　改良简易房屋面做法示意图

7.5　地震史话

7.5.1　胡克

胡克定律是现代结构设计的力学基础之一。

胡克是 17 世纪英国最杰出的科学家之一。他在力学、光学、天文学等多方面都有重大成就。

胡克在力学方面的贡献尤为卓著。他曾为研究开普勒学说作出了重大成绩。在探讨万有引力的过程中，他首先发现了引力和距离平方成反比的规律。在研究引力可以提供约束行星沿闭合轨道运动的向心力问题上，1662 年和 1666 年间，胡克做了大量实验工作。他支持吉尔伯特的观点，认为引力和磁力相类似。1664 年胡克曾指出彗星靠近太阳时轨道是弯曲的。他还为寻求支持物体保持沿圆周轨道的力的关系而作了大量实验。1674 年他根据修正的惯性原理，从行星受力平衡观点出发，提出了行星运动的理论，在 1679 年给牛顿的信中正式提出了引力与距离平方成反比的观点，但由于缺乏数学手段，还没有得出定量的表示。

胡克定律（弹性定律），是胡克最重要发现之一，也是力学的最重要基本定律之一。在现代，仍然是物理学的重要基本理论。胡克定律指出："在弹性限度内，弹簧的弹力 f 和弹簧的长度变化量 x 成正比，即 $f = -kx$。k 是物质的弹性系数，它由材料的性质所决定，负号表示弹簧所产生的弹力与其伸长（或压缩）的方向相反。"为了证实这一事实，胡克曾作了大量实验，包括各种材料所构成的各种形状的弹性体。

胡克在天文学、生物学等方面也有贡献。它曾用自己制造的望远镜观测了火星的运动。用自己制造的显微镜观察植物组织，于 1665 年发现了植物细胞（实际上看到的是细胞壁），并命名为"cell"，至今仍被使用。胡克的发现、发明和创造是极为丰富的。他曾协助玻意耳发现了玻意耳定律。他曾发明过空气唧筒、发条控制的摆轮、轮形气压表等多种仪器。他还同惠更斯各自独立发现了螺旋弹簧的振动周期的等时性等。在光学方面，胡克是光的波动说的支持者。1655 年，胡克提出了光的波动说，他认为光的传播与水波的传播相似。1672 年胡克进一步提出了光波是横波的概念。在光学研究中，胡克更主要的工作是进行了大量的光学实验，特别是致力于光学仪器的创制。他制作或发明了显微镜、望远镜等多种光学仪器。此外胡克还研究过肥皂泡的光彩、云母的颜色等许多光学现象。

7.5.2 太沙基和砂土液化

"万丈高楼平地起"充分说明了房屋中地基基础的重要性，地震时引起的砂土液化是房屋倒塌的重要原因之一，太沙基发现了土的有效应力原理之后人们才真正对砂土液化有了深入认识。

太沙基 K（Karl Terzaghi，1883～1963），美籍奥地利土力学家，是现代土力学的创始人。

早期太沙基从事广泛的工程地质和岩土工程的实践工作，接触到大量的土力学问题。后期从事土力学的教学和研究工作，并着手建立现代土力学。他先后在麻省理工学院、维也纳高等工业学院和英国伦敦帝国学院任教。最后长期在美国哈佛大学任教。

1923 年太沙基发表了渗透固结理论，第一次科学地研究土体的固结过程，同时提出了土力学的一个基本原理，即有效应力原理。1925 年，他发表的世界上第一本土力学专著《建立在土的物理学基础的土力学》，这本书被公认为是进入现代土力学时代的标志。随后发表的《理论土力学》和《实用土力学》（中译名）全面总结和发展了土力学的原理和应用经验。

太沙基集教学、研究和实践于一体，十分重视工程实践对土力学发展的重大意义。土石坝工程是他的一项重要研究领域，他所发表的近 300 种著作中，有许多是和水利工程有关的，最后的一篇文章就是介绍米逊（Misson）坝软土地基的处理问题的。

由于学术和工程实践上的卓越成就，他获得过 9 个名誉博士学位，是唯一得到过 4 次美国土木工程师学会最高奖——诺曼奖的杰出学者。为了表彰他的功勋，美国土木工程师学会还建立了太沙基奖及讲座。

7.5.3 铁摩辛柯

铁摩辛柯（Stephen P. Timoshenko，1878~1971）。1901 年他毕业于俄国彼得堡交通道路学院，之后按规定服役一年，于 1902~1921 年在多所学校任教。从 1922 年铁摩辛柯到美国费城振动专业公司，第二年到匹兹堡威斯汀豪斯电器公司从事力学研究工作。从 1928 年起他在美国密歇根大学、1936 年到斯坦福大学任教。

在力学研究方面，铁摩辛柯最著名的工作是在梁的振动问题中计入了旋转惯性与剪力，这种模型后来被称为"铁摩辛柯梁"。他在圆孔附近的应力集中、梁板的弯曲振动问题、薄壁杆件扭转问题、弹性系统的稳定性问题上都有重要的工作。

他是优秀的力学教育家，培养了许多研究生，还编写了《材料力学》、《高等材料力学》、《结构力学》、《工程力学》、《工程中的振动问题》、《弹性力学》、《板壳理论》、《弹性系统的稳定性》、《高等动力学》、《材料力学史》等 20 多部教材。这些教材影响很大，被翻译为世界各国的多种文字出版，其中大部分有中文译本，有些书至今仍被教学采用。

7.6 重点问题与解答

1. 汶川重建中是否所有破坏的地方均需重建？
2. 汶川应该重建哪些地方？
3. 汶川重建中您认为需要注意哪些问题？
4. 汶川重建中您能够做哪些工作？
5. 您认为如何严格监督赈灾资金的使用和效率？
6. 您认为如何提高灾后重建的质量和效率？
7. 您认为汶川有什么区域优势？
8. 您认为如何发挥汶川人民的优势？

本章问题没有标准答案，请您自己思考，对自己的观点通过翔实、准确的资料证实后，将有益的建议通过网络、媒体、人大代表会议、党的代表会议等途径理性、建设性地表达出来，向政府和广大民众提供科学、理性、建设性的参考意见。

第8章 地震灾害思考

地震灾害固然是自然灾害，地震灾害的预防、应对、救援、重建是一个社会、技术、资金、教育、基建综合的工程。汶川地震是一场灾难，也使中华民族前所未有的凝聚在一起，灾害过去了，重要的是我们如何面对灾害，从灾害中学到什么？

8.1 科学、理性、建设性

地震灾害是无法预测的，预防、应对、救援、重建是一个社会、技术、资金、教育、基建复杂工程，我们需要用科学、理性、建设性的态度应对地震灾害，吸取唐山、丽水、汶川等地震灾害的经验和教训，在新的灾害面前更加科学、有效地应对。在汶川地震中，广大人民群策群力、积极参与，取得很好的效果，却部分效果不佳。有的人是未经过扎实地调查、学习，对自己不懂的领域给出了错误的结论和建议，极其误人；有的人对不同意见辱骂甚至恐吓，害人害己；有的人不思考，盲目相信一些不负责任的话，极其误己……例如：有人认为比较低矮的房屋抗震性能好，甚至在社会上颇为流行，从4.2节可知，低矮的砌体房屋抗震性能较差；周锡元院士认为"校舍抗震能力差是世界性的普遍问题"，有人对此进行谩骂和侮辱；有的人盲目相信地震逃生的方式，甚至给自己带来灭顶之灾。

用"科学"的思维方式思考问题，用"理性"的态度讨论问题，从而实现"建设性"目的。

8.2 我的援助计划及实施

汶川地震灾害中，我力求科学、理性、建设性地规划自己的援助行动，争取效果最优化，计划了下列援助行动，并付诸实施，以供希望高效援助灾区民众的人参考。

8.2.1 援助目标

支援灾区教育事业，主要支援来自灾区的大学生。

8.2.2 援助原则

1. 做好自己的本职工作的前提下做援助工作

这既是我的工作，又是真正发挥自己长处的方法，援助需要财富和智慧，我在后方能够为前方援助提供物质和知识，前方具体援助由专业人士来做，这是效率较高的模式。

2. 做自己最擅长的事情来援助灾区民众

我擅长工程技术，主要从此方面着手。

3. 提供自己力所能及的援助
4. 援助行动要有效果

8.2.3 援助行动

1. 参与单位捐款

本项计划已经完成。

2. 写作关于抗震救灾的书

本项计划基本完成。

3. 拟用本书一部分稿费支援来自灾区的大学生和抗震救灾教育，并使之有效利用

尽管这笔费用不多，我也力争将其效用最大化。

70%的费用直接用于来自灾区的优秀大学生，以减少中间损耗的费用。

优秀大学生的标准如下：刻苦学习，拿到校奖学金；有爱心，在校期间参与公益活动和团体组织；有自强不息的精神，勤工俭学。

30%的费用用于支持学校大学生建立"抗震救灾协会"，通过举办抗震救灾教育，使更多的人在地震中能够避免不必要的伤亡。

在网上主动公布该笔费用的使用情况，并欢迎有关机构查阅该笔费用的使用情况，以外部力量监督我的个人行为。

8.3 抗震救灾资料的收集与管理

为了更好地抗震救灾，诚征相关方面的资料，主要关于房屋震害、地震自救、地震救援三个方面的内容，具体表格详见表9-1房屋震害表、表9-2地震自救表、表9-3地震救援表，表格可到中国优化设计网（http://www.chinasuperdesign.com）下载，资料收集的专用邮箱为kzjz20080512@sina.com，这些资料将免费在中国优化设计网公布，供相关人员使用，为了避免纠纷，请您在信件中明确该资料可公开发表，免费使用，签署地震资料使用授权书。

8.4 地震史话

8.4.1 中国第一个用现代地震科学观测的大地震

中国用现代的科学方法来观测的地震是1920年的海原大地震。

1920年12月16日海原发生8.5级地震，是一次中国地震史中有记载的最强烈的地震之一。在兰州市白塔山三台阁的一块匾上，称这次大震是"环球大震"。为了研究本次地震发生的原因，调查地震所造成的人畜伤亡和经济损失，在1921年4月，内务部、教育部、农商部派遣的翁文灏、谢家荣等6位委员赴灾区调查。1920年海原地震后，我国现代地震台开始建立，国内任何地方发生地震，都要设法向政府报告，并作为研究资料进行收集和整理。

8.4.2 世界上第一个地震学会——美国地震学会

1906年旧金山地震触发了美国地震学会的诞生，它成立时制定了以下目标：

（1）促进地震学研究，对地震及有关现象的科学研究。

（2）用所有可行手段促进公众震时安全。

（3）让工程师、建筑师、建筑承包商、保险业人员和财产所有者，采取现实的经济的抗震防灾措施，保护公众，使其减轻地震和地震火灾的损失。

（4）通过适当的出版物、演讲和其他手段进行宣传，使公众理解地震之所以危险，主要是因为我们对它的后果没有采取适当的预防。只要充分研究地震的地理分布、历史序列、活动性及对建筑物的影响，抗御震灾是可以实现的。

这些目标至今仍然是我们努力减轻地震对人类威胁的核心任务。

8.5 重点问题

1. 用什么样的态度和行动处理地震灾害问题比较有效？
2. 您认为汶川地震中的哪些经验值得我们学习？
3. 您认为汶川地震中的哪些教训值得我们反思？
4. 您认为地震中哪些应该是我们自己做的？哪些应该是政府应该做的？
5. 汶川地震中应该对哪些部门和责任人进行奖励？如何奖励？
6. 汶川地震中是否应该为救援者买一份保险？
7. 汶川地震中是否应该对部分相关部门和责任人进行问责？如何问责？
8. 地震灾害中如何构建人民和政府有效互动？
9. 作为人民权益代表的人大代表提出了哪些有益的议案？
10. 地震灾害中如何把握谣言和公民人身权利的关系？
11. 本书中哪些内容对您有益？

本章没有标准答案，只是希望读者能够科学、理性、建设性地思考上述问题。

附　　录

1. 我国主要城镇抗震设防烈度

附录 A　我国主要城镇抗震设防烈度、设计基本地震加速度和设计地震分组

本附录仅提供我国抗震设防区各县级及县级以上城镇的中心地区建筑工程抗震设计时所采用的抗震设防烈度、设计基本地震加速度值和所属的设计地震分组。

注：本附录一般把"设计地震第一、二、三组"简称为"第一组、第二组、第三组"。

(1) 首都和直辖市

1）抗震设防烈度为 8 度设计基本地震加速度值为 0.20g：

北京（除昌平、门头沟外的 11 个市辖区），平谷，大兴，延庆，宁河，汉沽。

2）抗震设防烈度为 7 度，设计基本地震加速度值为 0.15g：

密云，怀柔，昌平，门头沟，天津（除汉沽、大港外的 12 个市辖区），蓟县，宝坻，静海。

3）抗震设防烈度为 7 度，设计基本地震加速度值为 0.10g：

大港，上海（除金山外的 15 个市辖区），南汇，奉贤

4）抗震设防烈度为 6 度，设计基本地震加速度值为 0.05g：

崇明，金山，重庆（14 个市辖区），巫山，奉节，云阳，忠县，丰都，长寿，壁山，合川，铜梁，大足，荣昌，永川，江津，綦江，南川，黔江，石柱，巫溪*

注：①首都和直辖市的全部县级及县级以上设防城镇，设计地震分组均为第一组；

②上标*指该城镇的中心位于本设防区和较低设防区的分界线，下同。

(2) 河北省

1）抗震设防烈度为 8 度，设计基本地震加速度值为 0.20g：

第一组：廊坊（2 个市辖区）唐山（5 个市辖区），三河，大厂，香河，丰南，丰润，怀来，涿鹿

2）抗震设防烈度为 7 度，设计基本地震加速度值为 0.15g：

第一组：邯郸（4 个市辖区）邯郸县，文安，任丘，河间，大城，涿州，高碑店，涞水，固安，永清，玉田迁，安卢，龙滦县，滦南，唐海，乐亭，宣化，蔚县，阳原，成安，磁县，临漳，大名，宁晋

3）抗震设防烈度为 7 度设计基本地震加速度值为 0.10g：

第一组：石家庄（6 个市辖区），保定（3 个市辖区），张家口（4 个市辖区），沧州（2 个市辖区），衡水邢台（2 个市辖区），霸州，雄县，易县，沧县，张北，万全，怀安，

兴隆，迁西，抚宁，昌黎，青县，献县，广宗，平乡，鸡泽，隆尧，新河，曲周，肥乡，馆陶，广平，高邑，内丘，邢台县，赵县，武安，涉县，赤城，涞源，定兴，容城，徐水，安新，高阳，博野，蠡县，肃宁，深泽，安平，饶阳，魏县，藁城，栾城，晋州，深州，武强，辛集，冀州，任县，柏乡，巨鹿，南和，沙河，临城，泊头，永年，崇礼，南宫*

第二组：秦皇岛（海港、北戴河），清苑，遵化，安国

4）抗震设防烈度为6度，设计基本地震加速度值为0.05g：

第一组：正定，围场，尚义，灵寿，无极，平山，鹿泉，井陉，元氏，南皮，吴桥，景县，东光

第二组：承德（除鹰手营子外的2个市辖区），隆化，承德县，宽城，青龙，阜平，满城，顺平，唐县，望都，曲阳，定州，行唐，赞皇，黄骅，海兴孟村盐山，阜城，故城，清河，山海关，沽源，新乐，武邑，枣强，威县

第三组：丰宁，滦平，鹰手营子，平泉，临西，邱县

(3) 山西省

1）抗震设防烈度为8度设计基本地震加速度值为0.20g：

第一组：太原（6个市辖区），临汾，忻州，祁县，平遥，古县，代县，原平，定襄，阳曲，太谷，介休，灵石，汾西，霍州，洪洞，襄汾，晋中，浮山，永济，清徐

2）抗震设防烈度为7度，设计基本地震加速度值为0.15g：

第一组：大同（4个市辖区），朔州（朔城区），大同县，怀仁，浑源，广灵，应县，山阴，灵丘，繁峙，五台，古交，交城，文水，汾阳，曲沃，孝义，侯马，新绛，稷山，绛县，河津，闻喜，翼城，万荣，临猗，夏县，运城，芮城，平陆，沁源*，宁武*

3）抗震设防烈度为7度，设计基本地震加速度值为0.10g：

第一组：长治（2个市辖区），阳泉（3个市辖区），长治县，阳高，天镇，左云，右玉，神池，寿阳，昔阳，安泽，乡宁，垣曲，沁水，平定，和顺，黎城，潞城，壶关第二组：平顺榆社武乡娄烦交口隰县蒲县吉县静乐盂县沁县陵川平鲁

4）抗震设防烈度为6度设计基本地震加速度值为0.05g：

第二组：偏关，河曲，保德，兴县，临县，方山，柳林

第三组：晋城，离石，左权，襄垣，屯留，长子，高平，阳城，泽州，五寨，岢岚，岚县，中阳，石楼，永和，大宁

(4) 内蒙自治区

1）抗震设防烈度为8度设计基本地震加速度值为0.30g：

第一组：土默特右旗，达拉特旗*

2）抗震设防烈度为8度，设计基本地震加速度值为0.20g：

第一组：包头（除白云矿区外的5个市辖区），呼和浩特（4个市辖区），土默特左旗，乌海（3个市辖区），杭锦后旗，磴口，宁城，托克托*

3）抗震设防烈度为7度，设计基本地震加速度值为0.15g：

第一组：喀喇沁旗，五原，乌拉特前旗，临河，固阳，武川，凉城，和林格尔，赤峰（红山*，元宝山区）

第二组：阿拉善左旗

4) 抗震设防烈度为7度，设计基本地震加速度值为0.10g：

第一组：集宁，清水河，开鲁，傲汉旗，乌特拉后旗，卓资，察右前旗，丰镇，扎兰屯，乌特拉中旗，赤峰（松山区），通辽*

第三组：东胜准格尔旗

5) 抗震设防烈度为6度，设计基本地震加速度值为0.05g：

第一组：满洲里，新巴尔虎右旗，莫力达瓦旗，阿荣旗，扎赉特旗，翁牛特旗，兴和，商都，察右后旗，科左中旗，科左后旗，奈曼旗，库伦旗，乌审旗，苏尼特右旗

第二组：达尔罕茂明安联合旗，阿拉善右旗，鄂托克旗，鄂托克前旗，白云

第三组：伊金霍洛旗，杭锦旗，四王子旗，察右中旗

(5) 辽宁省

1) 抗震设防烈度为8度，设计基本地震加速度值为0.20g：

普兰店，东港

2) 抗震设防烈度为7度，设计基本地震加速度值为0.15g：

营口（4个市辖区），丹东（3个市辖区），海城，大石桥，瓦房店，盖州，金州

3) 抗震设防烈度为7度，设计基本地震加速度值为0.10g：

沈阳（9个市辖区），鞍山（4个市辖区），大连（除金州外的5个市辖区），朝阳（2个市辖区），辽阳（5个市辖区），抚顺（除顺城外的3个市辖区），铁岭（2个市辖区），盘锦（2个市辖区），盘山，朝阳县，辽阳县，岫岩，铁岭县，凌源，北票，建平，开原，抚顺县，灯塔，台安，大洼，辽中

4) 抗震设防烈度为6度，设计基本地震加速度值为0.05g：

本溪（4个市辖区），阜新（5个市辖区），锦州（3个市辖区），葫芦岛（3个市辖区），昌图，西丰，法库，彰武，铁法，阜新县，康平，新民，黑山，北宁，义县，喀喇沁，凌海，兴城，绥中，建昌，宽甸，凤城，庄河，长海，顺城

注：全省县级及县级以上设防城镇的设计地震分组，除兴城、绥中、建昌、南票为第二组外，均为第一组。

(6) 吉林省

1) 抗震设防烈度为8度，设计基本地震加速度值为0.20g：

前郭尔罗斯，松原

2) 抗震设防烈度为7度，设计基本地震加速度值为0.15g：

大安*

3) 抗震设防烈度为7度，设计基本地震加速度值为0.10g：

长春（6个市辖区），吉林（除丰满外的3个市辖区），白城，乾安，舒兰，九台，永吉*

4) 抗震设防烈度为6度，设计基本地震加速度值为0.05g：

四平（2个市辖区），辽源（2个市辖区），镇赉，洮南，延吉，汪清，图们，珲春，龙井，和龙，安图，蛟河，桦甸，梨树，磐石，东丰，辉南，梅河口，东辽，榆树，靖宇，抚松，长岭，通榆，德惠，农安，伊通，公主岭，扶余，丰满注：全省县级及县级以上设防城镇，设计地震分组均为第一组。

(7) 黑龙江省

1) 抗震设防烈度为7度，设计基本地震加速度值为0.10g：

绥化，萝北，泰来

2) 抗震设防烈度为6度，设计基本地震加速度值为0.05g：

哈尔滨（7个市辖区），齐齐哈尔（7个市辖区），大庆（5个市辖区），鹤岗（6个市辖区），牡丹江（4个市辖区），鸡西（6个市辖区），佳木斯（5个市辖区），七台河（3个市辖区），伊春（伊春区乌马河区），鸡东，望奎，穆棱，绥芬河，东宁，宁安，五大连池，嘉荫，汤原，桦南，桦川，依兰，勃利，通河，方正，木兰，巴彦，延寿，尚志，宾县，安达，明水，绥棱，庆安，兰西，肇东，肇州，肇源，呼兰，阿城，双城，五常，讷河，北安，甘南，富裕，龙江，黑河，青枫*，海林*

注：全省县级及县级以上设防城镇，设计地震分组均为第一组。

(8) 江苏省

1) 抗震设防烈度为8度，设计基本地震加速度值为0.30g：

第一组：宿迁，宿豫*

2) 抗震设防烈度为8度，设计基本地震加速度值为0.20g：

第一组：新沂，邳州，睢宁

3) 抗震设防烈度为7度，设计基本地震加速度值为0.15g：

第一组：扬州（3个市辖区），镇江（2个市辖区）东海沭阳泗洪江都大丰

4) 抗震设防烈度为7度，设计基本地震加速度值为0.10g：

第一组：南京（11个市辖区）淮安（除楚州外的3个市辖区），徐州（5个市辖区），铜山，沛县，常州（4个市辖区），泰州（2个市辖区），赣榆，泗阳，盱眙，射阳，江浦，武进，盐城，盐都，东台，海安，姜堰，如皋，如东，扬中，仪征，兴化，高邮，六合，句容，丹阳，金坛，丹徒，溧阳，溧水，昆山，太仓第三组：连云港（4个市辖区），灌云

5) 抗震设防烈度为6度。设计基本地震加速度值为0.05g：

第一组：南通（2个市辖区），无锡（6个市辖区），苏州（6个市辖区），通州，宜兴，江阴，洪泽，金湖，建湖，常熟，吴江，靖江，泰兴，张家港，海门，启东，高淳，丰县

第二组：响水，滨海，阜宁，宝应，金湖

第三组；灌南，涟水，楚州

(9) 浙江省

1) 抗震设防烈度为7度，设计基本地震加速度值为0.10g：

岱山，嵊泗，舟山（2个市辖区）

2) 抗震设防烈度为6度，设计基本地震加速度值为0.05g：

杭州（6个市辖区），宁波（5个市辖区），湖州，嘉兴（2个市辖区），温州（3个市辖区），绍兴，绍兴县，长兴，安吉，临安，奉化，鄞县，象山，德清，嘉善，平湖，海盐，桐乡，余杭，海宁，萧山，上虞，慈溪，余姚，瑞安，富阳，平阳，苍南，乐清，永嘉，泰顺，景宁，云和，庆元，洞头

注：全省县级及县级以上设防城镇，设计地震分组均为第一组。

(10) 安徽省

1) 抗震设防烈度为7度，设计基本地震加速度值为0.15g：

第一组：五河泗县

2) 抗震设防烈度为7度，设计基本地震加速度值为0.10g：

第一组：合肥（4个市辖区），蚌埠（4个市辖区），阜阳（3个市辖区），淮南（5个市辖区），枞阳怀远长丰六安（2个市辖区），灵璧，固镇，凤阳，明光，定远，肥东，肥西，舒城，庐江，桐城，霍山，涡阳，安庆（3个市辖区）*，铜陵县*

3) 抗震设防烈度为6度，设计基本地震加速度值为0.05g：

第一组：铜陵（3个市辖区），芜湖（4个市辖区），巢湖，马鞍山（4个市辖区），滁州（2个市辖区），芜湖县，砀山，萧县，亳州，界首，太和，临泉，阜南，利辛，蒙城，凤台，寿县，颍上，霍邱，金寨，天长，来安，全椒，含山，和县，当涂，无为，繁昌，池州，岳西，潜山，太湖，怀宁，望江，东至，宿松，南陵，宣城，郎溪，广德，泾县，青阳，石台

第二组：濉溪，淮北

第三组：宿州

(11) 福建省

1) 抗震设防烈度为8度，设计基本地震加速度值为0.20g：

第一组：金门*

2) 抗震设防烈度为7度，设计基本地震加速度值为0.15g：

第一组：厦门（7个市辖区），漳州（2个市辖区），晋江，石狮，龙海，长泰，漳浦，东山，诏安

第二组：泉州（4个市辖区）

3) 抗震设防烈度为7度，设计基本地震加速度值为0.10g：

第一组：福州（除马尾外的4个市辖区），安溪，南靖，华安，平和，云霄

第二组：莆田（2个市辖区），长乐，福清，莆田县，平潭，惠安，南安，马尾

4) 抗震设防烈度为6度，设计基本地震加速度值为0.05g：

第一组：三明（2个市辖区），政和，屏南，霞浦，福鼎，福安，柘荣，寿宁，周宁，松溪，宁德，古田，罗源，沙县，尤溪，闽清，闽侯南平，大田，漳平，龙岩，永定，泰宁，宁化，长汀，武平，建宁，将乐，明溪，清流，连城，上杭，永安，建瓯

第二组：连江，永泰，德化，永春，仙游

(12) 江西省

1) 抗震设防烈度为7度，设计基本地震加速度值为0.10g：

寻乌，会昌

2) 抗震设防烈度为6度，设计基本地震加速度值为0.05g：

南昌（5个市辖区），九江（2个市辖区），南昌县，进贤，余干，九江县，彭泽，湖口，星子，瑞昌，德安，都昌，武宁，修水，靖安，铜鼓，宜丰，宁都，石城，瑞金，安远，定南，龙南，全南，大余

注：全省县级及县级以上设防城镇，设计地震分组均为第一组。

(13) 山东省

1) 抗震设防烈度为8度,设计基本地震加速度值为0.20g:

第一组:郯城,临沭,莒南,莒县,沂水,安丘,阳谷

2) 抗震设防烈度为7度,设计基本地震加速度值为0.15g:

第一组:临沂（3个市辖区）,潍坊（4个市辖区）,菏泽,东明,聊城,苍山,沂南,昌邑,昌乐,青州,临朐,诸城,五莲,长岛,蓬莱,龙口,莘县,鄄城,寿光*

3) 抗震设防烈度为7度,设计基本地震加速度值为0.10g:

第一组:烟台（4个市辖区）,威海,枣庄（5个市辖区）,淄博（除博山外的4个市辖区）,平原,高唐,茌平,东阿,平阴,梁山,郓城,定陶,巨野,成武,曹县,广饶,博兴,高青,桓台,文登,沂源,蒙阴,费县,微山,禹城,冠县,莱芜（2个市辖区）*,单县*,夏津*

第二组:东营（2个市辖区）,招远,新泰,栖霞,莱州,日照,平度,高密,垦利,博山,滨州*,平邑*

4) 抗震设防烈度为6度,设计基本地震加速度值为0.05g:

第一组:德州,宁阳,陵县,曲阜,邹城,鱼台,乳山,荣成,兖州

第二组:济南（5个市辖区）,青岛（7个市辖区）,泰安（2个市辖区）,济宁（2个市辖区）,武城,乐陵,庆云,无棣,阳信,宁津,沾化,利津,惠民,商河,临邑,济阳,齐河,邹平,章丘,泗水,莱阳,海阳,金乡,滕州,莱西,即墨

第三组:胶南,胶州,东平,汶上,嘉祥,临清,长清,肥城

(14) 河南省

1) 抗震设防烈度为8度,设计基本地震加速度值为0.20g:

第一组:新乡（4个市辖区）,新乡县,安阳（4个市辖区）,安阳县,鹤壁（3个市辖区）,原阳,延津,汤阴,淇县,卫辉,获嘉,范县,辉县

2) 抗震设防烈度为7度,设计基本地震加速度值为0.15g:

第一组:郑州（6个市辖区）,濮阳,濮阳县,长垣,封丘,修武,武陟,内黄,浚县,滑县,台前,南乐,清丰,灵宝,三门峡,陕县,林州*

3) 抗震设防烈度为7度,设计基本地震加速度值为0.10g:

第一组:洛阳（6个市辖区）,焦作（4个市辖区）,开封（5个市辖区）,南阳（2个市辖区）,开封县,许昌县,沁阳,博爱,孟州,孟津,巩义,偃师,济源,新密,新郑,民权,兰考,长葛,温县,荥阳,中牟,杞县*,许昌*

4) 抗震设防烈度为6度,设计基本地震加速度值为0.05g:

第一组:商丘（2个市辖区）,信阳（2个市辖区）,漯河,平顶山（4个市辖区）,登封,义马,虞城,夏邑,通许,尉氏,睢县,宁陵,柘城,新安,宜阳,嵩县,汝阳,伊川,禹州,郏县,宝丰,襄城,郾城,鄢陵,扶沟,太康,鹿邑,郸城,沈丘,项城,淮阳,周口,商水,上蔡,临颍,西华,西平,栾川,内乡,镇平,唐河,邓州,新野,社旗,平舆,新县,驻马店,泌阳,汝南,桐柏,淮滨,息县,正阳,遂平,光山,罗山,潢川,商城,固始,南召,舞阳*

第二组:汝州,睢县,永城

第三组:卢氏,洛宁,渑池

(15) 湖北省

1) 抗震设防烈度为7度，设计基本地震加速度值为0.10g：

竹溪，竹山，房县

2) 抗震设防烈度为6度，设计基本地震加速度值为0.05g：

武汉（13个市辖区），荆州（2个市辖区），荆门襄樊（2个市辖区），襄阳十堰（2个市辖区），宜昌（4个市辖区），宜昌县，黄石（4个市辖区），恩施，咸宁，麻城，团风，罗田，英山，黄冈，鄂州，浠水，蕲春，黄梅，武穴，郧西，郧县，丹江口，谷城，老河口，宜城，南漳，保康，神农架，钟祥，沙洋，远安，兴山，巴东，秭归，当阳，建始，利川，公安，宣恩，咸丰，长阳，宜都，枝江，松滋，江陵，石首，监利，洪湖，孝感，应城，云梦，天门，仙桃，红安，安陆，潜江，嘉鱼，大冶，通山，赤壁，崇阳，通城，五峰*，京山*

注：全省县级及县级以上设防城镇，设计地震分组均为第一组。

(16) 湖南省

1) 抗震设防烈度为7度，设计基本地震加速度值为0.15g：

常德（2个市辖区）

2) 抗震设防烈度为7度，设计基本地震加速度值为0.10g：

岳阳（3个市辖区），岳阳县，汨罗，湘阴，临澧，澧县，津市，桃源，安乡，汉寿

3) 抗震设防烈度为6度，设计基本地震加速度值为0.05g：

长沙（5个市辖区），长沙县，益阳（2个市辖区），张家界（2个市辖区），郴州（2个市辖区），邵阳（3个市辖区），邵阳县，泸溪，沅陵，娄底，宜章，资兴，平江，宁乡，新化，冷水江，涟源，双峰，新邵，邵东，隆回，石门，慈利，华容，南县，临湘，沅江，桃江，望城，溆浦，会同，靖州，韶山，江华，宁远，道县，临武，湘乡*，安化*，中方*，洪江*

注：全省县级及县级以上设防城镇，设计地震分组均为第一组。

(17) 广东省

1) 抗震设防烈度为8度，设计基本地震加速度值为0.20g：

汕头（5个市辖区），澄海，潮安，南澳，徐闻，潮州*

2) 抗震设防烈度为7度，设计基本地震加速度值为0.15g：

揭阳，揭东，潮阳，饶平

3) 抗震设防烈度为7度，设计基本地震加速度值为0.10g：

广州（除花都外的9个市辖区），深圳（6个市辖区），湛江（4个市辖区），汕尾海丰，普宁，惠来，阳江，阳东，阳西，茂名，化州，廉江，遂溪，吴川，丰顺，南海，顺德，中山，珠海，斗门，电白，雷州，佛山（2个市辖区）*，江门（2个市辖区）*，新会*，陆丰*

4) 抗震设防烈度为6度，设计基本地震加速度值为0.05g：

韶关（3个市辖区），肇庆（2个市辖区），花都，河源，揭西，东源，梅州，东莞，清远，清新，南雄，仁化，始兴，乳源，曲江，英德，佛冈，龙门，龙川，平远，大埔，从化，梅县，兴宁，五华，紫金，陆河，增城，博罗，惠州，惠阳，惠东，三水，四会，云浮，云安，高要，高明，鹤山，封开，郁南，罗定，信宜，新兴，开平，恩平，台山，

阳春，高州，翁源，连平，和平，蕉岭，新丰*

注：全省县级及县级以上设防城镇，设计地震分组均为第一组。

（18）广西壮族自治区

1）抗震设防烈度为7度，设计基本地震加速度值为0.15g：

灵山，田东

2）抗震设防烈度为7度，设计基本地震加速度值为0.10g：

玉林，兴业，横县，北流，百色，田阳，平果，隆安，浦北，博白，乐业*

3）抗震设防烈度为6度，设计基本地震加速度值为0.05g：

南宁（6个市辖区），桂林（5个市辖区），柳州（5个市辖区），梧州（3个市辖区），钦州（2个市辖区），贵港（2个市辖区），防城港（2个市辖区），北海（2个市辖区），兴安，灵川，临桂，永福，鹿寨，天峨，东兰，巴马，都安，大化，马山，融安，象州，武宣，桂平，平南，上林，宾阳，武鸣，大新，扶绥，邕宁，东兴，合浦，钟山，贺州，藤县，苍梧，容县，岑溪，陆川，凤山，凌云，田林，隆林，西林，德保，靖西，那坡，天等，崇左，上思，龙州，宁明，融水，凭祥，全州

注：全自治区县级及县级以上设防城镇，设计地震分组均为第一组。

（19）海南省

1）抗震设防烈度为8度，设计基本地震加速度值为0.30g：

海口（3个市辖区），琼山

2）抗震设防烈度为8度，设计基本地震加速度值为0.20g：

文昌，定安

3）抗震设防烈度为7度，设计基本地震加速度值为0.15g：

澄迈

4）抗震设防烈度为7度，设计基本地震加速度值为0.10g：

临高，琼海，儋州，屯昌

5）抗震设防烈度为6度，设计基本地震加速度值为0.05g：

三亚，万宁，琼中，昌江，白沙，保亭，陵水，东方，乐东，通什

注：全省县级及县级以上设防城镇，设计地震分组均为第一组。

（20）四川省

1）抗震设防烈度不低于9度，设计基本地震加速度值不小于0.40g：

第一组：康定，西昌

2）抗震设防烈度为8度，设计基本地震加速度值为0.30g：

第一组：冕宁*

3）抗震设防烈度为8度，设计基本地震加速度值为0.20g：

第一组：道孚，泸定，甘孜，炉霍，石棉，喜德，普格，宁南，德昌，理塘，茂县，汶川，宝兴

第二组：松潘，平武，北川（震前），都江堰

第三组：九寨沟

4）抗震设防烈度为7度，设计基本地震加速度值为0.15g：

第一组：巴塘，德格，马边，雷波

第二组：越西，雅江，九龙，木里，盐源，会东，新龙，天全，芦山，丹巴，安县，青川，江油，绵竹，什邡，彭州，理县，剑阁*

第三组：荥经，汉源，昭觉，布拖，甘洛

5）抗震设防烈度为 7 度，设计基本地震加速度值为 0.10g：

第一组：乐山（除金口河外的 3 个市辖区），自贡（4 个市辖区），宜宾，宜宾县，峨边，沐川，屏山，得荣

第二组：攀枝花（3 个市辖区），若尔盖，色达，壤塘，马尔康，石渠，白玉，盐边，米易，乡城，稻城，金口河，峨眉山，雅安，广元（3 个市辖区），中江，德阳，罗江，绵阳（2 个市辖区）

第三组：名山，美姑，金阳，小金，会理，黑水，金川，洪雅，夹江，邛崃，蒲江，彭山，丹棱，眉山，青神，郫县，温江，大邑，崇州，成都（8 个市辖区），双流，新津，金堂，广汉

6）抗震设防烈度为 6 度，设计基本地震加速度值为 0.05g：

第一组：泸州（3 个市辖区），内江（2 个市辖区），宣汉，达州，达县，大竹，邻水，渠县，广安，华蓥，隆昌，富顺，泸县，南溪，江安，长宁，高县，珙县，兴文，叙永，古蔺，资阳，仁寿，资中，犍为，荣县，威远，通江，万源，巴中，阆中，仪陇，西充，南部，射洪，大英，乐至

第二组：梓潼，筠连，井研，阿坝，南江，苍溪，旺苍，盐亭，三台，简阳

第三组：红原

（21）贵州省

1）抗震设防烈度为 7 度，设计基本地震加速度值为 0.10g：

第一组：望谟

第二组：威宁

2）抗震设防烈度为 6 度，设计基本地震加速度值为 0.05g：

第一组：贵阳（除白云外的 5 个市辖区），凯里，毕节，安顺，都匀，六盘水，黄平，福泉，贵定，麻江，清镇，龙里，平坝，纳雍，织金，水城，普定，六枝，镇宁，惠水，长顺，关岭，紫云，罗甸，兴仁，贞丰，安龙，册亨，金沙，印江，赤水，习水，思南*

第二组：赫章，普安，晴隆，兴义

第三组：盘县

（22）云南省

1）抗震设防烈度不低于 9 度，设计基本地震加速度值不小于 0.40g：

第一组：寻甸东川

第二组：澜沧

2）抗震设防烈度为 8 度，设计基本地震加速度值为 0.30g：

第一组：剑川，嵩明，宜良，丽江，鹤庆，永胜，潞西，龙陵，石屏，建水

第二组：耿马，双江，沧源，勐海，西盟，孟连

3）抗震设防烈度为 8 度，设计基本地震加速度值为 0.20g：

第一组：石林，玉溪，大理，永善，巧家，江川，华宁，峨山，通海，洱源，宾川，弥渡，祥云，会泽，南涧

第二组：昆明（除东川外的4个市辖区），思茅，保山，马龙，呈贡，澄江，晋宁，易门，漾濞，巍山，云县，腾冲，施甸，瑞丽，梁河，安宁，凤庆*，陇川*

第三组：景洪，永德，镇康，临沧

4) 抗震设防烈度为7度，设计基本地震加速度值为0.15g：

第一组：中甸，泸水，大关，新平*

第二组：沾益，个旧，红河，元江，禄丰，双柏，开远，盈江，永平，昌宁，宁蒗，南华，楚雄，勐腊，华坪，景东*

第三组：曲靖，弥勒，陆良，富民，禄劝，武定，兰坪，云龙，景谷，普洱

5) 抗震设防烈度为7度，设计基本地震加速度值为0.10g：

第一组：盐津，绥江，德钦，水富，贡山

第二组：昭通，彝良，鲁甸，福贡，永仁，大姚，元谋，姚安，牟定，墨江，绿春，镇沅，江城，金平

第三组：富源，师宗，泸西，蒙自，元阳，维西，宣威

6) 抗震设防烈度为6度，设计基本地震加速度值为0.05g：

第一组：威信，镇雄，广南，富宁，西畴，麻栗坡，马关

第二组：丘北，砚山，屏边，河口，文山

第三组：罗平

(23) 西藏自治区

1) 抗震设防烈度不低于9度，设计基本地震加速度值不小于0.40g：

第二组：当雄，墨脱

2) 抗震设防烈度为8度，设计基本地震加速度值为0.30g：

第一组：申扎

第二组：米林，波密

3) 抗震设防烈度为8度，设计基本地震加速度值为0.20g：

第一组：普兰，聂拉木，萨嘎

第二组：拉萨，堆龙德庆，尼木，仁布，尼玛，洛隆，隆子，错那，曲松

第三组：那曲，林芝（八一镇），林周

4) 抗震设防烈度为7度，设计基本地震加速度值为0.15g：

第一组：札达，吉隆，拉孜，谢通门，亚东，洛扎，昂仁

第二组：日土，江孜，康马，白朗，扎囊，措美，桑日，加查，边坝，八宿，丁青，类乌齐，乃东，琼结，贡嘎，朗县，达孜，日喀则*，噶尔*

第三组：南木林，班戈，浪卡子，墨竹工卡，曲水，安多，聂荣

5) 抗震设防烈度为7度，设计基本地震加速度值为0.10g：

第一组：改则，措勤，仲巴，定结，芒康

第二组：昌都，定日，萨迦，岗巴，巴青，工布江达，索县，比如，嘉黎，察雅，左贡，察隅，江达，贡觉

6) 抗震设防烈度为6度，设计基本地震加速度值为0.05g：

第一组：革吉

(24) 陕西省

1）抗震设防烈度为8度，设计基本地震加速度值为0.20g：

第一组：西安（8个市辖区），渭南，华县，华阴，潼关，大荔

第二组：陇县

2）抗震设防烈度为7度，设计基本地震加速度值为0.15g：

第一组：咸阳（3个市辖区），宝鸡（3个市辖区），高陵，千阳，岐山，凤翔，扶风，武功，兴平，周至，眉县，三原，富平，澄城，蒲城，泾阳，礼泉，长安，户县，蓝田，韩城，合阳

第二组：凤县，略阳

3）抗震设防烈度为7度，设计基本地震加速度值为0.10g：

第一组：安康，平利，乾县，洛南

第二组：白水，耀县，淳化，麟游，永寿，商州，铜川（2个市辖区）*，柞水*，勉县，宁强，南郑，汉中

第三组：太白，留坝

4）抗震设防烈度为6度，设计基本地震加速度值为0.05g：

第一组：延安，清涧，神木，佳县，米脂，绥德，安塞，延川，延长，定边，吴旗，志丹，甘泉，富县，商南，旬阳，紫阳，镇巴，白河，岚皋，镇坪，子长*，子洲*

第二组：府谷，吴堡，洛川，黄陵，旬邑，洋县，西乡，石泉，汉阴，宁陕，城固

第三组：宜川，黄龙，宜君，长武，彬县，佛坪，镇安，丹凤，山阳

(25) 甘肃省

1）抗震设防烈度不低于9度，设计基本地震加速度值不小于0.40g：

第一组：古浪

2）抗震设防烈度为8度，设计基本地震加速度值为0.30g：

第一组：天水（2个市辖区），礼县

第二组：平川，西和

3）抗震设防烈度为8度，设计基本地震加速度值为0.20g：

第一组：岩昌，肃北

第二组：兰州（4个市辖区），成县，舟曲，徽县，康县，武威，永登，天祝，景泰，靖远，陇西，武山，秦安，清水，甘谷，漳县，会宁，静宁，庄浪，张家川，通渭，华亭，陇南，文县

第三组：两当，舟曲

4）抗震设防烈度为7度，设计基本地震加速度值为0.15g：

第一组：康乐，嘉峪关，玉门，酒泉，高台，临泽，肃南

第二组：白银（白银区），永靖，岷县，东乡，和政，广河，临潭，卓尼，迭部，临洮，渭源，皋兰，崇信，榆中，定西，金昌，阿克塞，民乐，永昌，红古区

第三组：平凉

5）抗震设防烈度为7度，设计基本地震加速度值为0.10g：

第一组：张掖，合作，玛曲，金塔，积石山

第二组：敦煌，安西，山丹，临夏，临夏县，夏河，碌曲，泾川，灵台

第三组：民勤，镇原，环县

6) 抗震设防烈度为6度，设计基本地震加速度值为0.05g：

第二组：华池，正宁，庆阳，合水，宁县

第三组：西峰

(26) 青海省

1) 抗震设防烈度为8度，设计基本地震加速度值为0.20g：

第一组：玛沁

第二组：玛多，达日

2) 抗震设防烈度为7度，设计基本地震加速度值为0.15g：

第一组：祁连，玉树

第二组：甘德，门源

3) 抗震设防烈度为7度，设计基本地震加速度值为0.10g：

第一组：乌兰，治多，称多，杂多，囊谦

第二组：西宁（4个市辖区），同仁，共和，德令哈，海晏，湟源，湟中，平安，民和，化隆，贵德，尖扎，循化，格尔木，贵南，同德，河南，曲麻莱，久治，班玛天峻，刚察

第三组：大通，互助，乐都，都兰，兴海

4) 抗震设防烈度为6度，设计基本地震加速度值为0.05g：

第二组：泽库

(27) 宁夏回族自治区

1) 抗震设防烈度为8度，设计基本地震加速度值为0.30g：

第一组：海原

2) 抗震设防烈度为8度，设计基本地震加速度值为0.20g：

第一组：银川（3个市辖区），石嘴山（3个市辖区），吴忠，惠农，平罗，贺兰，永宁，青铜峡，泾源，灵武，陶乐，固原

第二组：西吉，中卫，中宁，同心，隆德

3) 抗震设防烈度为7度，设计基本地震加速度值为0.15g：

第三组：彭阳

4) 抗震设防烈度为6度，设计基本地震加速度值为0.05g：

第三组：盐池

(28) 新疆维吾尔自治区

1) 抗震设防烈度不低于9度，设计基本地震加速度值不小于0.40g：

第二组：乌恰，塔什库尔干

2) 抗震设防烈度为8度，设计基本地震加速度值为0.30g：

第二组：阿图什，喀什，疏附

3) 抗震设防烈度为8度，设计基本地震加速度值为0.20g：

第一组：乌鲁木齐（7个市辖区），乌鲁木齐县，温宿，阿克苏，柯坪，米泉，乌苏，特克斯，库车，巴里坤，青河，富蕴，乌什*

第二组：尼勒克，新源，巩留，精河，奎屯，沙湾，玛纳斯，石河子，独山子

第三组：疏勒，伽师，阿克陶，英吉沙

4）抗震设防烈度为7度，设计基本地震加速度值为0.15g：

第一组：库尔勒，新和，轮台，和静，焉耆，博湖，巴楚，昌吉，拜城，阜康*，木垒*

第二组：伊宁，伊宁县，霍城，察布查尔，呼图壁

第三组：岳普湖

5）抗震设防烈度为7度，设计基本地震加速度值为0.10g：

第一组：吐鲁番，和田，和田县，昌吉，吉木萨尔，洛浦，奇台，伊吾，鄯善，托克逊，和硕，尉犁，墨玉，策勒，哈密

第二组：克拉玛依（克拉玛依区），博乐，温泉，阿合奇，阿瓦提，沙雅

第三组：莎车，泽普，叶城，麦盖堤，皮山

6）抗震设防烈度为6度，设计基本地震加速度值为0.05g：

第一组：于田，哈巴河，塔城，额敏，福海，和布克赛尔，乌尔禾

第二组：阿勒泰，托里，民丰，若羌，布尔津，吉木乃，裕民，白碱滩

第三组：且末

(29) 港澳特区和台湾省

1）抗震设防烈度不低于9度，设计基本地震加速度值不小于0.40g：

第一组：台中

第二组：苗栗，云林，嘉义，花莲

2）抗震设防烈度为8度，设计基本地震加速度值为0.30g：

第二组：台北，桃园，台南，基隆，宜兰，台东，屏东

3）抗震设防烈度为8度，设计基本地震加速度值为0.20g：

第二组：高雄，澎湖

4）抗震设防烈度为7度，设计基本地震加速度值为0.15g：

第一组：香港

5）抗震设防烈度为7度，设计基本地震加速度值为0.10g：

第一组：澳门

2. 中华人民共和国防震减灾法

2008年12月27日第十一届全国人民代表大会常务委员会第六次会议修订
中华人民共和国主席令
第七号
《中华人民共和国防震减灾法》已由中华人民共和国第十一届全国人民代表大会常务委员会第六次会议于2008年12月27日修订通过，现将修订后的《中华人民共和国防震减灾法》公布，自2009年5月1日起施行。

中华人民共和国主席　胡锦涛
2008年12月27日

第一章　总　则

第一条　为了防御和减轻地震灾害，保护人民生命和财产安全，促进经济社会的可持续发展，制定本法。

第二条　在中华人民共和国领域和中华人民共和国管辖的其他海域从事地震监测预报、地震灾害预防、地震应急救援、地震灾后过渡性安置和恢复重建等防震减灾活动，适用本法。

第三条　防震减灾工作，实行预防为主、防御与救助相结合的方针。

第四条　县级以上人民政府应当加强对防震减灾工作的领导，将防震减灾工作纳入本级国民经济和社会发展规划，所需经费列入财政预算。

第五条　在国务院的领导下，国务院地震工作主管部门和国务院经济综合宏观调控、建设、民政、卫生、公安以及其他有关部门，按照职责分工，各负其责，密切配合，共同做好防震减灾工作。

县级以上地方人民政府负责管理地震工作的部门或者机构和其他有关部门在本级人民政府领导下，按照职责分工，各负其责，密切配合，共同做好本行政区域的防震减灾工作。

第六条　国务院抗震救灾指挥机构负责统一领导、指挥和协调全国抗震救灾工作。县级以上地方人民政府抗震救灾指挥机构负责统一领导、指挥和协调本行政区域的抗震救灾工作。

国务院地震工作主管部门和县级以上地方人民政府负责管理地震工作的部门或者机构，承担本级人民政府抗震救灾指挥机构的日常工作。

第七条　各级人民政府应当组织开展防震减灾知识的宣传教育，增强公民的防震减灾意识，提高全社会的防震减灾能力。

第八条　任何单位和个人都有依法参加防震减灾活动的义务。

国家鼓励、引导社会组织和个人开展地震群测群防活动，对地震进行监测和预防。

国家鼓励、引导志愿者参加防震减灾活动。

第九条　中国人民解放军、中国人民武装警察部队和民兵组织，依照本法以及其他有关法律、行政法规、军事法规的规定和国务院、中央军事委员会的命令，执行抗震救灾任务，保护人民生命和财产安全。

第十条　从事防震减灾活动，应当遵守国家有关防震减灾标准。

第十一条　国家鼓励、支持防震减灾的科学技术研究，逐步提高防震减灾科学技术研究经费投入，推广先进的科学研究成果，加强国际合作与交流，提高防震减灾工作水平。

对在防震减灾工作中做出突出贡献的单位和个人，按照国家有关规定给予表彰和奖励。

第二章　防震减灾规划

第十二条　国务院地震工作主管部门会同国务院有关部门组织编制国家防震减灾规划，报国务院批准后组织实施。

县级以上地方人民政府负责管理地震工作的部门或者机构会同同级有关部门，根据上一级防震减灾规划和本行政区域的实际情况，组织编制本行政区域的防震减灾规划，报本级人民政府批准后组织实施，并报上一级人民政府负责管理地震工作的部门或者机构备案。

第十三条　编制防震减灾规划，应当遵循统筹安排、突出重点、合理布局、全面预防的原则，以震情和震害预测结果为依据，并充分考虑人民生命和财产安全及经济社会发展、资源环境保护等需要。

县级以上地方人民政府有关部门应当根据编制防震减灾规划的需要，及时提供有关资料。

第十四条　防震减灾规划的内容应当包括：震情形势和防震减灾总体目标，地震监测台网建设布局，地震灾害预防措施，地震应急救援措施，以及防震减灾技术、信息、资金、物资等保障措施。

编制防震减灾规划，应当对地震重点监视防御区的地震监测台网建设、震情跟踪、地震灾害预防措施、地震应急准备、防震减灾知识宣传教育等作出具体安排。

第十五条　防震减灾规划报送审批前，组织编制机关应当征求有关部门、单位、专家和公众的意见。

防震减灾规划报送审批文件中应当附具意见采纳情况及理由。

第十六条　防震减灾规划一经批准公布，应当严格执行；因震情形势变化和经济社会发展的需要确需修改的，应当按照原审批程序报送审批。

第三章　地震监测预报

第十七条　国家加强地震监测预报工作，建立多学科地震监测系统，逐步提高地震监测预报水平。

第十八条　国家对地震监测台网实行统一规划，分级、分类管理。

国务院地震工作主管部门和县级以上地方人民政府负责管理地震工作的部门或者机构，按照国务院有关规定，制定地震监测台网规划。

全国地震监测台网由国家级地震监测台网、省级地震监测台网和市、县级地震监测台网组成，其建设资金和运行经费列入财政预算。第十九条

第十九条　水库、油田、核电站等重大建设工程的建设单位，应当按照国务院有关规定，建设专用地震监测台网或者强震动监测设施，其建设资金和运行经费由建设单位承担。

第二十条　地震监测台网的建设，应当遵守法律、法规和国家有关标准，保证建设质量。

第二十一条　地震监测台网不得擅自中止或者终止运行。

检测、传递、分析、处理、存贮、报送地震监测信息的单位，应当保证地震监测信息的质量和安全。

县级以上地方人民政府应当组织相关单位为地震监测台网的运行提供通信、交通、电力等保障条件。

第二十二条　沿海县级以上地方人民政府负责管理地震工作的部门或者机构，应当加强海域地震活动监测预测工作。海域地震发生后，县级以上地方人民政府负责管理地震工

作的部门或者机构，应当及时向海洋主管部门和当地海事管理机构等通报情况。

火山所在地的县级以上地方人民政府负责管理地震工作的部门或者机构，应当利用地震监测设施和技术手段，加强火山活动监测预测工作。

第二十三条　国家依法保护地震监测设施和地震观测环境。

任何单位和个人不得侵占、毁损、拆除或者擅自移动地震监测设施。地震监测设施遭到破坏的，县级以上地方人民政府负责管理地震工作的部门或者机构应当采取紧急措施组织修复，确保地震监测设施正常运行。

任何单位和个人不得危害地震观测环境。国务院地震工作主管部门和县级以上地方人民政府负责管理地震工作的部门或者机构会同同级有关部门，按照国务院有关规定划定地震观测环境保护范围，并纳入土地利用总体规划和城乡规划。

第二十四条　新建、扩建、改建建设工程，应当避免对地震监测设施和地震观测环境造成危害。建设国家重点工程，确实无法避免对地震监测设施和地震观测环境造成危害的，建设单位应当按照县级以上地方人民政府负责管理地震工作的部门或者机构的要求，增建抗干扰设施；不能增建抗干扰设施的，应当新建地震监测设施。

对地震观测环境保护范围内的建设工程项目，城乡规划主管部门在依法核发选址意见书时，应当征求负责管理地震工作的部门或者机构的意见；不需要核发选址意见书的，城乡规划主管部门在依法核发建设用地规划许可证或者乡村建设规划许可证时，应当征求负责管理地震工作的部门或者机构的意见。

第二十五条　国务院地震工作主管部门建立健全地震监测信息共享平台，为社会提供服务。

县级以上地方人民政府负责管理地震工作的部门或者机构，应当将地震监测信息及时报送上一级人民政府负责管理地震工作的部门或者机构。

专用地震监测台网和强震动监测设施的管理单位，应当将地震监测信息及时报送所在地省、自治区、直辖市人民政府负责管理地震工作的部门或者机构。

第二十六条　国务院地震工作主管部门和县级以上地方人民政府负责管理地震工作的部门或者机构，根据地震监测信息研究结果，对可能发生地震的地点、时间和震级作出预测。

其他单位和个人通过研究提出的地震预测意见，应当向所在地或者所预测地的县级以上地方人民政府负责管理地震工作的部门或者机构书面报告，或者直接向国务院地震工作主管部门书面报告。收到书面报告的部门或者机构应当进行登记并出具接收凭证。

第二十七条　观测到可能与地震有关的异常现象的单位和个人，可以向所在地县级以上地方人民政府负责管理地震工作的部门或者机构报告，也可以直接向国务院地震工作主管部门报告。

国务院地震工作主管部门和县级以上地方人民政府负责管理地震工作的部门或者机构接到报告后，应当进行登记并及时组织调查核实。

第二十八条　国务院地震工作主管部门和省、自治区、直辖市人民政府负责管理地震工作的部门或者机构，应当组织召开震情会商会，必要时邀请有关部门、专家和其他有关人员参加，对地震预测意见和可能与地震有关的异常现象进行综合分析研究，形成震情会商意见，报本级人民政府；经震情会商形成地震预报意见的，在报本级人民政府前，应当进行评审，作出评审结果，并提出对策建议。

第二十九条 国家对地震预报意见实行统一发布制度。

全国范围内的地震长期和中期预报意见，由国务院发布。省、自治区、直辖市行政区域内的地震预报意见，由省、自治区、直辖市人民政府按照国务院规定的程序发布。

除发表本人或者本单位对长期、中期地震活动趋势的研究成果及进行相关学术交流外，任何单位和个人不得向社会散布地震预测意见。任何单位和个人不得向社会散布地震预报意见及其评审结果。

第三十条 国务院地震工作主管部门根据地震活动趋势和震害预测结果，提出确定地震重点监视防御区的意见，报国务院批准。

国务院地震工作主管部门应当加强地震重点监视防御区的震情跟踪，对地震活动趋势进行分析评估，提出年度防震减灾工作意见，报国务院批准后实施。

地震重点监视防御区的县级以上地方人民政府应当根据年度防震减灾工作意见和当地的地震活动趋势，组织有关部门加强防震减灾工作。

地震重点监视防御区的县级以上地方人民政府负责管理地震工作的部门或者机构，应当增加地震监测台网密度，组织做好震情跟踪、流动观测和可能与地震有关的异常现象观测以及群测群防工作，并及时将有关情况报上一级人民政府负责管理地震工作的部门或者机构。

第三十一条 国家支持全国地震烈度速报系统的建设。

地震灾害发生后，国务院地震工作主管部门应当通过全国地震烈度速报系统快速判断致灾程度，为指挥抗震救灾工作提供依据。

第三十二条 国务院地震工作主管部门和县级以上地方人民政府负责管理地震工作的部门或者机构，应当对发生地震灾害的区域加强地震监测，在地震现场设立流动观测点，根据震情的发展变化，及时对地震活动趋势作出分析、判定，为余震防范工作提供依据。

国务院地震工作主管部门和县级以上地方人民政府负责管理地震工作的部门或者机构、地震监测台网的管理单位，应当及时收集、保存有关地震的资料和信息，并建立完整的档案。

第三十三条 外国的组织或者个人在中华人民共和国领域和中华人民共和国管辖的其他海域从事地震监测活动，必须经国务院地震工作主管部门会同有关部门批准，并采取与中华人民共和国有关部门或者单位合作的形式进行。

第四章 地震灾害预防

第三十四条 国务院地震工作主管部门负责制定全国地震烈度区划图或者地震动参数区划图。

国务院地震工作主管部门和省、自治区、直辖市人民政府负责管理地震工作的部门或者机构，负责审定建设工程的地震安全性评价报告，确定抗震设防要求。

第三十五条 新建、扩建、改建建设工程，应当达到抗震设防要求。

重大建设工程和可能发生严重次生灾害的建设工程，应当按照国务院有关规定进行地震安全性评价，并按照经审定的地震安全性评价报告所确定的抗震设防要求进行抗震设防。建设工程的地震安全性评价单位应当按照国家有关标准进行地震安全性评价，并对地震安全性评价报告的质量负责。

前款规定以外的建设工程,应当按照地震烈度区划图或者地震动参数区划图所确定的抗震设防要求进行抗震设防;对学校、医院等人员密集场所的建设工程,应当按照高于当地房屋建筑的抗震设防要求进行设计和施工,采取有效措施,增强抗震设防能力。

第三十六条 有关建设工程的强制性标准,应当与抗震设防要求相衔接。

第三十七条 国家鼓励城市人民政府组织制定地震小区划图。地震小区划图由国务院地震工作主管部门负责审定。

第三十八条 建设单位对建设工程的抗震设计、施工的全过程负责。

设计单位应当按照抗震设防要求和工程建设强制性标准进行抗震设计,并对抗震设计的质量以及出具的施工图设计文件的准确性负责。

施工单位应当按照施工图设计文件和工程建设强制性标准进行施工,并对施工质量负责。

建设单位、施工单位应当选用符合施工图设计文件和国家有关标准规定的材料、构配件和设备。

工程监理单位应当按照施工图设计文件和工程建设强制性标准实施监理,并对施工质量承担监理责任。

第三十九条 已经建成的下列建设工程,未采取抗震设防措施或者抗震设防措施未达到抗震设防要求的,应当按照国家有关规定进行抗震性能鉴定,并采取必要的抗震加固措施:

(一)重大建设工程;

(二)可能发生严重次生灾害的建设工程;

(三)具有重大历史、科学、艺术价值或者重要纪念意义的建设工程;

(四)学校、医院等人员密集场所的建设工程;

(五)地震重点监视防御区内的建设工程。

第四十条 县级以上地方人民政府应当加强对农村村民住宅和乡村公共设施抗震设防的管理,组织开展农村实用抗震技术的研究和开发,推广达到抗震设防要求、经济适用、具有当地特色的建筑设计和施工技术,培训相关技术人员,建设示范工程,逐步提高农村村民住宅和乡村公共设施的抗震设防水平。

国家对需要抗震设防的农村村民住宅和乡村公共设施给予必要支持。

第四十一条 城乡规划应当根据地震应急避难的需要,合理确定应急疏散通道和应急避难场所,统筹安排地震应急避难所必需的交通、供水、供电、排污等基础设施建设。

第四十二条 地震重点监视防御区的县级以上地方人民政府应当根据实际需要,在本级财政预算和物资储备中安排抗震救灾资金、物资。

第四十三条 国家鼓励、支持研究开发和推广使用符合抗震设防要求、经济实用的新技术、新工艺、新材料。

第四十四条 县级人民政府及其有关部门和乡、镇人民政府、城市街道办事处等基层组织,应当组织开展地震应急知识的宣传普及活动和必要的地震应急救援演练,提高公民在地震灾害中自救互救的能力。

机关、团体、企业、事业等单位,应当按照所在地人民政府的要求,结合各自实际情况,加强对本单位人员的地震应急知识宣传教育,开展地震应急救援演练。

学校应当进行地震应急知识教育,组织开展必要的地震应急救援演练,培养学生的安全意识和自救互救能力。

新闻媒体应当开展地震灾害预防和应急、自救互救知识的公益宣传。

国务院地震工作主管部门和县级以上地方人民政府负责管理地震工作的部门或者机构,应当指导、协助、督促有关单位做好防震减灾知识的宣传教育和地震应急救援演练等工作。

第四十五条 国家发展有财政支持的地震灾害保险事业,鼓励单位和个人参加地震灾害保险。

第五章 地震应急救援

第四十六条 国务院地震工作主管部门会同国务院有关部门制定国家地震应急预案,报国务院批准。国务院有关部门根据国家地震应急预案,制定本部门的地震应急预案,报国务院地震工作主管部门备案。

县级以上地方人民政府及其有关部门和乡、镇人民政府,应当根据有关法律、法规、规章、上级人民政府及其有关部门的地震应急预案和本行政区域的实际情况,制定本行政区域的地震应急预案和本部门的地震应急预案。省、自治区、直辖市和较大的市的地震应急预案,应当报国务院地震工作主管部门备案。

交通、铁路、水利、电力、通信等基础设施和学校、医院等人员密集场所的经营管理单位,以及可能发生次生灾害的核电、矿山、危险物品等生产经营单位,应当制定地震应急预案,并报所在地的县级人民政府负责管理地震工作的部门或者机构备案。

第四十七条 地震应急预案的内容应当包括:组织指挥体系及其职责,预防和预警机制,处置程序,应急响应和应急保障措施等。

地震应急预案应当根据实际情况适时修订。

第四十八条 地震预报意见发布后,有关省、自治区、直辖市人民政府根据预报的震情可以宣布有关区域进入临震应急期;有关地方人民政府应当按照地震应急预案,组织有关部门做好应急防范和抗震救灾准备工作。

第四十九条 按照社会危害程度、影响范围等因素,地震灾害分为一般、较大、重大和特别重大四级。具体分级标准按照国务院规定执行。

一般或者较大地震灾害发生后,地震发生地的市、县人民政府负责组织有关部门启动地震应急预案;重大地震灾害发生后,地震发生地的省、自治区、直辖市人民政府负责组织有关部门启动地震应急预案;特别重大地震灾害发生后,国务院负责组织有关部门启动地震应急预案。

第五十条 地震灾害发生后,抗震救灾指挥机构应当立即组织有关部门和单位迅速查清受灾情况,提出地震应急救援力量的配置方案,并采取以下紧急措施:

(一)迅速组织抢救被压埋人员,并组织有关单位和人员开展自救互救;
(二)迅速组织实施紧急医疗救护,协调伤员转移和接收与救治;
(三)迅速组织抢修毁损的交通、铁路、水利、电力、通信等基础设施;
(四)启用应急避难场所或者设置临时避难场所,设置救济物资供应点,提供救济物品、简易住所和临时住所，及时转移和安置受灾群众，确保饮用水消毒和水质安全，积极开展卫生防疫，妥善安排受灾群众生活；

（五）迅速控制危险源，封锁危险场所，做好次生灾害的排查与监测预警工作，防范地震可能引发的火灾、水灾、爆炸、山体滑坡和崩塌、泥石流、地面塌陷，或者剧毒、强腐蚀性、放射性物质大量泄漏等次生灾害以及传染病疫情的发生；

（六）依法采取维持社会秩序、维护社会治安的必要措施。

第五十一条　特别重大地震灾害发生后，国务院抗震救灾指挥机构在地震灾区成立现场指挥机构，并根据需要设立相应的工作组，统一组织领导、指挥和协调抗震救灾工作。

各级人民政府及有关部门和单位、中国人民解放军、中国人民武装警察部队和民兵组织，应当按照统一部署，分工负责，密切配合，共同做好地震应急救援工作。

第五十二条　地震灾区的县级以上地方人民政府应当及时将地震震情和灾情等信息向上一级人民政府报告，必要时可以越级上报，不得迟报、谎报、瞒报。

地震震情、灾情和抗震救灾等信息按照国务院有关规定实行归口管理，统一、准确、及时发布。

第五十三条　国家鼓励、扶持地震应急救援新技术和装备的研究开发，调运和储备必要的应急救援设施、装备，提高应急救援水平。

第五十四条　国务院建立国家地震灾害紧急救援队伍。

省、自治区、直辖市人民政府和地震重点监视防御区的市、县人民政府可以根据实际需要，充分利用消防等现有队伍，按照一队多用、专职与兼职相结合的原则，建立地震灾害紧急救援队伍。

地震灾害紧急救援队伍应当配备相应的装备、器材，开展培训和演练，提高地震灾害紧急救援能力。

地震灾害紧急救援队伍在实施救援时，应当首先对倒塌建筑物、构筑物压埋人员进行紧急救援。

第五十五条　县级以上人民政府有关部门应当按照职责分工，协调配合，采取有效措施，保障地震灾害紧急救援队伍和医疗救治队伍快速、高效地开展地震灾害紧急救援活动。

第五十六条　县级以上地方人民政府及其有关部门可以建立地震灾害救援志愿者队伍，并组织开展地震应急救援知识培训和演练，使志愿者掌握必要的地震应急救援技能，增强地震灾害应急救援能力。

第五十七条　国务院地震工作主管部门会同有关部门和单位，组织协调外国救援队和医疗队在中华人民共和国开展地震灾害紧急救援活动。

国务院抗震救灾指挥机构负责外国救援队和医疗队的统筹调度，并根据其专业特长，科学、合理地安排紧急救援任务。

地震灾区的地方各级人民政府，应当对外国救援队和医疗队开展紧急救援活动予以支持和配合。

第六章　地震灾后过渡性安置和恢复重建

第五十八条　国务院或者地震灾区的省、自治区、直辖市人民政府应当及时组织对地震灾害损失进行调查评估，为地震应急救援、灾后过渡性安置和恢复重建提供依据。

地震灾害损失调查评估的具体工作，由国务院地震工作主管部门或者地震灾区的省、自治区、直辖市人民政府负责管理地震工作的部门或者机构和财政、建设、民政等有关部门按照国务院的规定承担。

第五十九条　地震灾区受灾群众需要过渡性安置的，应当根据地震灾区的实际情况，在确保安全的前提下，采取灵活多样的方式进行安置。

第六十条　过渡性安置点应当设置在交通条件便利、方便受灾群众恢复生产和生活的区域，并避开地震活动断层和可能发生严重次生灾害的区域。

过渡性安置点的规模应当适度，并采取相应的防灾、防疫措施，配套建设必要的基础设施和公共服务设施，确保受灾群众的安全和基本生活需要。

第六十一条　实施过渡性安置应当尽量保护农用地，并避免对自然保护区、饮用水水源保护区以及生态脆弱区域造成破坏。

过渡性安置用地按照临时用地安排，可以先行使用，事后依法办理有关用地手续；到期未转为永久性用地的，应当复垦后交还原土地使用者。

第六十二条　过渡性安置点所在地的县级人民政府，应当组织有关部门加强对次生灾害、饮用水水质、食品卫生、疫情等的监测，开展流行病学调查，整治环境卫生，避免对土壤、水环境等造成污染。

过渡性安置点所在地的公安机关，应当加强治安管理，依法打击各种违法犯罪行为，维护正常的社会秩序。

第六十三条　地震灾区的县级以上地方人民政府及其有关部门和乡、镇人民政府，应当及时组织修复毁损的农业生产设施，提供农业生产技术指导，尽快恢复农业生产；优先恢复供电、供水、供气等企业的生产，并对大型骨干企业恢复生产提供支持，为全面恢复农业、工业、服务业生产经营提供条件。

第六十四条　各级人民政府应当加强对地震灾后恢复重建工作的领导、组织和协调。

县级以上人民政府有关部门应当在本级人民政府领导下，按照职责分工，密切配合，采取有效措施，共同做好地震灾后恢复重建工作。

第六十五条　国务院有关部门应当组织有关专家开展地震活动对相关建设工程破坏机理的调查评估，为修订完善有关建设工程的强制性标准、采取抗震设防措施提供科学依据。

第六十六条　特别重大地震灾害发生后，国务院经济综合宏观调控部门会同国务院有关部门与地震灾区的省、自治区、直辖市人民政府共同组织编制地震灾后恢复重建规划，报国务院批准后组织实施；重大、较大、一般地震灾害发生后，由地震灾区的省、自治区、直辖市人民政府根据实际需要组织编制地震灾后恢复重建规划。

地震灾害损失调查评估获得的地质、勘察、测绘、土地、气象、水文、环境等基础资料和经国务院地震工作主管部门复核的地震动参数区划图，应当作为编制地震灾后恢复重建规划的依据。

编制地震灾后恢复重建规划，应当征求有关部门、单位、专家和公众特别是地震灾区受灾群众的意见；重大事项应当组织有关专家进行专题论证。

第六十七条　地震灾后恢复重建规划应当根据地质条件和地震活动断层分布以及资源

环境承载能力,重点对城镇和乡村的布局、基础设施和公共服务设施的建设、防灾减灾和生态环境以及自然资源和历史文化遗产保护等作出安排。

地震灾区内需要异地新建的城镇和乡村的选址以及地震灾后重建工程的选址,应当符合地震灾后恢复重建规划和抗震设防、防灾减灾要求,避开地震活动断层或者生态脆弱和可能发生洪水、山体滑坡和崩塌、泥石流、地面塌陷等灾害的区域以及传染病自然疫源地。

第六十八条 地震灾区的地方各级人民政府应当根据地震灾后恢复重建规划和当地经济社会发展水平,有计划、分步骤地组织实施地震灾后恢复重建。

第六十九条 地震灾区的县级以上地方人民政府应当组织有关部门和专家,根据地震灾害损失调查评估结果,制定清理保护方案,明确典型地震遗址、遗迹和文物保护单位以及具有历史价值与民族特色的建筑物、构筑物的保护范围和措施。

对地震灾害现场的清理,按照清理保护方案分区、分类进行,并依照法律、行政法规和国家有关规定,妥善清理、转运和处置有关放射性物质、危险废物和有毒化学品,开展防疫工作,防止传染病和重大动物疫情的发生。

第七十条 地震灾后恢复重建,应当统筹安排交通、铁路、水利、电力、通信、供水、供电等基础设施和市政公用设施,学校、医院、文化、商贸服务、防灾减灾、环境保护等公共服务设施,以及住房和无障碍设施的建设,合理确定建设规模和时序。

乡村的地震灾后恢复重建,应当尊重村民意愿,发挥村民自治组织的作用,以群众自建为主,政府补助、社会帮扶、对口支援,因地制宜,节约和集约利用土地,保护耕地。

少数民族聚居的地方的地震灾后恢复重建,应当尊重当地群众的意愿。

第七十一条 地震灾区的县级以上地方人民政府应当组织有关部门和单位,抢救、保护与收集整理有关档案、资料,对因地震灾害遗失、毁损的档案、资料,及时补充和恢复。

第七十二条 地震灾后恢复重建应当坚持政府主导、社会参与和市场运作相结合的原则。

地震灾区的地方各级人民政府应当组织受灾群众和企业开展生产自救,自力更生、艰苦奋斗、勤俭节约,尽快恢复生产。

国家对地震灾后恢复重建给予财政支持、税收优惠和金融扶持,并提供物资、技术和人力等支持。

第七十三条 地震灾区的地方各级人民政府应当组织做好救助、救治、康复、补偿、抚慰、抚恤、安置、心理援助、法律服务、公共文化服务等工作。

各级人民政府及有关部门应当做好受灾群众的就业工作,鼓励企业、事业单位优先吸纳符合条件的受灾群众就业。

第七十四条 对地震灾后恢复重建中需要办理行政审批手续的事项,有审批权的人民政府及有关部门应当按照方便群众、简化手续、提高效率的原则,依法及时予以办理。

第七章 监督管理

第七十五条 县级以上人民政府依法加强对防震减灾规划和地震应急预案的编制与实施、地震应急避难场所的设置与管理、地震灾害紧急救援队伍的培训、防震减灾知识宣传教育和地震应急救援演练等工作的监督检查。

县级以上人民政府有关部门应当加强对地震应急救援、地震灾后过渡性安置和恢复重建的物资的质量安全的监督检查。

第七十六条　县级以上人民政府建设、交通、铁路、水利、电力、地震等有关部门应当按照职责分工，加强对工程建设强制性标准、抗震设防要求执行情况和地震安全性评价工作的监督检查。

第七十七条　禁止侵占、截留、挪用地震应急救援、地震灾后过渡性安置和恢复重建的资金、物资。

县级以上人民政府有关部门对地震应急救援、地震灾后过渡性安置和恢复重建的资金、物资以及社会捐赠款物的使用情况，依法加强管理和监督，予以公布，并对资金、物资的筹集、分配、拨付、使用情况登记造册，建立健全档案。

第七十八条　地震灾区的地方人民政府应当定期公布地震应急救援、地震灾后过渡性安置和恢复重建的资金、物资以及社会捐赠款物的来源、数量、发放和使用情况，接受社会监督。

第七十九条　审计机关应当加强对地震应急救援、地震灾后过渡性安置和恢复重建的资金、物资的筹集、分配、拨付、使用的审计，并及时公布审计结果。

第八十条　监察机关应当加强对参与防震减灾工作的国家行政机关和法律、法规授权的具有管理公共事务职能的组织及其工作人员的监察。

第八十一条　任何单位和个人对防震减灾活动中的违法行为，有权进行举报。

接到举报的人民政府或者有关部门应当进行调查，依法处理，并为举报人保密。

第八章　法律责任

第八十二条　国务院地震工作主管部门、县级以上地方人民政府负责管理地震工作的部门或者机构，以及其他依照本法规定行使监督管理权的部门，不依法作出行政许可或者办理批准文件的，发现违法行为或者接到对违法行为的举报后不予查处的，或者有其他未依照本法规定履行职责的行为的，对直接负责的主管人员和其他直接责任人员，依法给予处分。

第八十三条　未按照法律、法规和国家有关标准进行地震监测台网建设的，由国务院地震工作主管部门或者县级以上地方人民政府负责管理地震工作的部门或者机构责令改正，采取相应的补救措施；对直接负责的主管人员和其他直接责任人员，依法给予处分。

第八十四条　违反本法规定，有下列行为之一的，由国务院地震工作主管部门或者县级以上地方人民政府负责管理地震工作的部门或者机构责令停止违法行为，恢复原状或者采取其他补救措施；造成损失的，依法承担赔偿责任：

（一）侵占、毁损、拆除或者擅自移动地震监测设施的；

（二）危害地震观测环境的；

（三）破坏典型地震遗址、遗迹的。

单位有前款所列违法行为，情节严重的，处二万元以上二十万元以下的罚款；个人有前款所列违法行为，情节严重的，处二千元以下的罚款。构成违反治安管理行为的，由公安机关依法给予处罚。

第八十五条　违反本法规定，未按照要求增建抗干扰设施或者新建地震监测设施的，由国务院地震工作主管部门或者县级以上地方人民政府负责管理地震工作的部门或者机构责令限期改正；逾期不改正的，处二万元以上二十万元以下的罚款；造成损失的，依法承担赔偿责任。

第八十六条　违反本法规定，外国的组织或者个人未经批准，在中华人民共和国领域和中华人民共和国管辖的其他海域从事地震监测活动的，由国务院地震工作主管部门责令停止违法行为，没收监测成果和监测设施，并处一万元以上十万元以下的罚款；情节严重的，并处十万元以上五十万元以下的罚款。

外国人有前款规定行为的，除依照前款规定处罚外，还应当依照外国人入境出境管理法律的规定缩短其在中华人民共和国停留的期限或者取消其在中华人民共和国居留的资格；情节严重的，限期出境或者驱逐出境。

第八十七条　未依法进行地震安全性评价，或者未按照地震安全性评价报告所确定的抗震设防要求进行抗震设防的，由国务院地震工作主管部门或者县级以上地方人民政府负责管理地震工作的部门或者机构责令限期改正；逾期不改正的，处三万元以上三十万元以下的罚款。

第八十八条　违反本法规定，向社会散布地震预测意见、地震预报意见及其评审结果，或者在地震灾后过渡性安置、地震灾后恢复重建中扰乱社会秩序，构成违反治安管理行为的，由公安机关依法给予处罚。

第八十九条　地震灾区的县级以上地方人民政府迟报、谎报、瞒报地震震情、灾情等信息的，由上级人民政府责令改正；对直接负责的主管人员和其他直接责任人员，依法给予处分。

第九十条　侵占、截留、挪用地震应急救援、地震灾后过渡性安置或者地震灾后恢复重建的资金、物资的，由财政部门、审计机关在各自职责范围内，责令改正，追回被侵占、截留、挪用的资金、物资；有违法所得的，没收违法所得；对单位给予警告或者通报批评；对直接负责的主管人员和其他直接责任人员，依法给予处分。

第九十一条　违反本法规定，构成犯罪的，依法追究刑事责任。

第九章　附　则

第九十二条　本法下列用语的含义：

（一）地震监测设施，是指用于地震信息检测、传输和处理的设备、仪器和装置以及配套的监测场地。

（二）地震观测环境，是指按照国家有关标准划定的保障地震监测设施不受干扰、能够正常发挥工作效能的空间范围。

（三）重大建设工程，是指对社会有重大价值或者有重大影响的工程。

（四）可能发生严重次生灾害的建设工程，是指受地震破坏后可能引发水灾、火灾、爆炸，或者剧毒、强腐蚀性、放射性物质大量泄漏，以及其他严重次生灾害的建设工程，包括水库大坝和贮油、贮气设施，贮存易燃易爆或者剧毒、强腐蚀性、放射性物质的设施，以及其他可能发生严重次生灾害的建设工程。

（五）地震烈度区划图，是指以地震烈度（以等级表示的地震影响强弱程度）为指标，将全国划分为不同抗震设防要求区域的图件。

（六）地震动参数区划图，是指以地震动参数（以加速度表示地震作用强弱程度）为指标，将全国划分为不同抗震设防要求区域的图件。

（七）地震小区划图，是指根据某一区域的具体场地条件，对该区域的抗震设防要求进行详细划分的图件。

第九十三条　本法自2009年5月1日起施行。

（新华社北京2008年12月27日电）

3. 中华人民共和国突发事件应对法

（中华人民共和国主席令第六十九号）
（2007年8月30日第十届全国人民代表大会常务委员会第二十九次会议通过）

第一章　总　则

第一条　为了预防和减少突发事件的发生，控制、减轻和消除突发事件引起的严重社会危害，规范突发事件应对活动，保护人民生命财产安全，维护国家安全、公共安全、环境安全和社会秩序，制定本法。

第二条　突发事件的预防与应急准备、监测与预警、应急处置与救援、事后恢复与重建等应对活动，适用本法。

第三条　本法所称突发事件，是指突然发生，造成或者可能造成严重社会危害，需要采取应急处置措施予以应对的自然灾害、事故灾难、公共卫生事件和社会安全事件。

按照社会危害程度、影响范围等因素，自然灾害、事故灾难、公共卫生事件分为特别重大、重大、较大和一般四级。法律、行政法规或者国务院另有规定的，从其规定。

突发事件的分级标准由国务院或者国务院确定的部门制定。

第四条　国家建立统一领导、综合协调、分类管理、分级负责、属地管理为主的应急管理体制。

第五条　突发事件应对工作实行预防为主、预防与应急相结合的原则。国家建立重大突发事件风险评估体系，对可能发生的突发事件进行综合性评估，减少重大突发事件的发生，最大限度地减轻重大突发事件的影响。

第六条　国家建立有效的社会动员机制，增强全民的公共安全和防范风险的意识，提高全社会的避险救助能力。

第七条　县级人民政府对本行政区域内突发事件的应对工作负责；涉及两个以上行政区域的，由有关行政区域共同的上一级人民政府负责，或者由各有关行政区域的上一级人民政府共同负责。

突发事件发生后，发生地县级人民政府应当立即采取措施控制事态发展，组织开展应急救援和处置工作，并立即向上一级人民政府报告，必要时可以越级上报。

突发事件发生地县级人民政府不能消除或者不能有效控制突发事件引起的严重社会危

害的，应当及时向上级人民政府报告。上级人民政府应当及时采取措施，统一领导应急处置工作。

法律、行政法规规定由国务院有关部门对突发事件的应对工作负责的，从其规定；地方人民政府应当积极配合并提供必要的支持。

第八条　国务院在总理领导下研究、决定和部署特别重大突发事件的应对工作；根据实际需要，设立国家突发事件应急指挥机构，负责突发事件应对工作；必要时，国务院可以派出工作组指导有关工作。

县级以上地方各级人民政府设立由本级人民政府主要负责人、相关部门负责人、驻当地中国人民解放军和中国人民武装警察部队有关负责人组成的突发事件应急指挥机构，统一领导、协调本级人民政府各有关部门和下级人民政府开展突发事件应对工作；根据实际需要，设立相关类别突发事件应急指挥机构，组织、协调、指挥突发事件应对工作。

上级人民政府主管部门应当在各自职责范围内，指导、协助下级人民政府及其相应部门做好有关突发事件的应对工作。

第九条　国务院和县级以上地方各级人民政府是突发事件应对工作的行政领导机关，其办事机构及具体职责由国务院规定。

第十条　有关人民政府及其部门作出的应对突发事件的决定、命令，应当及时公布。

第十一条　有关人民政府及其部门采取的应对突发事件的措施，应当与突发事件可能造成的社会危害的性质、程度和范围相适应；有多种措施可供选择的，应当选择有利于最大程度地保护公民、法人和其他组织权益的措施。

公民、法人和其他组织有义务参与突发事件应对工作。

第十二条　有关人民政府及其部门为应对突发事件，可以征用单位和个人的财产。被征用的财产在使用完毕或者突发事件应急处置工作结束后，应当及时返还。财产被征用或者征用后毁损、灭失的，应当给予补偿。

第十三条　因采取突发事件应对措施，诉讼、行政复议、仲裁活动不能正常进行的，适用有关时效中止和程序中止的规定，但法律另有规定的除外。

第十四条　中国人民解放军、中国人民武装警察部队和民兵组织依照本法和其他有关法律、行政法规、军事法规的规定以及国务院、中央军事委员会的命令，参加突发事件的应急救援和处置工作。

第十五条　中华人民共和国政府在突发事件的预防、监测与预警、应急处置与救援、事后恢复与重建等方面，同外国政府和有关国际组织开展合作与交流。

第十六条　县级以上人民政府作出应对突发事件的决定、命令，应当报本级人民代表大会常务委员会备案；突发事件应急处置工作结束后，应当向本级人民代表大会常务委员会作出专项工作报告。

第二章　预防与应急准备

第十七条　国家建立健全突发事件应急预案体系。

国务院制定国家突发事件总体应急预案，组织制定国家突发事件专项应急预案；国务院有关部门根据各自的职责和国务院相关应急预案，制定国家突发事件部门应急预案。

地方各级人民政府和县级以上地方各级人民政府有关部门根据有关法律、法规、规章、上级人民政府及其有关部门的应急预案以及本地区的实际情况，制定相应的突发事件应急预案。

应急预案制定机关应当根据实际需要和情势变化，适时修订应急预案。应急预案的制定、修订程序由国务院规定。

第十八条　应急预案应当根据本法和其他有关法律、法规的规定，针对突发事件的性质、特点和可能造成的社会危害，具体规定突发事件应急管理工作的组织指挥体系与职责和突发事件的预防与预警机制、处置程序、应急保障措施以及事后恢复与重建措施等内容。

第十九条　城乡规划应当符合预防、处置突发事件的需要，统筹安排应对突发事件所必需的设备和基础设施建设，合理确定应急避难场所。

第二十条　县级人民政府应当对本行政区域内容易引发自然灾害、事故灾难和公共卫生事件的危险源、危险区域进行调查、登记、风险评估，定期进行检查、监控，并责令有关单位采取安全防范措施。

省和设区的市级人民政府应当对本行政区域内容易引发特别重大、重大突发事件的危险源、危险区域进行调查、登记、风险评估，组织进行检查、监控，并责令有关单位采取安全防范措施。

县级以上地方各级人民政府按照本法规定登记的危险源、危险区域，应当按照国家规定及时向社会公布。

第二十一条　县级人民政府及其有关部门、乡级人民政府、街道办事处、居民委员会、村民委员会应当及时调解处理可能引发社会安全事件的矛盾纠纷。

第二十二条　所有单位应当建立健全安全管理制度，定期检查本单位各项安全防范措施的落实情况，及时消除事故隐患；掌握并及时处理本单位存在的可能引发社会安全事件的问题，防止矛盾激化和事态扩大；对本单位可能发生的突发事件和采取安全防范措施的情况，应当按照规定及时向所在地人民政府或者人民政府有关部门报告。

第二十三条　矿山、建筑施工单位和易燃易爆物品、危险化学品、放射性物品等危险物品的生产、经营、储运、使用单位，应当制定具体应急预案，并对生产经营场所、有危险物品的建筑物、构筑物及周边环境开展隐患排查，及时采取措施消除隐患，防止发生突发事件。

第二十四条　公共交通工具、公共场所和其他人员密集场所的经营单位或者管理单位应当制定具体应急预案，为交通工具和有关场所配备报警装置和必要的应急救援设备、设施，注明其使用方法，并显著标明安全撤离的通道、路线，保证安全通道、出口的畅通。

有关单位应当定期检测、维护其报警装置和应急救援设备、设施，使其处于良好状态，确保正常使用。

第二十五条　县级以上人民政府应当建立健全突发事件应急管理培训制度，对人民政府及其有关部门负有处置突发事件职责的工作人员定期进行培训。

第二十六条　县级以上人民政府应当整合应急资源，建立或者确定综合性应急救援队伍。人民政府有关部门可以根据实际需要设立专业应急救援队伍。

县级以上人民政府及其有关部门可以建立由成年志愿者组成的应急救援队伍。单位应当建立由本单位职工组成的专职或者兼职应急救援队伍。

县级以上人民政府应当加强专业应急救援队伍与非专业应急救援队伍的合作，联合培训、联合演练，提高合成应急、协同应急的能力。

第二十七条　国务院有关部门、县级以上地方各级人民政府及其有关部门、有关单位应当为专业应急救援人员购买人身意外伤害保险，配备必要的防护装备和器材，减少应急救援人员的人身风险。

第二十八条　中国人民解放军、中国人民武装警察部队和民兵组织应当有计划地组织开展应急救援的专门训练。

第二十九条　县级人民政府及其有关部门、乡级人民政府、街道办事处应当组织开展应急知识的宣传普及活动和必要的应急演练。

居民委员会、村民委员会、企业事业单位应当根据所在地人民政府的要求，结合各自的实际情况，开展有关突发事件应急知识的宣传普及活动和必要的应急演练。

新闻媒体应当无偿开展突发事件预防与应急、自救与互救知识的公益宣传。

第三十条　各级各类学校应当把应急知识教育纳入教学内容，对学生进行应急知识教育，培养学生的安全意识和自救与互救能力。

教育主管部门应当对学校开展应急知识教育进行指导和监督。

第三十一条　国务院和县级以上地方各级人民政府应当采取财政措施，保障突发事件应对工作所需经费。

第三十二条　国家建立健全应急物资储备保障制度，完善重要应急物资的监管、生产、储备、调拨和紧急配送体系。

设区的市级以上人民政府和突发事件易发、多发地区的县级人民政府应当建立应急救援物资、生活必需品和应急处置装备的储备制度。

县级以上地方各级人民政府应当根据本地区的实际情况，与有关企业签订协议，保障应急救援物资、生活必需品和应急处置装备的生产、供给。

第三十三条　国家建立健全应急通信保障体系，完善公用通信网，建立有线与无线相结合、基础电信网络与机动通信系统相配套的应急通信系统，确保突发事件应对工作的通信畅通。

第三十四条　国家鼓励公民、法人和其他组织为人民政府应对突发事件工作提供物资、资金、技术支持和捐赠。

第三十五条　国家发展保险事业，建立国家财政支持的巨灾风险保险体系，并鼓励单位和公民参加保险。

第三十六条　国家鼓励、扶持具备相应条件的教学科研机构培养应急管理专门人才，鼓励、扶持教学科研机构和有关企业研究开发用于突发事件预防、监测、预警、应急处置与救援的新技术、新设备和新工具。

第三章　监测与预警

第三十七条　国务院建立全国统一的突发事件信息系统。

县级以上地方各级人民政府应当建立或者确定本地区统一的突发事件信息系统，汇集、储存、分析、传输有关突发事件的信息，并与上级人民政府及其有关部门、下级人民政府及其有关部门、专业机构和监测网点的突发事件信息系统实现互联互通，加强跨部门、跨地区的信息交流与情报合作。

第三十八条　县级以上人民政府及其有关部门、专业机构应当通过多种途径收集突发事件信息。

县级人民政府应当在居民委员会、村民委员会和有关单位建立专职或者兼职信息报告员制度。

获悉突发事件信息的公民、法人或者其他组织，应当立即向所在地人民政府、有关主管部门或者指定的专业机构报告。

第三十九条　地方各级人民政府应当按照国家有关规定向上级人民政府报送突发事件信息。县级以上人民政府有关主管部门应当向本级人民政府相关部门通报突发事件信息。专业机构、监测网点和信息报告员应当及时向所在地人民政府及其有关主管部门报告突发事件信息。

有关单位和人员报送、报告突发事件信息，应当做到及时、客观、真实，不得迟报、谎报、瞒报、漏报。

第四十条　县级以上地方各级人民政府应当及时汇总分析突发事件隐患和预警信息，必要时组织相关部门、专业技术人员、专家学者进行会商，对发生突发事件的可能性及其可能造成的影响进行评估；认为可能发生重大或者特别重大突发事件的，应当立即向上级人民政府报告，并向上级人民政府有关部门、当地驻军和可能受到危害的毗邻或者相关地区的人民政府通报。

第四十一条　国家建立健全突发事件监测制度。

县级以上人民政府及其有关部门应当根据自然灾害、事故灾难和公共卫生事件的种类和特点，建立健全基础信息数据库，完善监测网络，划分监测区域，确定监测点，明确监测项目，提供必要的设备、设施，配备专职或者兼职人员，对可能发生的突发事件进行监测。

第四十二条　国家建立健全突发事件预警制度。

可以预警的自然灾害、事故灾难和公共卫生事件的预警级别，按照突发事件发生的紧急程度、发展势态和可能造成的危害程度分为一级、二级、三级和四级，分别用红色、橙色、黄色和蓝色标示，一级为最高级别。

预警级别的划分标准由国务院或者国务院确定的部门制定。

第四十三条　可以预警的自然灾害、事故灾难或者公共卫生事件即将发生或者发生的可能性增大时，县级以上地方各级人民政府应当根据有关法律、行政法规和国务院规定的权限和程序，发布相应级别的警报，决定并宣布有关地区进入预警期，同时向上一级人民政府报告，必要时可以越级上报，并向当地驻军和可能受到危害的毗邻或者相关地区的人民政府通报。

第四十四条　发布三级、四级警报，宣布进入预警期后，县级以上地方各级人民政府应当根据即将发生的突发事件的特点和可能造成的危害，采取下列措施：

（一）启动应急预案；

（二）责令有关部门、专业机构、监测网点和负有特定职责的人员及时收集、报告有关信息，向社会公布反映突发事件信息的渠道，加强对突发事件发生、发展情况的监测、预报和预警工作；

（三）组织有关部门和机构、专业技术人员、有关专家学者，随时对突发事件信息进行分析评估，预测发生突发事件可能性的大小、影响范围和强度以及可能发生的突发事件的级别；

（四）定时向社会发布与公众有关的突发事件预测信息和分析评估结果，并对相关信息的报道工作进行管理；

（五）及时按照有关规定向社会发布可能受到突发事件危害的警告，宣传避免、减轻危害的常识，公布咨询电话。

第四十五条　发布一级、二级警报，宣布进入预警期后，县级以上地方各级人民政府除采取本法第四十四条规定的措施外，还应当针对即将发生的突发事件的特点和可能造成的危害，采取下列一项或者多项措施：

（一）责令应急救援队伍、负有特定职责的人员进入待命状态，并动员后备人员做好参加应急救援和处置工作的准备；

（二）调集应急救援所需物资、设备、工具，准备应急设施和避难场所，并确保其处于良好状态、随时可以投入正常使用；

（三）加强对重点单位、重要部位和重要基础设施的安全保卫，维护社会治安秩序；

（四）采取必要措施，确保交通、通信、供水、排水、供电、供气、供热等公共设施的安全和正常运行；

（五）及时向社会发布有关采取特定措施避免或者减轻危害的建议、劝告；

（六）转移、疏散或者撤离易受突发事件危害的人员并予以妥善安置，转移重要财产；

（七）关闭或者限制使用易受突发事件危害的场所，控制或者限制容易导致危害扩大的公共场所的活动；

（八）法律、法规、规章规定的其他必要的防范性、保护性措施。

第四十六条　对即将发生或者已经发生的社会安全事件，县级以上地方各级人民政府及其有关主管部门应当按照规定向上一级人民政府及其有关主管部门报告，必要时可以越级上报。

第四十七条　发布突发事件警报的人民政府应当根据事态的发展，按照有关规定适时调整预警级别并重新发布。

有事实证明不可能发生突发事件或者危险已经解除的，发布警报的人民政府应当立即宣布解除警报，终止预警期，并解除已经采取的有关措施。

第四章　应急处置与救援

第四十八条　突发事件发生后，履行统一领导职责或者组织处置突发事件的人民政府应当针对其性质、特点和危害程度，立即组织有关部门，调动应急救援队伍和社会力量，依照本章的规定和有关法律、法规、规章的规定采取应急处置措施。

第四十九条　自然灾害、事故灾难或者公共卫生事件发生后，履行统一领导职责的人民政府可以采取下列一项或者多项应急处置措施：

（一）组织营救和救治受害人员，疏散、撤离并妥善安置受到威胁的人员以及采取其他救助措施；

（二）迅速控制危险源，标明危险区域，封锁危险场所，划定警戒区，实行交通管制以及其他控制措施；

（三）立即抢修被损坏的交通、通信、供水、排水、供电、供气、供热等公共设施，向受到危害的人员提供避难场所和生活必需品，实施医疗救护和卫生防疫以及其他保障措施；

（四）禁止或者限制使用有关设备、设施，关闭或者限制使用有关场所，中止人员密集的活动或者可能导致危害扩大的生产经营活动以及采取其他保护措施；

（五）启用本级人民政府设置的财政预备费和储备的应急救援物资，必要时调用其他急需物资、设备、设施、工具；

（六）组织公民参加应急救援和处置工作，要求具有特定专长的人员提供服务；

（七）保障食品、饮用水、燃料等基本生活必需品的供应；

（八）依法从严惩处囤积居奇、哄抬物价、制假售假等扰乱市场秩序的行为，稳定市场价格，维护市场秩序；

（九）依法从严惩处哄抢财物、干扰破坏应急处置工作等扰乱社会秩序的行为，维护社会治安；

（十）采取防止发生次生、衍生事件的必要措施。

第五十条　社会安全事件发生后，组织处置工作的人民政府应当立即组织有关部门并由公安机关针对事件的性质和特点，依照有关法律、行政法规和国家其他有关规定，采取下列一项或者多项应急处置措施：

（一）强制隔离使用器械相互对抗或者以暴力行为参与冲突的当事人，妥善解决现场纠纷和争端，控制事态发展；

（二）对特定区域内的建筑物、交通工具、设备、设施以及燃料、燃气、电力、水的供应进行控制；

（三）封锁有关场所、道路，查验现场人员的身份证件，限制有关公共场所内的活动；

（四）加强对易受冲击的核心机关和单位的警卫，在国家机关、军事机关、国家通讯社、广播电台、电视台、外国驻华使领馆等单位附近设置临时警戒线；

（五）法律、行政法规和国务院规定的其他必要措施。

严重危害社会治安秩序的事件发生时，公安机关应当立即依法出动警力，根据现场情况依法采取相应的强制性措施，尽快使社会秩序恢复正常。

第五十一条　发生突发事件，严重影响国民经济正常运行时，国务院或者国务院授权的有关主管部门可以采取保障、控制等必要的应急措施，保障人民群众的基本生活需要，最大限度地减轻突发事件的影响。

第五十二条　履行统一领导职责或者组织处置突发事件的人民政府，必要时可以向单位和个人征用应急救援所需设备、设施、场地、交通工具和其他物资，请求其他地方人民政府提供人力、物力、财力或者技术支援，要求生产、供应生活必需品和应急救援物资的企业组织生产、保证供给，要求提供医疗、交通等公共服务的组织提供相应的服务。

履行统一领导职责或者组织处置突发事件的人民政府,应当组织协调运输经营单位,优先运送处置突发事件所需物资、设备、工具、应急救援人员和受到突发事件危害的人员。

第五十三条　履行统一领导职责或者组织处置突发事件的人民政府,应当按照有关规定统一、准确、及时发布有关突发事件事态发展和应急处置工作的信息。

第五十四条　任何单位和个人不得编造、传播有关突发事件事态发展或者应急处置工作的虚假信息。

第五十五条　突发事件发生地的居民委员会、村民委员会和其他组织应当按照当地人民政府的决定、命令,进行宣传动员,组织群众开展自救和互救,协助维护社会秩序。

第五十六条　受到自然灾害危害或者发生事故灾难、公共卫生事件的单位,应当立即组织本单位应急救援队伍和工作人员营救受害人员,疏散、撤离、安置受到威胁的人员,控制危险源,标明危险区域,封锁危险场所,并采取其他防止危害扩大的必要措施,同时向所在地县级人民政府报告;对因本单位的问题引发的或者主体是本单位人员的社会安全事件,有关单位应当按照规定上报情况,并迅速派出负责人赶赴现场开展劝解、疏导工作。

突发事件发生地的其他单位应当服从人民政府发布的决定、命令,配合人民政府采取的应急处置措施,做好本单位的应急救援工作,并积极组织人员参加所在地的应急救援和处置工作。

第五十七条　突发事件发生地的公民应当服从人民政府、居民委员会、村民委员会或者所属单位的指挥和安排,配合人民政府采取的应急处置措施,积极参加应急救援工作,协助维护社会秩序。

第五章　事后恢复与重建

第五十八条　突发事件的威胁和危害得到控制或者消除后,履行统一领导职责或者组织处置突发事件的人民政府应当停止执行依照本法规定采取的应急处置措施,同时采取或者继续实施必要措施,防止发生自然灾害、事故灾难、公共卫生事件的次生、衍生事件或者重新引发社会安全事件。

第五十九条　突发事件应急处置工作结束后,履行统一领导职责的人民政府应当立即组织对突发事件造成的损失进行评估,组织受影响地区尽快恢复生产、生活、工作和社会秩序,制定恢复重建计划,并向上一级人民政府报告。

受突发事件影响地区的人民政府应当及时组织和协调公安、交通、铁路、民航、邮电、建设等有关部门恢复社会治安秩序,尽快修复被损坏的交通、通信、供水、排水、供电、供气、供热等公共设施。

第六十条　受突发事件影响地区的人民政府开展恢复重建工作需要上一级人民政府支持的,可以向上一级人民政府提出请求。上一级人民政府应当根据受影响地区遭受的损失和实际情况,提供资金、物资支持和技术指导,组织其他地区提供资金、物资和人力支援。

第六十一条　国务院根据受突发事件影响地区遭受损失的情况,制定扶持该地区有关行业发展的优惠政策。

受突发事件影响地区的人民政府应当根据本地区遭受损失的情况，制定救助、补偿、抚慰、抚恤、安置等善后工作计划并组织实施，妥善解决因处置突发事件引发的矛盾和纠纷。

公民参加应急救援工作或者协助维护社会秩序期间，其在本单位的工资待遇和福利不变；表现突出、成绩显著的，由县级以上人民政府给予表彰或者奖励。

县级以上人民政府对在应急救援工作中伤亡的人员依法给予抚恤。

第六十二条　履行统一领导职责的人民政府应当及时查明突发事件的发生经过和原因，总结突发事件应急处置工作的经验教训，制定改进措施，并向上一级人民政府提出报告。

第六章　法律责任

第六十三条　地方各级人民政府和县级以上各级人民政府有关部门违反本法规定，不履行法定职责的，由其上级行政机关或者监察机关责令改正；有下列情形之一的，根据情节对直接负责的主管人员和其他直接责任人员依法给予处分：

（一）未按规定采取预防措施，导致发生突发事件，或者未采取必要的防范措施，导致发生次生、衍生事件的；

（二）迟报、谎报、瞒报、漏报有关突发事件的信息，或者通报、报送、公布虚假信息，造成后果的；

（三）未按规定及时发布突发事件警报、采取预警期的措施，导致损害发生的；

（四）未按规定及时采取措施处置突发事件或者处置不当，造成后果的；

（五）不服从上级人民政府对突发事件应急处置工作的统一领导、指挥和协调的；

（六）未及时组织开展生产自救、恢复重建等善后工作的；

（七）截留、挪用、私分或者变相私分应急救援资金、物资的；

（八）不及时归还征用的单位和个人的财产，或者对被征用财产的单位和个人不按规定给予补偿的。

第六十四条　有关单位有下列情形之一的，由所在地履行统一领导职责的人民政府责令停产停业，暂扣或者吊销许可证或者营业执照，并处五万元以上二十万元以下的罚款；构成违反治安管理行为的，由公安机关依法给予处罚：

（一）未按规定采取预防措施，导致发生严重突发事件的；

（二）未及时消除已发现的可能引发突发事件的隐患，导致发生严重突发事件的；

（三）未做好应急设备、设施日常维护、检测工作，导致发生严重突发事件或者突发事件危害扩大的；

（四）突发事件发生后，不及时组织开展应急救援工作，造成严重后果的。

前款规定的行为，其他法律、行政法规规定由人民政府有关部门依法决定处罚的，从其规定。

第六十五条　违反本法规定，编造并传播有关突发事件事态发展或者应急处置工作的虚假信息，或者明知是有关突发事件事态发展或者应急处置工作的虚假信息而进行传播的，责令改正，给予警告；造成严重后果的，依法暂停其业务活动或者吊销其执业许可证；负有直接责任的人员是国家工作人员的，还应当对其依法给予处分；构成违反治安管理行为的，由公安机关依法给予处罚。

第六十六条　单位或者个人违反本法规定，不服从所在地人民政府及其有关部门发布的决定、命令或者不配合其依法采取的措施，构成违反治安管理行为的，由公安机关依法给予处罚。

第六十七条　单位或者个人违反本法规定，导致突发事件发生或者危害扩大，给他人人身、财产造成损害的，应当依法承担民事责任。

第六十八条　违反本法规定，构成犯罪的，依法追究刑事责任。

第七章　附　则

第六十九条　发生特别重大突发事件，对人民生命财产安全、国家安全、公共安全、环境安全或者社会秩序构成重大威胁，采取本法和其他有关法律、法规、规章规定的应急处置措施不能消除或者有效控制、减轻其严重社会危害，需要进入紧急状态的，由全国人民代表大会常务委员会或者国务院依照宪法和其他有关法律规定的权限和程序决定。

紧急状态期间采取的非常措施，依照有关法律规定执行或者由全国人民代表大会常务委员会另行规定。

第七十条　本法自2007年11月1日起施行。

4.《国家防震减灾规划（2006～2020年）》

防震减灾是国家公共安全的重要组成部分，是重要的基础性、公益性事业，事关人民生命财产安全和经济社会可持续发展。加快防震减灾事业发展，对于全面建设小康社会、构建社会主义和谐社会具有十分重要的意义。

根据《中华人民共和国防震减灾法》及国家关于加强防震减灾工作的有关要求，并与《中华人民共和国减灾规划（1998～2010年）》（国发〔1998〕13号）相衔接，制订本规划。规划期为2006～2020年，以"十一五"期间为重点。

（1）我国防震减灾现状及面临的形势

地震是对人类生存安全危害最大的自然灾害之一，我国是世界上地震活动最强烈和地震灾害最严重的国家之一。我国占全球陆地面积的7%，但20世纪全球大陆35%的7.0级以上地震发生在我国；20世纪全球因地震死亡120万人，我国占59万人，居各国之首。我国大陆大部分地区位于地震烈度Ⅵ度以上区域；50%的国土面积位于Ⅶ度以上的地震高烈度区域，包括23个省会城市和2/3的百万人口以上的大城市。

近年来，在党中央和国务院的正确领导下，经过各地区和各部门的共同努力，初步建立了有效的管理体制，全民防震减灾意识明显提高，监测预报、震灾预防和紧急救援三大工作体系建设取得重要进展。尤其是"十五"期间，我国防震减灾能力建设取得长足进步：投资建设中国数字地震观测网络，包括地震前兆、测震和强震动三大台网；地震活断层探测、地震应急指挥和地震信息服务三大系统以及国家地震紧急救援训练基地。项目建成后，前兆、测震、强震台站的密度将分别达到每万平方公里0.42个、0.88个和1.2个，监测设备数字化率达到95%，20个城市活断层地震危险性得到初步评估。地震速报时间从30分钟缩短到10分钟，地震监测震级下限从4.5级改善到3.0级。地震预报水平进一步提升，强震动观测能力和活断层探测水平迈上新的台阶，震害防御服务能力显著增强，地震应急响应时间大幅缩短，地震应急指挥和救援能力有了很大的提高，为"十一五"期间乃至今后防震减灾事业持续发展奠定坚实的基础。

目前，我国防震减灾能力仍与经济社会发展不相适应。主要表现在：全国地震监测预报基础依然薄弱，科技实力有待提升，地震观测所获得的信息量远未满足需求，绝大多数破坏性地震尚不能做出准确的预报；全社会防御地震灾害能力明显不足，农村基本不设防，多数城市和重大工程地震灾害潜在风险很高，防震减灾教育滞后，公众防震减灾素质不高，6.0级及以上级地震往往造成较大人员伤亡和财产损失；各级政府应对突发地震事件的灾害预警、指挥部署、社会动员和信息收集发布等工作机制需进一步完善；防震减灾投入总体不足，缺乏对企业及个人等社会资金的引导，尚未从根本上解决投入渠道单一问题。

地震是我国今后一段时期面临的主要自然灾害之一。迅速提高我国预防和减轻地震灾害的综合能力，是实施城镇化战略，解决三农问题，实现公共安全，构建和谐社会的必然要求。我国将致力于建立与城市发展相适应的地震灾害综合防御体系；改变广大农村不设防，地震成灾率高，人员伤亡严重的现状，为城乡提供无差别公共服务；保障长江中上游、黄河上游及西南地区大型水电工程的地震安全；实现重大生命线工程的地震紧急处置。

(2) 规划指导思想、目标与发展战略

1) 规划指导思想

以"三个代表"重要思想为指导，认真贯彻落实科学发展观，把人民群众的生命安全放在首位。坚持防震减灾同经济建设一起抓，实行预防为主、防御与救助相结合的方针。切实加强地震监测预报、震灾预防和紧急救援三大工作体系建设。以政府为主导，依靠科技、依靠法制、依靠全社会力量，不断提高防震减灾综合能力，为维护国家公共安全、构建和谐社会和保持可持续发展提供可靠的保障。

2) 规划目标

① 总体目标

到2020年，我国基本具备综合抗御6.0级左右、相当于各地区地震基本烈度的地震的能力，大中城市和经济发达地区的防震减灾能力达到中等发达国家水平。

位于地震烈度Ⅵ度及以上地区的城市，全部完成修订或编制防震减灾规划，新建工程全部实现抗震设防；地震重点监视防御区新建农村民居采取抗震措施；完善地震应急反应体系和预案体系，建立地震预警系统；建立健全地震应急和救援保障体系，进一步增强紧急救援力量；省会城市和百万人口以上城市拥有避难场所；建成救灾物资储备体系；重大基础设施和生命线工程具备地震紧急处置能力；防震减灾知识基本普及；震后24小时内灾民得到基本生活和医疗救助；建成全国地震背景场综合观测网络，地震科学基础研究和创新能力达到国际先进水平，短期和临震预报有所突破。

② "十一五"阶段目标

到2010年，大城市及城市群率先达到基本抗御6.0级地震的目标要求；建成农村民居地震安全示范区;加强地震预警系统建设,加强重大基础设施和生命线工程地震紧急处置示范工作;防震减灾知识普及率达到40%,发展20万人的志愿者队伍;初步建立全国救灾物资储备体系;震后24小时内灾民得到初步生活和医疗救助;建成具有国际水平的地震科研与技术研发基地,完善中国大陆及领海数字化地震观测,并在地震重点监视防御区和重点防御城市实现密集台阵观测,全面提升地震科技创新能力,地震预报继续保持世界先进水平。

3) 发展战略

以大城市和城市群地震安全为重中之重,实现由局部的重点防御向有重点的全面防御拓展;以地震科技创新能力建设为支撑,提高防震减灾三大工作体系发展水平;实行预测、预防和救助全方位的综合管理,形成全社会共同抗御地震灾害的新局面。

① 把大城市和城市群地震安全作为重中之重,逐步向有重点的全面防御拓展

明确和强化各级政府的职责,切实推进大城市和城市群的地震安全工作,强化防御措施。加大对能源、交通、水利、通信、石油化工、广播电视和供水供电供气等重大基础设施的抗震设防和抗震加固力度。加强城市公园等避难场所建设,拓展城市防震减灾的空间。切实做好广大农村,特别是地震重点监视防御区农村防震减灾工作,改变农村民居不设防状况,不断提高全面防御的能力。

② 加强地震科技创新能力建设,提高防震减灾三大工作体系发展水平

重视和加强地震科技的基础研究、开发研究和应用研究,加强科研基地和重大基础科研设施建设,为防震减灾提供持续的科技支撑和智力支持,提升地震科技创新能力,提高地震监测预报、震灾预防、紧急救援三大工作体系发展水平。

③ 全面提升社会公众防震减灾素质,形成全社会共同抗御地震灾害的局面

加强防震减灾教育和宣传工作,组织开展防震减灾知识进校园、进社区、进乡村活动。全面提升社会公众对防震减灾的参与程度,提高对地震信息的理解和心理承受能力,掌握自救互救技能。鼓励和支持社会团体、企事业单位和个人参与防震减灾活动,加强群测群防,形成全社会共同抗御地震灾害的局面。

(3) 总体布局与主要任务

1) 总体布局

防震减灾是惠及全民的公益性事业。落实防震减灾发展战略,逐渐向全面防御拓展,必须在加强重点监视防御区工作的同时,将防震减灾工作部署到全国各地,统筹东部和中西部地区,统筹城市与农村,实现防震减灾三大工作体系全面协调发展。加强与台湾地区地震科技交流与合作。妥善处置香港、澳门地区的地震应急事件。为实现有重点的全面防御,依据规划期内我国地震分布特点和地震灾害预测结果,我国防震减灾总体布局如下:

① 环渤海及首都圈地区:建设地震预报实验场;建设国家防灾高等教育基地;进一步实施地震预警;提高城市群地震综合防御能力;切实做好2008年北京奥运会防震对策研究制定工作。

② 长江三角洲地区:实施城市群地震安全工程;推进海域地震监测和地震海啸预警系统建设;切实做好2010年上海世博会防震对策研究制定工作。

③ 东南(南部)沿海地区:实施城市群地震安全工程;推进海域地震监测和地震海啸预警系统建设;切实做好2010年广州亚运会防震对策研究制定工作。

④ 南北地震带：建设地震预报实验场；实施重点监视防御区城市地震安全示范工程和农村民居地震安全技术服务工程。

⑤ 南北天山区：建设地震预报实验场；实施农村民居地震安全技术服务工程。

此外，在黄河中上游流域重点监视防御区实施城市地震安全工程和农村民居地震安全技术服务工程；加强长江中上游流域、黄河上游流域及西南地区大型水电工程的地震安全工作，加强水库诱发地震的监测与研究；加强国家重大生命线工程沿线地区地震监测设施建设，保障重大生命线工程地震安全；加强青藏高原地区新构造活动前缘研究，不断提高地震监测能力；加强黑龙江、吉林、云南和海南等地区地震监测设施建设，确保对火山地震活动的监测。

2）主要任务

2006～2020年我国防震减灾的主要任务是：加强监测基础设施建设，提高地震预测水平；加强基础信息调查，有重点地提高大中城市、重大生命线工程和重点监视防御区农村的地震灾害防御能力；完善突发地震事件处置机制，提高各级政府应急处置能力。

① 开展防震减灾基础信息调查

继续推进活动断层调查，实施中国大陆活动断裂填图计划，编制1:50万数字化中国大陆活动断裂分布图、1:25万主要活动构造区带活动断裂分布图和局部重点段落的1:5万活动断层条带状填图；在已发生大震区域、地震重点监视防御区、大城市开展壳幔精细结构探测；在大陆块体边界、地震重点监视防御区加强地壳运动基础观测；开展大城市和城市群各类工程的抗震能力调查与评估；建立地震基础信息数据库系统，加强信息集成与开发，推进地震基础信息共享，提高数据利用水平。

② 建立地震背景场综合观测网络

统一规划、整合和加密现有地面观测网络；发展天基电磁、干涉合成孔径雷达、卫星重力等多种新型监测手段；建设井下综合应力、应变、流体、电磁和测震观测系统；建设中国大陆构造环境监测网络；建设海洋地震综合观测系统，实施海域地球物理观测和地震海啸预警；建设中国大陆地球物理场处理分析系统；推动观测技术的创新。

③ 提高地震趋势预测和短临预报水平

选择地震活动性高，构造典型性强，监测基础较好，震例资料积累较多和研究程度较高的地区，建成具有国际领先水平的地震预报实验场，获得区域地球物理场信息，遴选更加丰富和可靠的地震前兆信息，检验和完善现有经验和认识，深化对地震孕育发生机理和规律的认识，探索更有效的地震预报理论和方法，深化地震概率预报方法研究，创建数值预报理论，力争对6.0级以上、特别是7.0级以上地震实现有一定减灾实效的短临预报，并建立实用化的地震预测系统。

④ 增强城乡建设工程的地震安全能力

实施城市地震安全基础信息探测、调查，加强城市建设工程地震安全基础信息集成与开发，建立城市建设工程地震安全技术支撑系统，为政府决策、城市规划、工程建设、科学研究、公众需求提供全面的公共服务；修订或编制城市防震减灾规划，纳入城市总体规划，制定并实施城市地震安全方案，推进地震安全社区、避难防灾场所建设；建立工程抗震能力评价技术体系，提高抗震加固技术水平，推进隔震等新技术在工程设计中的应用；开展农村民居抗震能力现状调查，研究推广农村民居防震技术，加强对农村民居建造和加固的指导，推进农村民居地震安全工程建设。

⑤ 加强国家重大基础设施和生命线工程地震紧急自动处置示范力度

建设地震预警技术系统，为重大基础设施和生命线工程地震紧急自动处置提供实时地震信息服务；选择若干城市燃气供气系统、供电系统和城市快速轨道交通系统、城际高速铁路等，实施具有专业地震监测的地震紧急自动处置系统示范工程，并逐步推广；制订有关法规和标准，填补我国重大基础设施和生命线工程地震紧急自动处置法规和标准方面的空白。

⑥ 强化突发地震事件应急管理

完善各级政府、政府部门、大型企业和重点危险源等地震应急预案；适度推进重点城市人口密集场所、社区应急预案和家庭应急对策的编制；制定2008年北京奥运会等重大活动地震应急预案，实施地震安全保障；加强应急预案的检查和落实，建立地震应急检查与培训制度，适时组织地震应急演习；调度我国卫星在轨观测资源和机载观测系统，同时利用国际组织的应急观测资源，实施地震现场灾情监测；完善国家、省、市和现场应急指挥系统，加强政务信息系统建设，建立地震与其他突发事件应急联动与共享平台，确保政务、指挥系统畅通；开展地震灾害风险研究，编制城市地震灾害风险图。

⑦ 完善地震救援救助体系

充分依靠军队、武警、公安消防部队、民兵、预备役部队，因地制宜，建立健全地震专业救援队伍，西部地区建设1至2支国家级专业地震救援分队，推进地震多发区志愿者队伍建设；加强地震救援培训基地建设，提高救援综合培训能力；加强地震多发地区的救灾物资储备体系建设；在省会和百万人口以上城市将应急避难场所和紧急疏散通道、避震公园等内容纳入城市总体规划，拓展城市广场、绿地、公园、学校和体育场馆等公共场所的应急避难功能，设置必要的避险救生设施；逐步建立和完善政府投入、地震灾害保险、社会捐赠相结合的多渠道灾后恢复重建与救助补偿机制；积极参与国际性地震救援工作，建立大震时接受国际救援的机制。

⑧ 全面提升社会公众防震减灾素质

强化各级政府的防震减灾责任意识，建立地震、宣传和教育部门，新闻媒体及社会团体的协作机制，健全防震减灾宣传教育网络；建设国家防灾科普教育支撑网络平台，通过远程教育网络系统，实现交互式远程防震减灾专业技术教育；将防震减灾教育纳入学校教育内容，提高全社会防震减灾知识受教育程度；建设以虚拟现实技术等高新技术为主体的科普教育基地。

（4）战略行动

"十一五"期间是防震减灾事业发展的重要阶段。国家将继续支持防震减灾事业，并采取相应的战略行动，落实防震减灾的主要任务，推动防震减灾向有重点的全面防御拓展，实施国家地震安全工程，实现"十一五"阶段目标。

1）中国地震背景场探测工程

在中国大陆建设或扩建测震、强震动、重力、地磁、地电、地形变和地球化学等背景场观测系统，在中国海域建设海洋地震观测系统，在我国重要火山区建设火山观测系统，完善地震活动构造及活断层探测系统，建设壳幔精细结构探测系统，以获取地震背景场基础信息。

2）国家地震预报实验场建设

在中国大陆选择两个地震活动性高且地质构造差异显著的典型区域，建设测震和地震前兆密集观测系统，建设地震活动构造精细探测系统，建设地震孕震实验室和地震数值模拟实验室，建设地震预测系统和地震预报辅助决策系统。

3）国家地震社会服务工程

建设建筑物、构筑物地震健康诊断系统和震害预测系统，实施城市群与大城市震害防御技术系统示范工程和地震安全农居技术服务工程，建设国家灾害性地震、海啸、火山等预警系统，建设灾情速报与监控系统，构建地震应急联动协同平台，完善国家地震救援装备和救援培训基地，提升国家地震安全社会服务能力。

4）国家地震专业基础设施建设

完善中国地震通信和数据处理分析等信息服务基础设施建设，实施地震数据信息灾难备份，建设地震观测实验室，建设地壳运动观测实验室，建设国家防灾高等教育基地，完善国家和区域防震减灾中心，推进标准和计量建设，进一步提升国家地震基础设施支撑能力。

(5) 保障措施

1）加强法制建设

建立健全防震减灾法律法规体系，修订《中华人民共和国防震减灾法》，继续推进防震减灾技术标准的制订，稳步推进计量工作，定期编制全国与区域地震区划图等标准，适时修订相对应的国家和地方标准，研究完善建设工程抗震设防的技术标准和设计规范，进一步将防震减灾纳入法制化管理的轨道。加强防震减灾发展战略和公共政策的研究与制定。

建立有效的防震减灾行政执法管理和监督体制，规范社会的防震减灾活动，依法开展防震减灾工作。

2）健全防震减灾管理体制

健全与完善国家和地方政府防震减灾管理体制，推进市县地震工作机构建设，发挥市县地震工作机构在防震减灾中的作用。建立和完善群众参与、专家咨询评估和集体决策相结合的决策机制，健全决策规则，规范决策程序。

建立健全突发地震事件应急机制和社会动员机制，提高公共安全保障和突发事件处置能力。逐步建立电力、煤气、给水排水、通信和交通等部门的防灾机制，有效应对灾害，减轻灾害损失。积极推进适合我国国情的地震保险制度建设，发挥企业、非营利组织在防震减灾中的作用。

3）建立多渠道投入机制

将防震减灾事业纳入中央和地方同级国民经济和社会发展规划，保障防震减灾事业公益性基础地位，各级政府加大对防震减灾事业的投入力度，纳入各级财政预算，建立以财政投入为主体，社会捐赠和地震保险相结合的多渠道投入机制，使全社会防震减灾工作的投入水平与经济社会发展水平相适应。

地方各级人民政府应积极推进国家防震减灾目标和各项任务的落实，并根据本行政区域经济和社会发展的情况、对防震减灾的实际需求，编制本级防震减灾规划，制定和实施防震减灾专项计划，提高专项投入，确保专款专用。

4）提高科技支撑能力

增强地震科学基础研究的原始创新能力，改善地震科学研究的软硬件设施，建设结构合理的科技人才队伍，保障地震科技的可持续发展。通过加强防震减灾重大科技问题的基础研究和关键技术攻关研究、防震减灾基础性工作和科技条件平台建设，全面提高防震减灾科技支撑能力。

加强与各科研机构、高校等组织的协作与联合，瞄准国际防震减灾科技的前沿问题，以重大科学问题的解决带动相关学科的发展，有重点地提升我国防震减灾科技领域攻克世界性难题的协同作战能力，推进科技成果产业化。

加强国际合作与交流，共同制定重大基础科学研究计划，参与、组织制订和实施大型国际地球科学观测研究计划，组建联合实验室。

5）加强人才队伍建设

牢固树立人才是第一资源的观念。立足防震减灾工作的实际需要，整体规划、统筹协调，善待现有人才，引进急需人才，重视未来人才，调整和优化人才队伍结构，实现人才队伍的协调发展。

建立良好的人才引进、培养、使用、流动和评价机制，从政策和制度上保障专业人才的发展。改善队伍总体结构，提高综合素质，努力建设一支高素质的防震减灾专业队伍，形成不同层次并满足不同需求的人才梯队，为防震减灾事业发展提供充足的人才保证和广泛的智力支持。

5. 国家地震应急预案简明操作手册

本手册主要适用于Ⅰ级应急响应，关注Ⅱ～Ⅳ级应急响应。

(1) 发生以下情况之一者，启动Ⅰ级应急响应

1）在人口较密集地区发生7.0级以上地震；

2）地震灾害造成300人以上死亡，或直接经济损失占该省（区、市）上年国内生产总值1%以上。

(2) 信息报送

1）震情速报

中国地震台网中心按以下要求测定地震速报参数报国务院抗震救灾指挥部办公室和地震局。

① 在首都圈震后10分钟内初步测定地震参数，震后15分钟内精确测定地震参数；

② 在国内其他地区震后20分钟内初步测定地震参数，震后30分钟内精确测定地震参数。

2）灾情速报

① 震区各级地震灾情速报网收集地震造成破坏的范围、人员伤亡、经济损失和社会影响等汇总上报省（区、市）地震部门，特殊情况下可直接上报地震局。省（区、市）地震部门在震后1小时内（夜晚延长至2小时）将初步情况报地震局，并按1、2、6、6…小时间隔向地震局报告或传真动态信息，如有新的突出灾情随时报告。

② 震区地方各级人民政府迅速调查了解灾情，向上级人民政府报告并抄送地震部门，可越级报告。

③ 国务院民政、公安、安全生产监管、交通、铁道、水利、建设、教育、卫生等有关部门迅速了解震情灾情，及时报国务院办公厅并抄送国务院抗震救灾指挥部办公室、地震局和民政部。

④ 地震局负责汇总灾情、社会影响等情况，震后4小时内报送国务院办公厅并及时续报；同时向新闻宣传主管部门通报情况。

⑤ 发现因地震伤亡、失踪或被困人员有港澳台人员或外国人，事发地人民政府及有关部门、邀请单位要迅速核实并上报港澳办、台办或外交部并抄送国务院抗震救灾指挥部办公室、地震局和民政部。港澳办、台办按照有关规定向有关地区、机构通报，外交部按照有关规定向有关国家通报。

3）震情灾情公告

国务院抗震救灾指挥部办公室、地震局和有关省（区、市）地震部门依照有关信息公开规定，及时公布震情和灾情信息。震后1小时内组织关于地震时间、地点和震级的公告；震后24小时内组织灾情和震情趋势判断的公告；适时组织后续公告。

(3) 指挥与协调

1）灾区所在省（区、市）人民政府领导灾区地震应急工作。

① 省（区、市）人民政府了解震情和灾情，确定应急工作规模，报告国务院并抄送国务院抗震救灾指挥部办公室、地震局和民政部，同时通报当地驻军领导机关。

② 宣布灾区进入震后应急期，启动抗震救灾指挥部部署本行政区域内的地震应急工作，必要时决定实行紧急应急措施。

③ 省（区、市）抗震救灾指挥部组织指挥部成员单位和非灾区对灾区进行援助，组成现场抗震救灾指挥部直接组织灾区的人员抢救和工程抢险工作。

2）国务院抗震救灾指挥部统一领导、指挥和协调国家地震应急工作。

国务院抗震救灾指挥部指挥长（国务院分管领导）主持召开指挥部全体会议，通报震情和灾情，根据灾害程度和灾区的需求，决策和处理下列事项：

① 协调解放军总参谋部和武警总部组织指挥部队参加抢险救灾。

② 调遣国家地震灾害紧急救援队、公安消防部队等灾害救援队伍和医疗救护队伍赴灾区。

③ 部署饮用水和食品的供给、伤员后送、物资调运、灾区内外交通保障。

④ 组织国务院抗震救灾指挥部成员单位和有关地区对灾区紧急支援。

⑤ 视情况，建议国务院向国际社会呼吁援助。

⑥ 视情况，建议国务院实施跨省（区、市）的紧急应急措施以及干线交通管制或者封锁国境等紧急应急措施。

⑦ 按照中央慰问及派出工作组规定派工作组赴灾区慰问、指导抗震救灾工作。

3）国务院抗震救灾指挥部办公室设在地震局，落实指挥部抗震救灾工作部署。

① 汇集、上报震情灾情和抗震救灾进展情况。

② 提出具体的抗震救灾方案和措施建议。

③ 贯彻国务院抗震救灾指挥部的指示和部署，协调有关省（区、市）人民政府、灾

区抗震救灾指挥部、国务院抗震救灾指挥部成员单位之间的应急工作,并督促落实。

④ 掌握震情监视和分析会商情况。

⑤ 研究制定新闻工作方案,指导抗震救灾宣传,组织信息发布会。

⑥ 起草指挥部文件、简报,负责指挥部各类文书资料的准备和整理归档。

⑦ 承担国务院抗震救灾指挥部日常事务和交办的其他工作。

4)国务院抗震救灾指挥部其他成员单位设立部门地震应急机构负责本部门的地震应急工作,派出联络员参加国务院抗震救灾指挥部办公室工作。

5)国务院办公厅负责对抗震救灾中的重大事项进行协调。

(4) 应急响应行动

1)人员抢救及工程与基础设施抢险

① 地震局协调组织地震灾害紧急救援队开展灾区搜救工作;协调国际搜救队的救援行动。

② 解放军总参谋部、武警总部组织指挥部队赶赴灾区,抢救被压埋人员,进行工程抢险。

③ 公安部组织调动公安消防部队赶赴灾区,扑灭火灾和抢救被压埋人员。

④ 卫生部组织医疗救护和卫生防病队伍抢救伤员。

⑤ 建设部组织力量对灾区城市中被破坏的给水排水、燃气热力、公共客货交通、市政设施进行抢排险,尽快恢复上述基础设施功能。

2)转移和安置灾民

① 民政部做好灾民的转移和安置工作。

② 当地政府具体制定群众疏散撤离组织与指挥方案,规定疏散撤离的范围、路线、避难场所和紧急情况下保护群众安全的必要防护措施。

3)地震现场监测预报与灾害调查评估

地震局负责组织、协调地震现场监测与分析预报,对震区地震类型、地震趋势、短临预报提出初步判定意见;组织开展地震烈度调查,确定发震构造,调查地震宏观异常现象、工程结构震害特征、地震社会影响和各种地震地质灾害等;会同国务院有关部门,在各级政府的配合下,共同开展地震灾害损失评估。

4)次生灾害防御

① 公安部协助灾区采取有效措施防止火灾发生,处置地震次生灾害事故。

② 水利部、国防科工委、建设部、信息产业部、民航总局对处在灾区的易于发生次生灾害的设施采取紧急处置措施并加强监控;防止灾害扩展,减轻或消除污染危害。

③ 环保总局加强环境的监测、控制。

④ 国土资源部会同建设、水利、交通等部门加强对地质灾害险情的动态监测。

⑤ 发展改革委、质检总局、安全监管总局督导和协调灾区易于发生次生灾害的地区、行业采取紧急处置。

5)疾病预防与控制

① 卫生部对灾区可能发生的传染病进行预警并采取有效措施防止和控制暴发流行,检查、监测灾区的饮用水源、食品等。

② 发展改革委协调灾区所需药品、医疗器械的紧急调用。

③ 食品药品监管局组织、协调相关部门对灾区进行食品安全监督；对药品、医药器械的生产、流通、使用进行监督和管理。

④ 其他部门应当配合卫生、医药部门，做好卫生防疫以及伤亡人员的抢救、处理工作，并向受灾人员提供精神、心理卫生方面的帮助。

6）社会力量动员与参与

① 灾区各级人民政府组织各方面力量抢救人员，组织基层单位和人员开展自救、互救。

② 灾区所在的省（区、市）人民政府动员非灾区的力量，对灾区提供救助。

③ 邻近的省（区、市）人民政府根据灾情，组织和动员社会力量，对灾区提供救助。

④ 其他省（区、市）人民政府视情况开展为灾区人民捐款捐物的活动。

7）通信与信息系统恢复

① 信息产业部组织、协调电信运营企业尽快恢复受到破坏的通信设施，保证抗震救灾通信畅通。

② 自有通信系统的部门尽快恢复本部门受到破坏的通信设施，协助保障抗震救灾通信畅通。

8）电力系统恢复

发展改革委指导、协调、监督灾区所在省级电力主管部门尽快恢复被破坏的电力设施和电力调度通信系统功能等，保障灾区电力供应。

9）交通运输保障

铁道部、交通部、民航总局组织对被毁坏的铁道、公路、港口、空港和有关设施的抢险抢修；协调运力，保证应急抢险救援人员、物资的优先运输和灾民的疏散。

10）治安保障

① 武警总部加强对首脑机关、要害部门、金融单位、救济物品集散点、储备仓库、监狱等重要目标的警戒。

② 公安部、武警总部协助灾区加强治安管理和安全保卫工作，预防和打击各种违法犯罪活动，维护社会治安，维护道路交通秩序，保证抢险救灾工作顺利进行。

11）物资保障

① 发展改革委、粮食局调运粮食，保障灾区粮食供应。

② 商务部组织实施灾区生活必需品的市场供应。

③ 民政部调配救济物品，保障灾民的基本生活。

12）资金保障

① 财政部负责中央应急资金以及应急拨款的准备。

② 民政部负责中央应急救济款的发放。

13）呼吁与接受外援

① 外交部、民政部、商务部按照国家有关规定呼吁国际社会提供援助，并提出需求。

② 民政部负责接受国际社会提供的紧急救助款物。

③ 地震局、外交部负责接受和安排国际社会提供的紧急救援队伍。

④ 某公益组织总会向国际对口组织发出提供救灾援助的呼吁；接受境外红十字总会和国际社会通过某公益组织总会提供的紧急救助。

14）国务院抗震救灾指挥部其他成员单位按照职责分工，做好有关工作。

（5）信息发布

1）地震灾害发生后，地震局、民政部按照《国家突发公共事件新闻发布应急预案》和本部门职责做好信息发布工作，并适时举行新闻发布会，分别介绍震情、灾情和救灾工作情况。在发生可能产生国际影响的重大敏感或涉外事件时，要商报新闻办，及时组织对外报道。

2）各新闻媒体严格按照有关规定，做好新闻报道工作。

（6）涉外事务

1）外交部、新闻办负责按有关规定办理外国专家和外国救灾人员到现场进行考察和救灾、外国新闻记者到现场采访事宜。

2）外交部对申请来华救灾人员、新闻记者及科学考察专家的入境手续可作特殊处理，海关总署、质检总局予以配合。

3）海关总署、商务部、质检总局对救灾物资的入境手续可作特殊处理。

4）地震局会同外交部、海关总署、质检总局组织接待中心，协调联合国救援中心和来华外国救援队的救援行动。

5）处于灾区的外国驻华使领馆及其人员、外国民间机构或国际组织代表机构及其人员，由归口管理部门负责协调安置。

6）处于灾区的应有关部门邀请临时来华的外宾、外商及海外人士，由邀请单位负责协调安置。

7）处于灾区的外国来华旅游者和港澳台旅游者由旅游接待部门负责协调安置。

（7）应急结束

达到下述条件，由宣布灾区进入震后应急期的原机关宣布灾区震后应急期结束。有关紧急应急措施的解除，由原决定机关宣布。

1）地震灾害事件的紧急处置工作完成。

2）地震引发的次生灾害的后果基本消除。

3）经过震情趋势判断，近期无发生较大地震的可能。

4）灾区基本恢复正常社会秩序。

（8）后期处置

1）政府及部门、单位因救灾需要临时征用的房屋、运输工具、通信设备等应当及时归还；造成损坏或者无法归还的，按照国务院有关规定给予适当补偿或者作其他处理。

2）民政部负责接受并安排社会各界的捐赠。

3）保监会依法做好灾区有关保险理赔和给付的监管。

4）地震局负责对地震灾害事件进行调查，总结地震应急响应工作并提出改进建议报国务院。

附：

Ⅱ～Ⅳ级应急响应

（1）Ⅱ级应急响应

发生以下情况之一者，启动Ⅱ级应急响应：

① 在人口较密集地区发生6.5～7.0级地震；

② 地震灾害造成 50 人以上、300 人以下死亡。

1）指挥与协调

① 灾区所在省（区、市）人民政府领导灾区地震应急工作。

a. 省（区、市）人民政府了解震情和灾情，确定应急工作规模，报告国务院并抄送地震局和民政部，同时通报当地驻军领导机关。

b. 宣布灾区进入震后应急期，启动抗震救灾指挥部部署本行政区域内的地震应急工作，必要时决定实行紧急应急措施。

c. 省（区、市）抗震救灾指挥部组织指挥部成员单位和非灾区对灾区进行援助，组成现场抗震救灾指挥部直接组织灾区的人员抢救和工程抢险工作。

② 地震局在国务院领导下，组织、协调国家地震应急工作。

a. 地震局局长主持会商，国务院抗震救灾指挥部成员单位派员参加会商，作出相应工作部署，加强抗震救灾工作的指导，研究、处理下列事项：

- 向国务院报告震情、灾情，提出地震趋势估计并抄送国务院有关部门。
- 向灾区派出地震局地震现场应急工作队。
- 向国务院建议派遣国家地震灾害紧急救援队，经批准后，组织国家地震灾害紧急救援队赴灾区紧急救援。
- 根据灾区的需求，向国务院建议调遣公安消防部队等灾害救援队伍和医疗救护队伍赴灾区、组织有关部门对灾区紧急支援。
- 当地震造成大量人员被压埋，向国务院建议调遣人民解放军部队和武警部队参加抢险救灾，经批准后，协调解放军总参谋部和武警总部组织指挥部队行动。
- 当地震造成两个以上的省（区、市）受灾，或者地震发生在边疆地区、少数民族聚居地区并造成严重损失，向国务院建议派出工作组；经批准后，派出工作组前往灾区，协调解决省（区、市）人民政府难以解决的问题。
- 对地震灾害现场的国务院有关部门工作组和各级各类救援队伍、支援队伍、保障队伍的活动进行协调。
- 及时向国务院报告地震应急工作进展情况。

b. 当地震造成损失构成特大地震灾害事件时，提请国务院提高应急响应级别并落实国务院部署。

③ 国务院抗震救灾指挥部办公室联络员单位按照职责分工，做好相关工作。

2）应急响应行动

根据灾区的需求，国务院抗震救灾指挥部联络员单位和灾区各级政府区实施应急响应，参照"Ⅰ级应急响应行动"规定执行。

（2）Ⅲ级应急响应

发生以下情况之一者，启动Ⅲ级应急响应。

① 在人口较密集地区发生 6.0～6.5 级地震；

② 地震灾害造成 20 人以上、50 人以下死亡。

1）指挥与协调

① 灾区所在市（地、州、盟）人民政府领导灾区地震应急工作。

a. 市（地、州、盟）人民政府了解震情和灾情，确定应急工作规模，报告省（区、市）人民政府并抄送地震局和民政厅，同时通报当地驻军领导机关。

b. 启动抗震救灾指挥部部署本行政区域内的地震应急工作。

c. 市（地、州、盟）抗震救灾指挥部组织人员抢救和工程抢险工作，组织指挥部成员单位和非灾区对灾区进行援助。

② 地震局组织、协调国家地震应急工作。地震局副局长主持会商，国务院抗震救灾指挥部成员单位派员参加会商，作出相应工作部署，加强抗震救灾工作的指导，研究、处理下列事项：

a. 向国务院报告震情、灾情，提出地震趋势估计并抄送国务院有关部门。

b. 向灾区派出地震局地震现场应急工作队。

c. 当地震造成较多人员被压埋并且难以营救，向国务院建议派遣国家地震灾害紧急救援队，经批准后，组织国家地震灾害紧急救援队赴灾区。

d. 根据灾区的需求，向国务院建议调遣公安消防部队等灾害救援队伍和医疗救护队伍赴灾区、组织有关部门对灾区紧急支援。

e. 对地震灾害现场的国务院有关部门工作组和各级各类救援队伍、支援队伍、保障队伍的活动进行协调。

f. 适时向国务院报告地震应急工作进展情况。

③ 国务院抗震救灾指挥部办公室联络员单位按照职责分工，做好相关工作。

2）应急响应行动

根据灾区的需求，国务院抗震救灾指挥部联络员单位和灾区各级政府区实施应急响应，参照"Ⅰ级应急响应行动"规定执行。

(3) Ⅳ级应急响应

发生以下情况之一者，启动Ⅳ级应急响应。

① 在人口较密集地区发生5.0~6.0级地震；

② 地震灾害造成20人以下死亡。

1）指挥与协调

① 灾区所在县（市、区、旗）人民政府领导灾区地震应急工作。

a. 县（市、区、旗）人民政府了解震情和灾情，确定应急工作规模，报告市（地、州、盟）人民政府并抄送地震部门和民政局。

b. 启动抗震救灾指挥部部署本行政区域内的地震应急工作。

② 地震局组织、协调国家地震应急工作。

地震局副局长主持会商，作出相应工作部署，加强抗震救灾工作的指导，研究、处理下列事项：

a. 向国务院报告震情、灾情，提出地震趋势估计并抄送国务院有关部门。

b. 向灾区派出地震局地震现场应急工作队。

c. 对地震灾害现场的国务院有关部门工作组的活动进行协调。

d. 应急结束后，向国务院汇报地震应急工作。

2）应急响应行动

根据灾区的需求，国务院抗震救灾指挥部联络员单位和灾区各级政府区实施应急响应，参照"Ⅰ级应急响应行动"规定执行。

6. 汶川地震灾后恢复重建条例

中华人民共和国国务院令

第 526 号

《汶川地震灾后恢复重建条例》已经 2008 年 6 月 4 日国务院第 11 次常务会议通过，现予公布，自公布之日起施行。

总理　温家宝
二〇〇八年六月八日

第一章　总　则

第一条　为了保障汶川地震灾后恢复重建工作有力、有序、有效地开展，积极、稳妥恢复灾区群众正常的生活、生产、学习、工作条件，促进灾区经济社会的恢复和发展，根据《中华人民共和国突发事件应对法》和《中华人民共和国防震减灾法》，制定本条例。

第二条　地震灾后恢复重建应当坚持以人为本、科学规划、统筹兼顾、分步实施、自力更生、国家支持、社会帮扶的方针。

第三条　地震灾后恢复重建应当遵循以下原则：

（一）受灾地区自力更生、生产自救与国家支持、对口支援相结合；

（二）政府主导与社会参与相结合；

（三）就地恢复重建与异地新建相结合；

（四）确保质量与注重效率相结合；

（五）立足当前与兼顾长远相结合；

（六）经济社会发展与生态环境资源保护相结合。

第四条　各级人民政府应当加强对地震灾后恢复重建工作的领导、组织和协调，必要时成立地震灾后恢复重建协调机构，组织协调地震灾后恢复重建工作。

县级以上人民政府有关部门应当在本级人民政府的统一领导下，按照职责分工，密切配合，采取有效措施，共同做好地震灾后恢复重建工作。

第五条　地震灾区的各级人民政府应当自力更生、艰苦奋斗、勤俭节约，多种渠道筹集资金、物资，开展地震灾后恢复重建。

国家对地震灾后恢复重建给予财政支持、税收优惠和金融扶持，并积极提供物资、技术和人力等方面的支持。

国家鼓励公民、法人和其他组织积极参与地震灾后恢复重建工作，支持在地震灾后恢复重建中采用先进的技术、设备和材料。

国家接受外国政府和国际组织提供的符合地震灾后恢复重建需要的援助。

第六条　对在地震灾后恢复重建工作中做出突出贡献的单位和个人，按照国家有关规定给予表彰和奖励。

第二章　过渡性安置

第七条　对地震灾区的受灾群众进行过渡性安置，应当根据地震灾区的实际情况，采取就地安置与异地安置，集中安置与分散安置，政府安置与投亲靠友、自行安置相结合的方式。

政府对投亲靠友和采取其他方式自行安置的受灾群众给予适当补助。具体办法由省级人民政府制定。

第八条　过渡性安置地点应当选在交通条件便利、方便受灾群众恢复生产和生活的区域，并避开地震活动断层和可能发生洪灾、山体滑坡和崩塌、泥石流、地面塌陷、雷击等灾害的区域以及生产、储存易燃易爆危险品的工厂、仓库。

实施过渡性安置应当占用废弃地、空旷地，尽量不占用或者少占用农田，并避免对自然保护区、饮用水水源保护区以及生态脆弱区域造成破坏。

第九条　地震灾区的各级人民政府根据实际条件，因地制宜，为灾区群众安排临时住所。临时住所可以采用帐篷、篷布房，有条件的也可以采用简易住房、活动板房。安排临时住所确实存在困难的，可以将学校操场和经安全鉴定的体育场馆等作为临时避难场所。

国家鼓励地震灾区农村居民自行筹建符合安全要求的临时住所，并予以补助。具体办法由省级人民政府制定。

第十条　用于过渡性安置的物资应当保证质量安全。生产单位应当确保帐篷、篷布房的产品质量。建设单位、生产单位应当采用质量合格的建筑材料，确保简易住房、活动板房的安全质量和抗震性能。

第十一条　过渡性安置地点应当配套建设水、电、道路等基础设施，并按比例配备学校、医疗点、集中供水点、公共卫生间、垃圾收集点、日常用品供应点、少数民族特需品供应点以及必要的文化宣传设施等配套公共服务设施，确保受灾群众的基本生活需要。

过渡性安置地点的规模应当适度，并安装必要的防雷设施和预留必要的消防应急通道，配备相应的消防设施，防范火灾和雷击灾害发生。

第十二条　临时住所应当具备防火、防风、防雨等功能。

第十三条　活动板房应当优先用于重灾区和需要异地安置的受灾群众，倒塌房屋在短期内难以恢复重建的重灾户特别是遇难者家庭、孕妇、婴幼儿、孤儿、孤老、残疾人员以及学校、医疗点等公共服务设施。

第十四条　临时住所、过渡性安置资金和物资的分配和使用，应当公开透明，定期公布，接受有关部门和社会监督。具体办法由省级人民政府制定。

第十五条　过渡性安置用地按临时用地安排，可以先行使用，事后再依法办理有关用地手续；到期未转为永久性用地的，应当复垦后交还原土地使用者。

第十六条　过渡性安置地点所在地的县级人民政府，应当组织有关部门加强次生灾害、饮用水水质、食品卫生、疫情的监测和流行病学调查以及环境卫生整治。使用的消毒剂、清洗剂应当符合环境保护要求，避免对土壤、水资源、环境等造成污染。

过渡性安置地点所在地的公安机关，应当加强治安管理，及时惩处违法行为，维护正常的社会秩序。

受灾群众应当在过渡性安置地点所在地的县、乡（镇）人民政府组织下，建立治安、消防联队，开展治安、消防巡查等自防自救工作。

第十七条　地震灾区的各级人民政府，应当组织受灾群众和企业开展生产自救，积极恢复生产，并做好受灾群众的心理援助工作。

第十八条 地震灾区的各级人民政府及政府农业行政主管部门应当及时组织修复毁损的农业生产设施,开展抢种抢收,提供农业生产技术指导,保障农业投入品和农业机械设备的供应。

第十九条 地震灾区的各级人民政府及政府有关部门应当优先组织供电、供水、供气等企业恢复生产,并对大型骨干企业恢复生产提供支持,为全面恢复工业、服务业生产经营提供条件。

第三章 调查评估

第二十条 国务院有关部门应当组织开展地震灾害调查评估工作,为编制地震灾后恢复重建规划提供依据。

第二十一条 地震灾害调查评估应当包括下列事项:
(一) 城镇和乡村受损程度和数量;
(二) 人员伤亡情况,房屋破坏程度和数量,基础设施、公共服务设施、工农业生产设施与商贸流通设施受损程度和数量,农用地毁损程度和数量等;
(三) 需要安置人口的数量,需要救助的伤残人员数量,需要帮助的孤寡老人及未成年人的数量,需要提供的房屋数量,需要恢复重建的基础设施和公共服务设施,需要恢复重建的生产设施,需要整理和复垦的农用地等;
(四) 环境污染、生态损害以及自然和历史文化遗产毁损等情况;
(五) 资源环境承载能力以及地质灾害、地震次生灾害和隐患等情况;
(六) 水文地质、工程地质、环境地质、地形地貌以及河势和水文情势、重大水利水电工程的受影响情况;
(七) 突发公共卫生事件及其隐患;
(八) 编制地震灾后恢复重建规划需要调查评估的其他事项。

第二十二条 县级以上人民政府应当依据各自职责分工组织有关部门和专家,对毁损严重的水利、道路、电力等基础设施,学校等公共服务设施以及其他建设工程进行工程质量和抗震性能鉴定,保存有关资料和样本,并开展地震活动对相关建设工程破坏机理的调查评估,为改进建设工程抗震设计规范和工程建设标准,采取抗震设防措施提供科学依据。

第二十三条 地震灾害调查评估应当采用全面调查评估、实地调查评估、综合评估的方法,确保数据资料的真实性、准确性、及时性和评估结论的可靠性。

地震部门、地震监测台网应当收集、保存地震前、地震中、地震后的所有资料和信息,并建立完整的档案。

开展地震灾害调查评估工作,应当遵守国家法律、法规以及有关技术标准和要求。

第二十四条 地震灾害调查评估报告应当及时上报国务院。

第四章 恢复重建规划

第二十五条 国务院发展改革部门会同国务院有关部门与地震灾区的省级人民政府共同组织编制地震灾后恢复重建规划,报国务院批准后组织实施。

地震灾后恢复重建规划应当包括地震灾后恢复重建总体规划和城镇体系规划、农村建设规划、城乡住房建设规划、基础设施建设规划、公共服务设施建设规划、生产力布局和产业调整规划、市场服务体系规划、防灾减灾和生态修复规划、土地利用规划等专项规划。

第二十六条 地震灾区的市、县人民政府应当在省级人民政府的指导下，组织编制本行政区域的地震灾后恢复重建实施规划。

第二十七条 编制地震灾后恢复重建规划，应当全面贯彻落实科学发展观，坚持以人为本，优先恢复重建受灾群众基本生活和公共服务设施；尊重科学、尊重自然，充分考虑资源环境承载能力；统筹兼顾，与推进工业化、城镇化、新农村建设、主体功能区建设、产业结构优化升级相结合，并坚持统一部署、分工负责，区分缓急、突出重点，相互衔接、上下协调，规范有序、依法推进的原则。

编制地震灾后恢复重建规划，应当遵守法律、法规和国家有关标准。

第二十八条 地震灾后调查评估获得的地质、勘察、测绘、水文、环境等基础资料，应当作为编制地震灾后恢复重建规划的依据。

地震工作主管部门应当根据地震地质、地震活动特性的研究成果和地震烈度分布情况，对地震动参数区划图进行复核，为编制地震灾后恢复重建规划和进行建设工程抗震设防提供依据。

第二十九条 地震灾后恢复重建规划应当包括地震灾害状况和区域分析，恢复重建原则和目标，恢复重建区域范围，恢复重建空间布局，恢复重建任务和政策措施，有科学价值的地震遗址、遗迹保护，受损文物和具有历史价值与少数民族特色的建筑物、构筑物的修复，实施步骤和阶段等主要内容。

地震灾后恢复重建规划应当重点对城镇和乡村的布局、住房建设、基础设施建设、公共服务设施建设、农业生产设施建设、工业生产设施建设、防灾减灾和生态环境以及自然资源和历史文化遗产保护、土地整理和复垦等做出安排。

第三十条 地震灾区的中央所属企业生产、生活等设施的恢复重建，纳入地震灾后恢复重建规划统筹安排。

第三十一条 编制地震灾后恢复重建规划，应当吸收有关部门、专家参加，并充分听取地震灾区受灾群众的意见；重大事项应当组织有关方面专家进行专题论证。

第三十二条 地震灾区内的城镇和乡村完全毁损，存在重大安全隐患或者人口规模超出环境承载能力，需要异地新建的，重新选址时，应当避开地震活动断层或者生态脆弱和可能发生洪灾、山体滑坡、崩塌、泥石流、地面塌陷等灾害的区域以及传染病自然疫源地。

地震灾区的县级以上地方人民政府应当组织有关部门、专家对新址进行论证，听取公众意见，并报上一级人民政府批准。

第三十三条 国务院批准的地震灾后恢复重建规划，是地震灾后恢复重建的基本依据，应当及时公布。任何单位和个人都应当遵守经依法批准公布的地震灾后恢复重建规划，服从规划管理。

地震灾后恢复重建规划所依据的基础资料修改、其他客观条件发生变化需要修改的，或者因恢复重建工作需要修改的，由规划组织编制机关提出修改意见，报国务院批准。

第五章 恢复重建的实施

第三十四条 地震灾区的省级人民政府，应当根据地震灾后恢复重建规划和当地经济社会发展水平,有计划、分步骤地组织实施地震灾后恢复重建。

国务院有关部门应当支持、协助、指导地震灾区的恢复重建工作。

城镇恢复重建应当充分考虑原有城市、镇总体规划,注重体现原有少数民族建筑风格,合理确定城镇的建设规模和标准,并达到抗震设防要求。

第三十五条 发展改革部门具体负责灾后恢复重建的统筹规划、政策建议、投资计划、组织协调和重大建设项目的安排。

财政部门会同有关部门负责提出资金安排和政策建议,并具体负责灾后恢复重建财政资金的拨付和管理。

交通运输、水利、铁路、电力、通信、广播影视等部门按照职责分工,具体组织实施有关基础设施的灾后恢复重建。

建设部门具体组织实施房屋和市政公用设施的灾后恢复重建。

民政部门具体组织实施受灾群众的临时基本生活保障、生活困难救助、农村毁损房屋恢复重建补助、社会福利设施恢复重建以及对孤儿、孤老、残疾人员的安置、补助、心理援助和伤残康复。

教育、科技、文化、卫生、广播影视、体育、人力资源社会保障、商务、工商等部门按照职责分工,具体组织实施公共服务设施的灾后恢复重建、卫生防疫和医疗救治、就业服务和社会保障、重要生活必需品供应以及维护市场秩序。高等学校、科学技术研究开发机构应当加强对有关问题的专题研究,为地震灾后恢复重建提供科学技术支撑。

农业、林业、水利、国土资源、商务、工业等部门按照职责分工,具体组织实施动物疫情监测、农业生产设施恢复重建和农业生产条件恢复,地震灾后恢复重建用地安排、土地整理和复垦、地质灾害防治,商贸流通、工业生产设施等恢复重建。

环保、林业、民政、水利、科技、安全生产、地震、气象、测绘等部门按照职责分工,具体负责生态环境保护和防灾减灾、安全生产的技术保障及公共服务设施恢复重建。

中国人民银行和银行、证券、保险监督管理机构按照职责分工,具体负责地震灾后恢复重建金融支持和服务政策的制定与落实。

公安部门具体负责维护和稳定地震灾区社会秩序。

海关、出入境检验检疫部门按照职责分工,依法组织实施进口恢复重建物资、境外捐赠物资的验放、检验检疫。

外交部会同有关部门按照职责分工,协调开展地震灾后恢复重建的涉外工作。

第三十六条 国务院地震工作主管部门应当会同文物等有关部门组织专家对地震废墟进行现场调查,对具有典型性、代表性、科学价值和纪念意义的地震遗址、遗迹划定范围,建立地震遗址博物馆。

第三十七条 地震灾区的省级人民政府应当组织民族事务、建设、环保、地震、文物等部门和专家,根据地震灾害调查评估结果,制定清理保护方案,明确地震遗址、遗迹和文物保护单位以及具有历史价值与少数民族特色的建筑物、构筑物等保护对象及其区域范围,报国务院批准后实施。

第三十八条 地震灾害现场的清理保护,应当在确定无人类生命迹象和无重大疫情的情况下,按照统一组织、科学规划、统筹兼顾、注重保护的原则实施。发现地震灾害现场有人类生命迹象的,应当立即实施救援。

第三十九条 对清理保护方案确定的地震遗址、遗迹应当在保护范围内采取有效措施进行保护，抢救、收集具有科学研究价值的技术资料和实物资料，并在不影响整体风貌的情况下，对有倒塌危险的建筑物、构筑物进行必要的加固，对废墟中有毒、有害的废弃物、残留物进行必要的清理。

对文物保护单位应当实施原址保护。对尚可保留的不可移动文物和具有历史价值与少数民族特色的建筑物、构筑物以及历史建筑，应当采取加固等保护措施；对无法保留但将来可能恢复重建的，应当收集整理影像资料。

对馆藏文物、民间收藏文物等可移动文物和非物质文化遗产的物质载体，应当及时抢救、整理、登记，并将清理出的可移动文物和非物质文化遗产的物质载体，运送到安全地点妥善保管。

第四十条 对地震灾害现场的清理，应当按照清理保护方案分区、分类进行。清理出的遇难者遗体处理，应当尊重当地少数民族传统习惯；清理出的财物，应当对其种类、特征、数量、清理时间、地点等情况详细登记造册，妥善保存。有条件的，可以通知遇难者家属和所有权人到场。

对清理出的废弃危险化学品和其他废弃物、残留物，应当实行分类处理，并遵守国家有关规定。

第四十一条 地震灾区的各级人民政府应当做好地震灾区的动物疫情防控工作。对清理出的动物尸体，应当采取消毒、销毁等无害化处理措施，防止重大动物疫情的发生。

第四十二条 对现场清理过程中拆除或者拆解的废旧建筑材料以及过渡安置期结束后不再使用的活动板房等，能回收利用的，应当回收利用。

第四十三条 地震灾后恢复重建，应当统筹安排交通、铁路、通信、供水、供电、住房、学校、医院、社会福利、文化、广播电视、金融等基础设施和公共服务设施建设。

城镇的地震灾后恢复重建，应当统筹安排市政公用设施、公共服务设施和其他设施，合理确定建设规模和时序。

乡村的地震灾后恢复重建，应当尊重农民意愿，发挥村民自治组织的作用，以群众自建为主，政府补助、社会帮扶、对口支援，因地制宜，节约和集约利用土地，保护耕地。

地震灾区的县级人民政府应当组织有关部门对村民住宅建设的选址予以指导，并提供能够符合当地实际的多种村民住宅设计图，供村民选择。村民住宅应当达到抗震设防要求，体现原有地方特色、民族特色和传统风貌。

第四十四条 经批准的地震灾后恢复重建项目可以根据土地利用总体规划，先行安排使用土地，实行边建设边报批，并按照有关规定办理用地手续。对因地震灾害毁损的耕地、农田道路、抢险救灾应急用地、过渡性安置用地、废弃的城镇、村庄和工矿旧址，应当依法进行土地整理和复垦，并治理地质灾害。

第四十五条 国务院有关部门应当组织对地震灾区地震动参数、抗震设防要求、工程建设标准进行复审；确有必要修订的，应当及时组织修订。

地震灾区的抗震设防要求和有关工程建设标准应当根据修订后的地震灾区地震动参数，进行相应修订。

第四十六条 对地震灾区尚可使用的建筑物、构筑物和设施，应当按照地震灾区的抗震设防要求进行抗震性能鉴定，并根据鉴定结果采取加固、改造等措施。

第四十七条 地震灾后重建工程的选址，应当符合地震灾后恢复重建规划和抗震设防、防灾减灾要求，避开地震活动断层、生态脆弱地区、可能发生重大灾害的区域和传染病自然疫源地。

第四十八条 设计单位应当严格按照抗震设防要求和工程建设强制性标准进行抗震设计，并对抗震设计的质量以及出具的施工图的准确性负责。

施工单位应当按照施工图设计文件和工程建设强制性标准进行施工，并对施工质量负责。

建设单位、施工单位应当选用施工图设计文件和国家有关标准规定的材料、构配件和设备。

工程监理单位应当依照施工图设计文件和工程建设强制性标准实施监理，并对施工质量承担监理责任。

第四十九条 按照国家有关规定对地震灾后恢复重建工程进行竣工验收时，应当重点对工程是否符合抗震设防要求进行查验；对不符合抗震设防要求的，不得出具竣工验收报告。

第五十条 对学校、医院、体育场馆、博物馆、文化馆、图书馆、影剧院、商场、交通枢纽等人员密集的公共服务设施，应当按照高于当地房屋建筑的抗震设防要求进行设计，增强抗震设防能力。

第五十一条 地震灾后恢复重建中涉及文物保护、自然保护区、野生动植物保护和地震遗址、遗迹保护的，依照国家有关法律、法规的规定执行。

第五十二条 地震灾后恢复重建中，货物、工程和服务的政府采购活动，应当严格依照《中华人民共和国政府采购法》的有关规定执行。

第六章 资金筹集与政策扶持

第五十三条 县级以上人民政府应当通过政府投入、对口支援、社会募集、市场运作等方式筹集地震灾后恢复重建资金。

第五十四条 国家根据地震的强度和损失的实际情况等因素建立地震灾后恢复重建基金，专项用于地震灾后恢复重建。

地震灾后恢复重建基金由预算资金以及其他财政资金构成。

地震灾后恢复重建基金筹集使用管理办法，由国务院财政部门制定。

第五十五条 国家鼓励公民、法人和其他组织为地震灾后恢复重建捐赠款物。捐赠款物的使用应当尊重捐赠人的意愿，并纳入地震灾后恢复重建规划。

县级以上人民政府及其部门作为受赠人的，应当将捐赠款物用于地震灾后恢复重建。公益性社会团体、公益性非营利的事业单位作为受赠人的，应当公开接受捐赠的情况和受赠财产的使用、管理情况，接受政府有关部门、捐赠人和社会的监督。

县级以上人民政府及其部门、公益性社会团体、公益性非营利的事业单位接受捐赠的，应当向捐赠人出具由省级以上财政部门统一印制的捐赠票据。

外国政府和国际组织提供的地震灾后恢复重建资金、物资和人员服务以及安排实施的多双边地震灾后恢复重建项目等，依照国家有关规定执行。

第五十六条 国家鼓励公民、法人和其他组织依法投资地震灾区基础设施和公共服务设施的恢复重建。

第五十七条　国家对地震灾后恢复重建依法实行税收优惠。具体办法由国务院财政部门、国务院税务部门制定。

地震灾区灾后恢复重建期间，县级以上地方人民政府依法实施地方税收优惠措施。

第五十八条　地震灾区的各项行政事业性收费可以适当减免。具体办法由有关主管部门制定。

第五十九条　国家向地震灾区的房屋贷款和公共服务设施恢复重建贷款、工业和服务业恢复生产经营贷款、农业恢复生产贷款等提供财政贴息。具体办法由国务院财政部门会同其他有关部门制定。

第六十条　国家在安排建设资金时，应当优先考虑地震灾区的交通、铁路、能源、农业、水利、通信、金融、市政公用、教育、卫生、文化、广播电视、防灾减灾、环境保护等基础设施和公共服务设施以及关系国家安全的重点工程设施建设。

测绘、气象、地震、水文等设施因地震遭受破坏的，地震灾区的人民政府应当采取紧急措施，组织力量修复，确保正常运行。

第六十一条　各级人民政府及政府有关部门应当加强对受灾群众的职业技能培训、就业服务和就业援助，鼓励企业、事业单位优先吸纳符合条件的受灾群众就业；可以采取以工代赈的方式组织受灾群众参加地震灾后恢复重建。

第六十二条　地震灾区接受义务教育的学生，其监护人因地震灾害死亡或者丧失劳动能力或者因地震灾害导致家庭经济困难的，由国家给予生活费补贴；地震灾区的其他学生，其父母因地震灾害死亡或者丧失劳动能力或者因地震灾害导致家庭经济困难的，在同等情况下其所在的学校可以优先将其纳入国家资助政策体系予以资助。

第六十三条　非地震灾区的县级以上地方人民政府及其有关部门应当按照国家和当地人民政府的安排，采取对口支援等多种形式支持地震灾区恢复重建。

国家鼓励非地震灾区的企业、事业单位通过援建等多种形式支持地震灾区恢复重建。

第六十四条　对地震灾后恢复重建中需要办理行政审批手续的事项，有审批权的人民政府及有关部门应当按照方便群众、简化手续、提高效率的原则，依法及时予以办理。

第七章　监督管理

第六十五条　县级以上人民政府应当加强对下级人民政府地震灾后恢复重建工作的监督检查。

县级以上人民政府有关部门应当加强对地震灾后恢复重建建设工程质量和安全以及产品质量的监督。

第六十六条　地震灾区的各级人民政府在确定地震灾后恢复重建资金和物资分配方案、房屋分配方案前，应当先行调查，经民主评议后予以公布。

第六十七条　地震灾区的各级人民政府应当定期公布地震灾后恢复重建资金和物资的来源、数量、发放和使用情况，接受社会监督。

第六十八条　财政部门应当加强对地震灾后恢复重建资金的拨付和使用的监督管理。

发展改革、建设、交通运输、水利、电力、铁路、工业和信息化等部门按照职责分工，组织开展对地震灾后恢复重建项目的监督检查。国务院发展改革部门组织开展对地震灾后恢复重建的重大建设项目的稽察。

第六十九条 审计机关应当加强对地震灾后恢复重建资金和物资的筹集、分配、拨付、使用和效果的全过程跟踪审计，定期公布地震灾后恢复重建资金和物资使用情况，并在审计结束后公布最终的审计结果。

第七十条 地震灾区的各级人民政府及有关部门和单位，应当对建设项目以及地震灾后恢复重建资金和物资的筹集、分配、拨付、使用情况登记造册，建立、健全档案，并在建设工程竣工验收和地震灾后恢复重建结束后，及时向建设主管部门或者其他有关部门移交档案。

第七十一条 监察机关应当加强对参与地震灾后恢复重建工作的国家机关和法律、法规授权的具有管理公共事务职能的组织及其工作人员的监察。

第七十二条 任何单位和个人对地震灾后恢复重建中的违法违纪行为，都有权进行举报。

接到举报的人民政府或者有关部门应当立即调查，依法处理，并为举报人保密。实名举报的，应当将处理结果反馈举报人。社会影响较大的违法违纪行为，处理结果应当向社会公布。

第八章 法律责任

第七十三条 有关地方人民政府及政府部门侵占、截留、挪用地震灾后恢复重建资金或者物资的，由财政部门、审计机关在各自职责范围内，责令改正，追回被侵占、截留、挪用的地震灾后恢复重建资金或者物资，没收违法所得，对单位给予警告或者通报批评；对直接负责的主管人员和其他直接责任人员，由任免机关或者监察机关按照人事管理权限依法给予降级、撤职直至开除的处分；构成犯罪的，依法追究刑事责任。

第七十四条 在地震灾后恢复重建中，有关地方人民政府及政府有关部门拖欠施工单位工程款，或者明示、暗示设计单位、施工单位违反抗震设防要求和工程建设强制性标准，降低建设工程质量，造成重大安全事故，构成犯罪的，依法追究刑事责任；尚不构成犯罪的，对直接负责的主管人员和其他直接责任人员，由任免机关或者监察机关按照人事管理权限依法给予降级、撤职直至开除的处分。

第七十五条 在地震灾后恢复重建中，建设单位、勘察单位、设计单位、施工单位或者工程监理单位，降低建设工程质量，造成重大安全事故，构成犯罪的，依法追究刑事责任；尚不构成犯罪的，由县级以上地方人民政府建设主管部门或者其他有关部门依照《建设工程质量管理条例》的有关规定给予处罚。

第七十六条 对毁损严重的基础设施、公共服务设施和其他建设工程，在调查评估中经鉴定确认工程质量存在重大问题，构成犯罪的，对负有责任的建设单位、设计单位、施工单位、工程监理单位的直接责任人员，依法追究刑事责任；尚不构成犯罪的，由县级以上地方人民政府建设主管部门或者其他有关部门依照《建设工程质量管理条例》的有关规定给予处罚。涉嫌行贿、受贿的，依法追究刑事责任。

第七十七条 在地震灾后恢复重建中，扰乱社会公共秩序，构成违反治安管理行为的，由公安机关依法给予处罚。

第七十八条 国家工作人员在地震灾后恢复重建工作中滥用职权、玩忽职守、徇私舞弊的，依法给予处分；构成犯罪的，依法追究刑事责任。

第九章 附 则

第七十九条 地震灾后恢复重建中的其他有关法律的适用和有关政策，由国务院依法另行制定，或者由国务院有关部门、省级人民政府在各自职权范围内做出规定。

第八十条 本条例自公布之日起施行。

7. 附表1——房屋震害表

房屋震害表 附表1

编号	场地条件	房屋结构	破坏形式	破坏图片	备注

注：图片可编号后，直接采用附件形式提交。

8. 附表2——地震自救表

地震自救表 附表2

编号	所处环境	人员分布	逃生措施	逃生效果	备注

注：图片可编号后，直接采用附件形式提交。

9. 附表3——地震救援表

地震救援表　　　　　　　　　　　　　　　附表3

编号	压埋人员所处环境	房屋结构	救援措施	救援效果	备注

注：图片可编号后，直接采用附件形式提交。

10. 地震资料使用授权书

本人确保本人提供的地震资料是合法获得的，提供的地震资料可公开发表，免费使用，授权相关研究、设计、施工、救援等人员免费使用本人提供的地震资料，特此证明。

签字：
日期：

11. 农村单层砌体房屋中的地震逃生方法

农村单层砌体房屋中的居民在地震如何逃生是一个重要课题。本节对安全目标和安全区进行了等级划分，提出了判定地震逃生方法可行性的地震逃生安全函数；对农村单层砌体房屋中的地震逃生进行了一系列的模拟试验，初步得到了逃生时间与逃生者个体、逃生者环境的关系；对地震逃生案例进行分析，得到了农村单层砌体房屋中的地震逃生各种方法的可行性；提出了基于目标安全区的地震逃生方法，给出了不同条件下逃生者的地震逃生方法。

（1）引言

我国因地震造成死亡的人数占国内所有自然灾害总人数的54%，在同样的环境下人员如何逃生决定了最终伤亡情况，地震逃生有着重要意义。室内地震逃生方法主要有两种：(1)"本能外逃法"，即发现地震后，不分地震的阶段和所处环境，依靠本能立即从室内向室外出逃；(2)"伏而待定法"，即发现地震后，不立即跑出，就近躲在桌下或床下。早于1556年华县大地震后，我国秦可大已经提出了"伏而待定法"，该法是日本和我国目前的主流地震逃生方法。我国绝大多数农村住宅属没有采取抗震措施的单层砌体房屋，抗震性能差，在地震中易破坏甚至倒塌，生活在其中的居民如何逃生是一个难题。

本节首先引入地震逃生安全函数，建立逃生方法的判定标准；通过若干组单层砌体房屋中的地震逃生模拟试验，得到逃生时间与逃生者个体、逃生者环境的关系；进一步分析地震实际逃生案例，得到不同地震条件下逃生方法的可行性；最后提出了基于目标安全区的地震逃生方法，给出了不同条件下逃生者的地震逃生方法。

（2）地震逃生安全函数

地震中不同的逃生者所处的环境不同，个体条件不同，逃生者的安全目标不同，所选择的逃生方法也不同。为了更加科学地确定逃生方法，本节首先对安全目标和安全区进行分类，然后定义安全函数。

1）安全目标

在地震中，逃生者的安全目标不同，采取的逃生方法是不同的。一般而言，首先应该采取一切措施保护生命；其次是尽可能地减少人身生理上的伤害；在生命和健康能够保证的前提下，尽可能地减少心理伤害、保护财产等。安全目标可进一步划分为以下4个级别：

Ⅰ级安全目标：逃生者生存；

Ⅱ级安全目标：逃生者生理上未受重伤；

Ⅲ级安全目标：逃生者生理上未受轻伤；

Ⅳ级安全目标：逃生者生理上未受伤害，减少心理伤害、财产等其他损失。

在不同的环境下，安全目标是不同的，例如在抗震性能好的房屋中，逃生者可把安全目标定到Ⅳ级，在抗震性能差的房屋中，逃生者可把安全目标定到Ⅰ级、Ⅱ级或者Ⅲ级。

2）安全区

地震灾害类型多样，地震中没有绝对安全的地方，一般说来，不受滑坡、海啸、倒塌物等威胁的室外空旷地带是最安全的区域,如操场、公园、大面积的草地、农田等;室外和抗震性能为优的房屋是较安全的区域,如现浇钢筋混凝土剪力墙住宅等。按照可能对逃生者造成的伤害程度划分,安全区可以划分为5个等级,详见附表11-1。通常情况下,级别较高的安全区对逃生者的伤害较小。

安全区等级表 附表11-1

编号	安全等级	可能实现的安全目标	特点描述	典型区域
1	Ⅰ	Ⅳ	不受滑坡、海啸、倒塌物等威胁的室外空旷地带是最安全的区域	如操场、公园、大面积的草地、农田等
2	Ⅱ	Ⅲ	房屋一般不倒塌,可能受到轻型坠物、室内家具倒塌伤害的区域	离房屋、高耸物较远的室外、抗震性能为优的房屋室内
3	Ⅲ	Ⅱ	房屋一般不倒塌,可能受到重型坠物、室内墙倒塌伤害的区域	离房屋、高耸物较近的室外、抗震性能为良的房屋室内
4	Ⅳ	Ⅰ	房屋倒塌,但是通常存在可容纳人生存的空间	砌体房屋的墙角、卫生间等
5	Ⅴ	Ⅰ	房屋倒塌,有一定可能性形成可容纳人生存的空间	砌体房屋的桌下、床下

3)安全函数

下式为地震逃生的安全函数(简称安全函数)。

$$F(t) = [t_s] - t_s$$

式中:t_s——逃生时间,逃生者按照一定的逃生方法从所在位置到目标安全区的时间,逃生者所在位置到目标安全区的距离称为逃生距离(下简称逃生距,用 S 表示);

$[t_s]$——安全时间,逃生者按照一定的逃生方法从准备逃生到无能力继续逃生的时间。

安全函数可以反映该逃生方法的可行性。

当 $F(t) \geq 0$ 时,即 $[t_s] \geq t_s$,

逃生者选择的逃生方法是可行的,在 $[t_s]$ 内,逃生者可以到达目标安全区。

$F(t) < 0$ 时,即 $[t_s] < t_s$,

逃生者选择的逃生方法是不可行的,在 $[t_s]$ 内,逃生者不能到达目标安全区。

$[t_s]$ 是一个高度非线性的值,与地震、环境和逃生者个体均有关,范围可以从几秒到若干年,例如,当逃生者位于抗震性能很差的房屋中,$[t_s]$ 往往只有几秒;当逃生者位于安全等级Ⅰ级的室外,$[t_s]$ 可以年为单位计算。

目前国内农村单层砌体房屋较缺乏必要的抗震措施,抗震性能差,在地震中易破坏或者倒塌。大量的地震实践说明房屋通常在地震横波到来时遭到破坏。为了便于讨论问题,针对农村单层砌体房屋作出以下假定:

①地震纵波到来时不会导致房屋倒塌,逃生者开始准备逃生;

②地震横波到来时房屋倒塌,逃生者无能力继续逃生。

这样对于农村单层砌体房屋可以认为 $[t_s]$ 等于地震纵波到来与地震横波到来之间的

时间差,通过一系列不同条件下的逃生试验来确定 t_s,求出不同条件下安全函数的值,进而判定不同逃生方法的可行性。

(3) 地震逃生试验

完全模拟单层砌体房屋地震下的逃生试验是难以实现的,必须进行若干简化后,方可测试出在地震条件下逃生者室内到室外的逃生时间 t_s,农村单层砌体房屋特点是:①农村单层砌体房屋抗震性能差,在地震中易遭破坏或者倒塌,室外有较安全的空地;室内通常为Ⅴ级或Ⅳ级安全区,室外通常为Ⅰ级或Ⅱ级安全区;②房屋进深小,一般情况下,逃生者到室外的逃生距 $S \leqslant 10m$;③室内外高差小,易于逃生;④农村居民人口密度低,易于逃生。针对这些特点,逃生试验设计如下:

①安全目标为Ⅲ级,目标安全区为室外;②被测试人员的逃生距为10m,听到"地震"口令后,被测试人员从室内迅速逃到室外;③逃生之前,被测试人员采取坐姿;④房屋门分为关闭和开敞两种状态;⑤假定 $[t_s]$ 等于地震纵波到来与地震横波到来之间的时间差;⑥每组被测试人员为5人,每人测试5次;⑦被测试人员分为中青年组和老年组。试验测试结果见附表11-2~附表11-7。

第1组时间测试表(中青年,男,中快跑,门敞开) 附表11-2

被测试人员编号	t_{s1} (s)	t_{s2} (s)	t_{s3} (s)	t_{s4} (s)	t_{s5} (s)
1	7.32	7.68	7.87	8.01	8.15
2	8.01	8.13	7.98	8.32	7.95
3	8.11	8.23	8.38	8.07	8.24
4	7.88	7.32	7.99	8.01	7.83
5	7.68	7.91	8.11	7.99	7.88

注:t_{si},第 i 次逃生时间。

第2组时间测试表(中青年,女,中快跑,门开敞) 附表11-3

被测试人员编号	t_{s1} (s)	t_{s2} (s)	t_{s3} (s)	t_{s4} (s)	t_{s5} (s)
1	8.23	8.24	8.11	8.78	8.69
2	8.53	8.49	8.37	8.42	8.39
3	8.18	8.01	8.23	8.17	8.11
4	8.10	8.03	8.07	8.23	8.37
5	8.42	8.17	8.39	8.49	8.69

第3组时间测试表(中青年,男,中快跑,门关闭) 附表11-4

被测试人员编号	t_{s1} (s)	t_{s2} (s)	t_{s3} (s)	t_{s4} (s)	t_{s5} (s)
1	8.82	9.01	9.02	9.13	9.3
2	9.51	9.53	9.46	9.48	9.36
3	9.51	9.98	9.65	9.37	9.78
4	9.40	8.99	9.43	9.39	9.21
5	8.93	9.11	9.50	9.21	9.13

第 4 组时间测试表（中青年，女，中快跑，门关闭） 附表 11-5

被测试人员编号	t_{s1} (s)	t_{s2} (s)	t_{s3} (s)	t_{s4} (s)	t_{s5} (s)
1	10.01	9.99	10.12	10.32	10.13
2	10.01	9.99	10.12	10.32	10.13
3	9.76	9.53	9.67	9.59	9.63
4	10.03	9.53	9.49	9.28	9.40
5	9.39	9.29	9.35	10.14	10.50

第 5 组时间测试表（老年，男女混，门开敞，快步走） 附表 11-6

被测试人员编号	t_{s1} (s)	t_{s2} (s)	t_{s3} (s)	t_{s4} (s)	t_{s5} (s)
1	12.41	12.70	12.30	12.78	12.65
2	12.39	12.72	12.32	12.68	12.55
3	12.35	12.70	12.30	12.65	12.40
4	12.05	12.13	12.20	12.01	12.07
5	11.98	11.85	12.08	12.13	12.20

第 6 组时间测试表（老年，男女混，门关闭，快步走） 附表 11-7

被测试人员编号	t_{s1} (s)	t_{s2} (s)	t_{s3} (s)	t_{s4} (s)	t_{s5} (s)
1	14.50	14.80	15.00	14.78	14.50
2	14.48	14.82	14.85	14.53	14.29
3	14.55	14.75	14.80	14.38	14.08
4	13.98	14.00	14.05	13.98	13.99
5	13.05	13.12	13.58	13.55	13.70

当 $S=10\text{m}$，$[t_s]=10\text{s}$ 时，可求出各组的安全函数，以第一组为例，结果见附表 11-8。

第 1 组安全函数表（中青年，男，中快跑，门敞开） 附表 11-8

被测试人员编号	F_{s1} (s)	F_{s2} (s)	F_{s3} (s)	F_{s4} (s)	F_{s5} (s)
1	2.68	2.32	2.13	1.99	1.85
2	1.99	1.87	2.02	1.68	2.05
3	1.89	1.77	1.62	1.93	1.76
4	2.12	2.68	2.01	1.99	2.17
5	2.32	2.09	1.89	2.01	2.12

注：F_{si}，第 i 次的安全函数值。

$F_{si}>0$，说明用该种逃生方法是可行的，同理可求出其他组的安全函数值，进而判断该组逃生方法的可行性。

对上述各组试验数据可求出其逃生试验的平均值和标准差,可得附表11-9、附表11-10。

试验结果统计表(门开敞) 附表11-9

被测试组编号	$\bar{t}_s$ (s)	S_{t_s} (s)	$t_{s,max}$ (s)	$t_{s,min}$ (s)
第1组	7.962	0.2586	8.38	7.32
第2组	8.316	0.2137	8.78	8.01
第5组	12.344	0.2734	12.78	11.85

注:$\bar{t}_s$ 为每组逃生时间的平均值,S_{t_s} 为每组逃生时间的标准差,$t_{s,max}$ 为该组最长逃生时间,$t_{s,min}$ 为该组最短逃生时间。

从附表11-9可知,当门开敞时,对于中青年组,女子组较男子组的 $\bar{t}_s$ 多0.354s,增加了4.4%;老年组较男子中青年组的 $\bar{t}_s$ 多4.382s,增加了55.0%;男女中青年组的 $\bar{t}_s$ 均小于8.80s。

试验结果统计表(门关闭) 附表11-10

被测试组编号	$\bar{t}_s$ (s)	S_{t_s} (s)	$t_{s,max}$ (s)	$t_{s,min}$ (s)
第1组	9.328	0.2749	9.98	8.93
第2组	9.778	0.3508	10.50	9.28
第6组	14.244	0.5420	15.00	13.05

从附表11-10可知,当门关闭时,对于中青年组,女子组较男子组的 $\bar{t}_s$ 多0.45s,增加了4.8%;老年组较男子中青年组的 $\bar{t}_s$ 多4.916s,增加了52.7%;男女中青年组的 $\bar{t}_s$ 均小于10.50s。

房屋门的开关状态对逃生时间的影响显著,对于中青年(男)组,$\bar{t}_s$ 增加了1.366s,增加了17.2%;对于中青年(女)组,$\bar{t}_s$ 增加了1.462s,增加了17.6%;对于老年组,$\bar{t}_s$ 增加了1.90s,增加了15.4%。

可以看出地震逃生方法与地震的安全目标、逃生距、地震、逃生个体的状态均有关系,尽管上述实验仍然无法直接用于确定逃生方法,但是各因素对逃生时间的影响大小是有价值的,可以初步得出以下结论:

1) 男女性别差异对 t_s 的影响不大;
2) 不同年龄段对 t_s 较大;
3) 房屋门的关闭状态对 t_s 影响较大;
4) $[t_s]$ 对 F_{si} 的值影响很大,它综合反映了地震和逃生者所在环境的抗震性能。

还有一些其他的因素对 t_s 有较大的影响,如逃生者的初始状态时的姿势等,由于条件限制暂时未进行相关试验。

(4) 地震逃生案例

地震灾害是不可再现的,严格的说地震逃生是无法准确模拟的,所以地震逃生案例有着重要的作用,具体逃生案例参见附表11-11。

地震逃生案例   附表 11-11

逃生案例编号	地震简况	逃生简况	逃生描述
1	唐山地震 时间：1976年7月28日 3:42； 震级：M7.8级； 震中：唐山市	逃生地点：唐山市区 环境：多层单层砌体房屋、工厂等 人员众多 逃生方法：伏而待定法或者本能出逃法 逃生效果：约65万人被压埋，生存约35万人，约53.8%（42.8%~66.6%）的人生存	地震发生在凌晨，约60万~70万人被压埋，占唐山市区总人口的80%左右，经过自救和互救，约30万~40万人生存，其中解放军救出16400人。地震共造成24.2万人死亡，16.4万人受重伤，唐山市区终身残废的就达1700多人
2	汶川地震 时间：2008年5月12日 14:28； 震级：M8.0级； 震中：四川汶川、北川	逃生地点：汶川县映秀镇 环境：电力公司一楼理发店 其他特点：门开敞，人员较少 逃生方法：本能出逃法 逃生效果：两人均存活	53岁的何某某在电力公司一层的理发店修面，地面刚开始摇了两下时，何某某跳出来，同时将理发师推出。楼层倒塌，理发师的命保住了
3	汶川地震 时间：2008年5月12日 14:28； 震级：M8.0级； 震中：四川汶川、北川	逃生地点：北川县曲山小学 环境：3楼教室 其他特点：门开敞，人员众多 逃生方法：本能出逃法 逃生效果：80%以上的孩子存活	突然只听到脚下轰的一声，房子轻微地摇晃了一下，不到一秒钟，该老师就反应过来地震来了，立即大喝一声，"地震了，快往操场跑。"由于教学楼依山而建，三楼和后面的操场正好是平的，教室未关门，约5~6秒钟，班上已经有80%的孩子冲到了操场上
4	汶川地震 时间：2008年5月12日 14:28； 震级：M8.0级； 震中：四川汶川、北川	逃生地点：北川县北川中学 环境：2楼多媒体教室 门开敞，人员众多 逃生方法：伏而待定法 逃生效果：完整出来33人，比例为50.7%	有人喊一声，地震了，快趴下，就趴在桌子下面了，同学们用手机照明，发现三楼的楼板已经塌下来，压在教室的桌子上，有些没有来得及趴下的同学，已经被压在顶棚和桌子中间……他们把墙壁弄出一人宽的缝隙，全班33个同学陆续爬了出去。该班65个孩子，完整出来的33个，目前已经确认死亡了8个

　　唐山地震发生在凌晨3:42，人员多在睡眠状态，被压埋人员约占唐山市人口的80%。被压埋人员的生存率为53.8%左右，重伤人员为16.4万人，约占生存人员的46.8%，轻伤人员更多。从逃生案例1可知：①逃生者初始状态处于睡眠时，采用"本能外逃法"成功率是较低的；②经过及时的自救和互救，被压埋人员的生存概率是较大的，可实现Ⅰ级以上的安全目标；③生存的压埋人员多数有重伤或轻伤。农村单层砌体房屋抗震性能差，Ⅰ级和Ⅱ级安全目标均可能造成较大的死亡和伤亡，因此不宜把目标安全区简单地确定为室内。

　　从逃生案例2和3可知：①对地震的认识是很重要的，有助于在第一时间选择科学的逃生方法；②科学逃生方法的生存率可高达80%以上；③即使在震中地区、人员密集的教室、逃生者初始状态为坐姿，逃生者仍然能够在安全时间内到达室外。对于农村单层砌体房屋中的逃生者，从所在位置到室外的逃生距离较短，在安全时间内是完全可能逃出的，因此，一般情况下，逃生者的安全目标应该为Ⅲ级，目标安全区为室外。

　　从逃生案例4可知，采用"伏而待定法"对于留在室内的人员仍然是有效的措施，可以减少死亡和重伤，在及时得到援助的前提下，"伏而待定法"生存率高于50.7%。对于农村单层砌体房屋中留在室内的逃生者，"伏而待定法"是一个重要的逃生方法。

从逃生案例 1~4 可知，不同的地震逃生方法适用于不同的地震、环境和个体需要。

(5) 单层砌体房屋地震逃生方法

单层砌体房屋中的地震逃生方法是高度非线性的，与地震、安全目标、环境、个体条件均有关系。对于单层砌体房屋，根据目标安全区的不同，地震逃生方法可细分为 4 种，详见附表 11-12。

单层砌体房屋地震逃生方法表　　　　　　　附表 11-12

编号	逃生方法名称	目标安全区	逃生行为	逃生原理	优点	缺点
M1	室内伏而待定法	室内Ⅴ级安全区	立即蹲下，低于临近的桌椅等，保护头部，身体尽可能的缩小，减少水平面积	利用较高的桌椅等承受坠物的冲击力；降低重心，减少地震水平振动的影响；减少坠物的打击面	逃生时间最短	逃生者可能实现Ⅰ级或Ⅱ级安全目标
M2	室内三角区逃生法	室内Ⅳ级安全区	迅速跑到距离最近的三角区，到达后行为同"室内伏而待定法"	建筑物在墙角、卫生间处支撑构件较多，倒塌后易形成可容纳人的三角区，被坠物击中的概率较低	逃生时间较短	逃生者通常可实现Ⅰ级或Ⅱ级安全目标
M3	室外安全岛逃生法	较小面积、不受空中坠物打击的室外Ⅱ级和Ⅲ级安全区	以最快速度迅速跑到室外，然后双手保护头部，跑到距离最近的室外安全岛	从室内到室外是最危险的阶段，越快越好，到室外后，空中坠物击中是主要伤害，所以双手保护头部，快速转移到室外安全岛	逃生时间较长，在安全岛逃生者通常可实现Ⅲ级安全目标	到安全岛的过程中可能被坠物击中，可能条件限制无法实现
M4	室外安全带逃生法	室外Ⅰ级安全区	以最快速度迅速跑到室外，然后双手保护头部，跑到距离最近的室外安全带；或者在地震间隔期间，从安全岛转移到安全带	室外安全带是安全等级最高的区域，从室内到室外是最危险的阶段，越快越好，到室外后，空中坠物击中是主要伤害，所以双手保护头部	逃生时间较长，在安全带逃生者通常可实现Ⅲ级以上的安全目标	到安全带的过程中可能被坠物击中，可能条件限制无法实现，当地根本无安全带

当地震发生时，逃生者可采取以下的逃生流程：

1）发生地震时首先应该根据自己所处环境、个体条件，选择合理的安全目标和逃生方法。

2）以最快的速度跑到目标安全区。

3）转移到安全等级更高的安全区。

一般地震持续时间在 3 分钟内，但是地震往往有一系列的余震，1988 年丽江地震，在 13 分钟内先后发生了里氏 7.6 级和 7.2 级强烈地震，在以后的两个多月强余震不断。所以通常 3 分钟后应立即向更安全的区域转移。

4）判断次生灾害，选择下一步行动，及时展开自救和互救。

对于农村单层砌体房屋中的居民，逃生方法可参见附表 11-13~附表 11-15。

单层砌体房屋地震逃生表（儿童、少年、中青年、行动迅速老人和幼儿）　　附表11-13

编号	人员性别	人员状态	距室外距离（m）	门状态	逃生方法
1	男（女）	坐姿、站姿	短、较短	开敞	M3
2	男（女）	坐姿、站姿	短、较短	关闭	M3
3	男（女）	睡眠	短、较短	开敞	M1
4	男（女）	睡眠	短、较短	关闭	M1
5	男（女）	躺姿	长、较长	开敞	M1、M2
6	男（女）	躺姿	长、较长	关闭	M1、M2

注：短通常指5m之内，较短通常指5～10m，较长通常指10m以上，长通常指20m以上，下同。

单层砌体房屋地震逃生表（婴幼儿、行动迟缓老人）　　附表11-14

编号	人员	人员状态	距室外距离（m）	门状态	逃生方式
1	男（女）	坐姿、站姿	长、较长	开敞	M1、M2
2	男（女）	坐姿、站姿	长、较长	关闭	M1、M2
3	男（女）	睡眠	长、较长	开敞	M1
4	男（女）	睡眠	长、较长	关闭	M1
5	男（女）	躺姿	长、较长	开敞	M1
6	男（女）	躺姿	长、较长	关闭	M1

单层砌体房屋地震逃生表（婴幼儿、行动迟缓老人）　　附表11-15

编号	人员	人员状态	距室外距离（m）	门状态	逃生方式
1	男（女）	坐姿、站姿	短、较短	开敞	M1、M2、M3
2	男（女）	坐姿、站姿	短、较短	关闭	M1、M2、M3
3	男（女）	睡眠	短、较短	开敞	M1
4	男（女）	睡眠	短、较短	关闭	M1
5	男（女）	躺姿	短、较短	开敞	M1、M2
6	男（女）	躺姿	短、较短	关闭	M1、M2

对于农村单层砌体房屋中的居民，室外安全岛逃生法具有较高的可行性，所以逃生者宜优先选择室外安全岛逃生法，其次选择室内三角区逃生法和室内伏而待定法。

（6）小结

本节通过对农村单层砌体房屋地震逃生的研究，得出以下结论：

1）对地震逃生提出了安全函数、安全目标、安全区等量化标准，可以判断地震逃生方法的可行性。

2）对单层砌体房屋地震逃生进行了模拟试验，初步得到了得到了逃生时间与逃生者个体、逃生者环境的关系。

3）对地震逃生案例进行了实证分析，得到了农村单层砌体房屋中的地震逃生各种方法的可行性。

4）对单层砌体房屋地震逃生方法提出了以安全区为分类标准的4种逃生方法。

5）提出了各种情况下农村单层砌体房屋中的地震逃生方法，逃生者宜优先选择室外安全岛逃生法，其次选择室内三角区逃生法和室内伏而待定法。

参考文献

[1] 参考文献封定国等. 工程结构抗震 [M]. 北京: 地震出版社, 1994.
[2] 周云等. 土木工程抗震设计 [M]. 北京: 科学出版社, 2005.
[3] 中国地震灾害防御中心. 地震的产生和类型 [EB/OL]. 中国地震科普网.
　　http://www.dizhen.ac.cn/uw/gateway.exe/dizhen/arcanum/aomi.html?key=@1504|11|1
[4] 中国地震灾害防御中心. 中国是个多地震的国家 [EB/OL]. 中国地震科普网.
　　http://www.dizhen.ac.cn/uw/gateway.exe/dizhen/arcanum/aomi.html?key=@1503|19|1
[5] 胡聿贤. 地震工程学 [M]. 北京: 地震出版社, 2006.
[6] 中国地震局工程力学研究所. 5.12汶川大地震强震动数据处理情况简报(3)[EB/OL]. 中国地震局工程力学研究所, 2008-5-20. http://www.smsd-iem.net.cn/info/news_view.asp?newsid=23
[7] 陈祖煜. 土质边坡稳定分析—原理. 方法. 程序 [M]. 北京: 中国水利出版社, 2003.
[8] 张晓东, 蒋海昆, 黎明晓. 地震预测与预警探讨 [J]. 中国地震. 2008, 24 (1), 67~76.
[9] Bruce A. Bolt 著, 马杏垣等译. 地震九讲 [M]. 北京: 地震出版社, 2000.
[10] 车用太. 专家谈地震宏观异常 [EB/OL]. 中国地震信息网.
　　http://www.csi.ac.cn/sichuan/sichuan080512_67.htm
[11] 朗田语林. 汶川地震, 我经历的第一次特大地震 [EB/OL]. 百度网, 2008-5-15.
　　http://tieba.baidu.com/f?kz=378957213
[12] 龙小霞等. 基于可公度方法的川滇地区地震趋势研究 [J]. 灾害学. 2006, 21 (3).
[13] 方舟子. 地震预测的梦想与现实 [N]. 《中国青年报》. 2008-5-28.
[14] 陈颙, 史培军. 自然灾害 [M]. 北京: 北京师范大学出版社, 2007.
[15] 李卫平, 赵卫国. 2007年世界灾害地震综述 [J]. 国际地震动态. 2008, 2, 36~40.
[16] 喜马拉雅山脉何时升起 [N]. 人民日报, 1990-8-9.
[17] 中国网. 英专家称汶川地震缘起喜马拉雅造山运动 [EB/OL]. 中国网, 2008-05-15.
　　http://www.china.com.cn/international/txt/2008-05-15/content_15253220.htm
[18] 张雷. 汶川地震中的地裂缝 [EB/OL]. 中国新闻网, 2008-5-18.
　　http://news.sohu.com/20080518/n256930634.shtml
[19] 李增钦. 苗栗市新英里某山坡地之喷砂孔 (921集集大地震)[EB/OL]. 防灾及资讯中心——国立台湾科技大学营建工程系网. http://140.118.105.99/921/liq-picture.htm
[20] 陈燮. 新华社记者徒步进入北川县城拍摄震后现状 [组图][EB/OL]. 新华网,
　　2008-5-13. http://news.xinhuanet.com/photo/2008-05/13/content_8162718.htm
[21] 陈燮, 曾玉燕. 地震后的北川县城的建筑物因地震垮塌 [EB/OL]. 搜狐网,
　　2008-5-13. http://news.sohu.com/20080513/n256823813.shtml 来源: 新华社.
[22] 陈凯. 空中看地震后的汶川县映秀镇 [组图][EB/OL]. 新华网, 2008-5-14.
　　http://news.xinhuanet.com/photo/2008-05/14/content_8171817.htm
[23] 中国地质环境信息网. 国土资源部抗震救灾一线图片展 [EB/OL]. 中国地质环境信息网, 2008-05-23.
　　http://www.cigem.gov.cn/readnews.asp?newsid=14852
[24] 张宏伟. 抢修生命线 (图)[EB/OL]. 华商网, 2008-5-21.

http：//hsb. hsw. cn/2008－05/21/content_ 6969829. htm

[25] Basin Research Group of Department of Earth Sciences, National Central University. Shihkang Dam and Beifeng Bridge: Sites of great damage caused by the 1999 Chichi Earthquake [EB/OL]. Basin Research Group. http：//basin. earth. ncu. edu. tw/Virtual% 20Field% 20Trip/WF/Shihgang% 20Township-Shihkang% 20Dam% 20and% 20Beifeng% 20Bridge. html

[26] 谢家平. 地震造成青川山体大面积滑坡 [EB/OL]. 新华网，2008－5－14.
http：//news. xinhuanet. com/photo/2008－05/14/content_ 8171446. htm

[27] 谢家平. 青川山体滑坡 [EB/OL]. 搜狐网，2008－5－14.
http：//news. sohu. com/20080514/n256858586. shtml

[28] 贾国荣. 汶川大地震泥石流掩埋村庄（图中新社发）[EB/OL]. 中新网，2008－05－20.
http：//www. chinanews. com/tp/shfq/news/2008/05－20/1256003. shtml

[29] 田蹊. 17日泥石流袭击遭受地震灾害的甘肃文县县城（组图）[EB/OL]. 中国网，2008－05－18.
http：//www. china. com. cn/photo/txt/2008－05/18/content_ 15304788_ 11. htm

[30] 新华网. 图文：日本北海道地震—炼油厂发生火灾 [EB/OL]. 新华网，2003－09－26.
http：//news. sohu. com/39/28/news213702839. shtml

[31] 马东辉等. 城市抗震防灾规划标准实施指南 [M]. 北京：中国建筑工业出版社，2007.

[32] 中国地质环境信息网. 国土资源部抗震救灾一线图片展 [EB/OL]. 中国地质环境信息网，2008－05－23.
http：//www. cigem. gov. cn/readnews. asp? newsid =14852

[33] 新浪网. 建筑结构基本知识 [EB/OL]. 新浪网.
http：//classadnew. sina. com. cn/user/info_ fix. php? f_ city =514&f_ id =1752862

[34] 同济大学，西安冶金建筑学院等. 房屋建筑学 [M]. 北京：中国建筑工业出版社，1989.

[35]《建筑结构设计通用符号、计量单位和基本术语》（GBJ83－85）[M]. 北京：中国建筑工业出版社，1985.

[36] 张章. 1969康熙皇帝住进防震棚 [EB/OL]. 新华每日电讯，2008－06－04.
http：//www. mingrenzhuanji. cn/Html/gushi/1015824_ 2. html

[37] 徐正忠，王亚勇等编. 建筑抗震设计规范 [S]. 北京：中国建筑工业出版社，2001.

[38] 郭晋嘉. 图：四川地震扭曲的楼房 [EB/OL]. 中新网，2008－5－15.
http：//www. chinanews. com. cn/tp/shfq/news/2008/05－15/1250927. shtml

[39] 张万武. 映秀中学 [EB/OL]. 新浪网，2008－5－26.
http：//finance. sina. com. cn/chanjing/b/20080526/11574910264. shtml

[40] 搜房网. 业内人士谈什么样的楼盘最抗震 [EB/OL]. 搜房网，2008－5－13.
http：//www. soufun. com/house/2008－05－13/1740419. htm

[41] 郁言. 高层建筑结构概念设计 [M]. 北京：中国铁道出版社，1999.

[42] 人民网. 震害图片：几种典型建筑结构的损坏情况底框结构 [EB/OL]. 人民网，2008－05－29，http：//scitech. people. com. cn/GB/7317892. html

[43] 霍潺. 汶川大地震造成四川直接经济损失超万亿元 [EB/OL]. 网易网，2008－07－02.
http：//news. 163. com/08/0702/00/4FQAVIJT0001124J. html 来源：中国新闻网

[44] 人民网. 震害图片：几种典型建筑结构的损坏情况 框架结构 [EB/OL]. 人民网，2008－05－29，
http：//scitech. people. com. cn/GB/7317891. html

[45] 潘婷. 灾后10天的汶川 [EB/OL]. 中国青年报，2008－5－23.
http：//zqb. cyol. com/content/2008－05/23/content_ 2193091. htm

[46] 潘婷. 汶川县城大部分房屋整齐挺立裂痕累累. 中国青年报 2008－05－23.

[47] 国家减灾中心卫星遥感部. 四川汶川县地震灾情遥感监测与评估（4）——汶川县映秀镇倒房和交

通线堵塞情况遥感监测［EB/OL］. 灾情遥感监测，2008（33）.

http：//www. jianzai. gov. cn/rs/shownews. asp? news_ id = 821

［48］宋波，黄世敏. 图说地震灾害与减灾对策［M］. 北京：中国建筑工业出版社，2008.

［49］浦湛. 城市发展必须走空间集约利用之路［EB/OL］. 中国建设报，2006 – 10 – 27.

http：//www. chinajsb. cn/gb/content/2006 – 10/27/content_ 191906. htm

［50］萨苏. 日本的防震之道［EB/OL］. 新浪博客，2008 – 5 – 13.

http：//blog. sina. com. cn/s/blog_ 476745f601009ifi. html

［51］戴志勇. 日本抗震救灾对汶川地震的启示［EB/OL］. 南方周末，2008 – 5 – 14.

http：//www. infzm. com/content/12067

［52］朱玉，万一，刘红灿. 新华视点：一个灾区农村中学校长的避险意识［EB/OL］. 新华社，2008 – 05 – 24.

http：//news. xinhuanet. com/newscenter/2008 – 05/24/content_ 8242178. htm

［53］侯建盛，李民. 地震应急管理进展［J］. 国际地震动态. 2008，1.

［54］张晓东等. 地震预测与预警探讨［J］. 中国地震. 2008，24（01）.

［55］罗灼礼等. 地震前兆的复杂性及地震预报、预警、预防综合决策问题的讨论——浅释唐山、海城、松潘、丽江等大地震的经验教训［J］. 地震. 2008，28（01）.

［56］张晓东等，地震预测与预警探讨，中国地震，第24卷，第一期，2008年3月.

［57］罗灼礼等，地震前兆的复杂性及地震预报、预警、预防综合决策问题的讨论——浅释唐山、海城、松潘、丽江等大地震的经验教训*，地震，第28卷第1期地震 Vol. 28，No. 1.

［58］李洋. 日本气象厅将于下月全面启用地震早期预警系统［EB/OL］. 中国新闻网，2007 – 09 – 29.

http：//www. chinanews. com. cn/gj/sjkj/news/2007/09 – 29/1039971. shtml

［59］韩渭宾，陈维锋. 唐山地震有关紧急救援的启示［J］. 四川地震. 2008，01.

［60］百度地震吧. 英国皇家特种部队权威教程生存手册，地震篇［EB/OL］. 百度.

http：//tieba. baidu. com/f? kz = 378138839

［61］滋贺県. 防震，从力所能及的事情做起，~有备乃不畏震~ 发行：滋贺县国际协会志愿者团体［EB/OL］. http：//www. s-i-a. or. jp/advice/saigai/jishin-cn. html

［62］吴琪，李翊，蔡小川. "孤城"映秀的72小时［J］. 三联生活周刊. 2008年第18期抗震救灾专刊.

［63］新华网. 新华视点：汶川大地震获救者回首惊魂那一刻［EB/OL］. 新华网，2008 – 05 – 18.

http：//news. xinhuanet. com/newscenter/2008 – 05/18/content_ 8198390. htm

［64］南香红等. 映秀小学44岁校长震后须发皆白［EB/OL］. 新浪博客，2008 – 6 – 02.

http：//blog. sina. com. cn/s/blog_ 5167e3a401009mko. html 来源：南方都市报

［65］百度贴吧. 汶川地震，我经历的第一次特大地震［EB/OL］. 百度.

http：//tieba. baidu. com/f? kz = 378957213

［66］于振华. 幸存老人讲述地震经历：大地先摇晃后升降［EB/OL］. 新浪，2008 – 5 – 20.

http：//news. sina. com. cn/s/2008 – 05 – 20/122015579218. shtml

［67］中国地震灾害防御中心. 如果被压怎么办［EB/OL］. 中国地震科普网.

http：//www. dizhen. ac. cn/uw/gateway. exe/dizhen/how/dzll. html? key = @ 1506 | 18 | 1

［68］陈春园. 获救者自述："获救那天正好是我30岁生日"［EB/OL］. 新华社，2008 – 5 – 18.

http：//news. xinhuanet. com/newscenter/2008 – 05/18/content_ 8196770. htm

［69］地震那天她12岁生日［EB/OL］. 金羊网，2008 – 05 – 22.

http：//www. ycwb. com/news/2008 – 05/22/content_ 1894428. htm 来源：新快报

［70］柯娟. 逃出废墟16岁少年血手刨出妹妹［EB/OL］. 成都商报，2008 – 5 – 25.

http：//news. idoican. com. cn/cdsb/html/2008 – 05/25/content_ 5186800. htm

［71］代庆，邱竹. 瓦砾下相互鼓励活下去脱险后自责未救出同学［EB/OL］. 华龙网，2008 – 5 – 18. http：//cqtoday. cqnews. net/system/2008/05/18/001200939. shtml

[72] 淮安疾控. 上海市市民防灾必读手册［EB/OL］. 卫生应急网，2008 – 1 – 2.
http：//www. wsyj. net/article/show. asp？id = 5610

[73] 监测中心宣教中心. 日本准备修正关东大地震死亡人数［EB/OL］. 江苏防震减灾，2005-09-19. http：//www. js-seism. gov. cn/inforDetail. jsp？articleId = 895&categoryId = 32

[74] 孙绍玉. 火灾防范与火场逃生概论［M］. 北京：人民公安出版社，2001 – 10 – 1.

[75] 中国环保网. 地震火灾产生的原因［EB/OL］. 中国环保网，2008 – 5 – 22.
http：//www. chinaenvironment. com/view/ViewNews. aspx？k = 20080522133305163

[76] 丁补之.【闭绝之境—英雄与制度】虹口：寂寞7日［EB/OL］. 南方周末，2008 – 05 – 22.
http：//www. infzm. com/content/12468

[77] 袁蕾. 英雄任木匠［EB/OL］. 21CN，2008 – 6 – 10.
http：//news. 21cn. com/domestic/shiyong/2008/06/10/4825890_ 1. shtml 文章来源：南方新闻网

[78] 李逢春. 地质专家率百余人震中大逃亡［EB/OL］. 华西都市报，2008 – 5 – 25.
http：//www. wccdaily. com. cn/new/html/hxdsb/20080525/hxdsb140394. html

[79] 傅剑锋，刘昊. 阿坝州政府副秘书长杜骁口述，映秀镇震后救灾指挥全记录［EB/OL］. 南方周末，2008 – 6 – 12.
http：//www. nanfangdaily. com. cn/epaper/nfzm/content/20080612/ArticelA09003FM. htm

[80] 李刚. 北川灾区救援［组图］［EB/OL］. 新华社，2008 – 5 – 14.
http：//news. xinhuanet. com/photo/2008 – 05/14/content_ 8165222. htm

[81] 北大传媒. 地震救援人员手册［EB/OL］. 山东力明科技职业学院，2008 – 6 – 08.
http：//www. 6789. com. cn/un/Article/ShowArticle. asp？ArticleID = 1856 来源：北大传媒

[82] 唐山市政府新闻办. 唐山人民为四川重建提建议［EB/OL］. 新浪博客.
http：//blog. sina. com. cn/tangshanren2008

[83] 新华社. 国家突发公共事件总体应急预案［EB/OL］. 中华人民共和国中央人民政府，2005 – 08 – 07.
http：//www. gov. cn/yjgl/2005 – 08/07/content_ 21048. htm

[84] 新华社. 国家地震应急预案［EB/OL］. 中华人民共和国中央人民政府，2006 – 01 – 12.
http：//www. gov. cn/yjgl/2006 – 01/12/content_ 156986. htm

[85] 新华网. 四川汶川地震抗震救灾进展情况［EB/OL］. 新华网，2008 – 07 – 12.
http：//news. xinhuanet. com/newscenter/2008 – 07/12/content_ 8534978. htm

[86] 李勇. 地震一个月后的映秀镇（组图）［EB/OL］. 新华网，2008 – 06 – 12.
http：//news. xinhuanet. com/photo/2008 – 06/12/content_ 8354978. htm

[87] 中国新闻周刊. 映秀镇大拯救：人们白天刨挖亲人夜晚互相依假（2）［EB/OL］. 中华网，2008 – 5 – 22.
http：//news. china. com/zh_ cn/focus/2008dizhen/11067427/20080522/14861286_ 1. html

[88] 朱红军. 国家救援队救援纪实："根本不是什么钢筋！"［EB/OL］. 豆瓣网.
http：//www. douban. com/group/topic/3254889/来源：南方周末

[89] 鲁钇山. 谁是映秀最早的救援队员？［EB/OL］. 羊城晚报，2008 – 5 – 16.
http：//www. ycwb. com/ePaper/ycwb/html/2008 – 05/16/content_ 209818. htm

[90] 中国地震局震灾应急救援司. 托起生命的希望——国家紧急救援队映秀分队工作纪实［EB/OL］. 中国地震局，2008 – 6 – 2. http：//www. cea. gov. cn/news. asp？id = 28756

[91] 上海应急管理. 美国应急管理体制［EB/OL］. 上海应急管理.
http：//www. shanghai. gov. cn/shanghai/node2314/node15822/node16446/node16469/node16472/userobject21ai187340. html

[92] 严圣禾. 日本防震救灾体制面面观［N］.《光明日报》. 2008 – 05 – 23.

[93] 翟宝辉等. 城市综合防灾 [M]. 北京：中国发展出版社，2007.
[94] 冯燕. 灾后重建中的社会工作 [EB/OL]. 豆瓣网.
http://www.douban.com/group/topic/3210463/
[95] 中华人民共和国国务院. 汶川地震灾后恢复重建条例（国务院令第526号）[EB/OL]. 中华人民共和国中央人民政府，2008-6-8.
http://www.gov.cn/wszb/zhibo246/content_1014305.htm
[96] 盛洪. 中国能做得更好——关于抗震救灾的制度建设的建议 [EB/OL]. 天则经济研究所. http://www.unirule.org.cn/SecondWeb/Article.asp?ArticleID=2642
[97] 胡鞍钢. 汶川地震灾害评估及灾区重建的报告 [N].《21世纪经济报道》2008-5-24.
[98] 中华人民共和国国务院. 中华人民共和国国民经济和社会发展第十一个五年规划纲要 [EB/OL]. 中华人民共和国中央人民政府，2006-3-16.
http://www.gov.cn/ztzl/2006-03/16/content_228841.htm
[99] 赵要军，陈安. 地震类突发事件中公共财政应急机制分析 [J]. 灾害学. 2007，04.
[100] 中华人民共和国审计署. 云南省大姚地震救灾资金审计结果，（二〇〇五年四月二十七日公告）[EB/OL]. 中华人民共和国审计署.
http://www.audit.gov.cn/cysite/docpage/c516/200504/0427_516_13329.htm
[101] 吴宏林. 宁夏360万农民用"一卡通"得到政府直补资金 [EB/OL]. 新华网，2005-11-26. http://news.xinhuanet.com/politics/2005-11/26/content_3838120.htm
[102] 姜洁. 中央要亲自管救灾物资使用 [N].《人民日报》. 2008-5-29.
[103] 中华人民共和国防震减灾法 [EB/OL]. http://www.cea.gov.cn/news.asp?id=5355&classID=4.
[104] 中华人民共和国突发事件应对法 [EB/OL]. http://www.cea.gov.cn/news.asp?id=20665&classID=4.
[105] 中华人民共和国国务院. 国家防震减灾规划（2006～2020年）[EB/OL]. http://www.china.com.cn/policy/txt/2007-10/31/content_9154165.htm
[106] 姚攀峰. 农村单层砌体房屋中的地震逃生方法. 国际地震动态 [J]. 待刊.

后 记

地震是一种严重、残酷的自然灾害。它难以预测，无法抗拒，具有极大的突发、破坏性。2008年5月12日的汶川地震，几乎在毫无征兆的情况下骤然而至，造成了重大的人员伤亡和巨额的经济损失，成为我们整个民族泣泪同悲的"国难"。

在天安门广场降旗致哀的日子里，痛定思痛，我在想一个问题：如何从这次的地震中汲取教训，减少以后地震发生的灾难呢？毫无疑问，最好的办法是帮助人们掌握防震、抗震的知识，因为无论政府多么关心，无论外地救援人员赶到得多么迅速，第一时间的有效救助毕竟是灾区群众的自救。尤其建筑物的抗震性能，直接关系着灾民的生命安全，而不少人恰恰对此一直存在着错误的认识，例如不分类型，笼统地认为比较低矮的房屋抗震性能好，其实不然，低矮的砌体房屋抗震性能反而较差。只有解决了诸如此类的常识问题，才能最大限度地减少地震带来的灾难。所以，我利用多年从事结构设计的实践经验，查阅了大量的资料文献，写出了这本读物，以期提高广大民众的防震抗震能力。

感谢中国建筑工业出版社的领导和编辑，及时地编辑出版了此书，我打算拿出部分稿费，用来资助灾区的大学生。具体情况，届时我将上网公布，欢迎监督。